建设行业专业技术人员继续教育培训教材

MB轻型房屋钢结构建筑体系

建设部人事教育司
建设部科学技术司
建设部科技发展促进中心

中国建筑工业出版社

图书在版编目（CIP）数据

MB轻型房屋钢结构建筑体系/建设部人事教育司等编.
北京：中国建筑工业出版社，2004
建设行业专业技术人员继续教育培训教材
ISBN 978-7-112-06745-9

Ⅰ.M… Ⅱ.建… Ⅲ.轻型钢结构—技术培训—教材
Ⅳ.TU392.5

中国版本图书馆CIP数据核字（2004）第067541号

建设行业专业技术人员继续教育培训教材
MB轻型房屋钢结构建筑体系
建设部人事教育司
建设部科学技术司
建设部科技发展促进中心
*
中国建筑工业出版社出版、发行（北京西郊百万庄）
各地新华书店、建筑书店经销
化学工业出版社印刷厂印刷
*
开本：787×1092毫米 1/16 印张：10½ 字数：250千字
2005年3月第一版 2012年10月第三次印刷
定价：**17.00**元
ISBN 978-7-112-06745-9
（12699）

本书以编者在国内十几年从事住宅产业现代化工程实际经验和科研成果为基础，介绍了如何解决住宅工业化大生产中标准化与建筑多样化、个性化的矛盾，从实用、可靠、可行角度出发，提出了一些新的构思和设想。比较全面地介绍了钢包混凝土构造的理论基础和试验结果，系统地论述了 MB 轻型房屋钢结构建筑体系的设计、施工技术和材料检测技术以及对正在运行的优秀示范工程实例作了深入分析。部分实践论述与国情结合紧密，尚属首次发表。可供从事建筑科学研究、设计、施工和管理等专业具有初级技术职称以上的工程技术人员和管理人员作为新技术、新建筑体系培训的教材，也可供大专院校相关专业师生参考。

* * *

责任编辑：俞辉群
责任设计：崔兰萍
责任校对：李志瑛　张　虹

《MB轻型房屋钢结构建筑体系》编审人员名单

第一篇

主　　编： 李鑫全

编写人员：（按篇、章顺序排列）

第一章　李鑫全（MB专利技术发明人）

第二章　李鑫全　王子康　李以炘　王光煜　丁兆如　金连荣

第三章　李以炘、王子康

第四章　王光煜、丁兆如

第五章　何保康（全国轻钢协会副理事长）

第六章　王大齐、全留福

第二篇

主　　编： 陈云波

编写人员： 陈云波　陈　刚

审　　稿： 郭彦林

总 策 划： 张庆风　何任飞

策　　划： 任　民　毕既华

序

科技成果推广应用是推动科学技术进入国民经济建设主战场的重要环节，也是技术创新的根本目的。专业技术培训是加速科技成果转化为先进生产力的重要途径。为贯彻落实党中央提出的："我们必须抓住机遇，正确驾驭新科技革命的趋势，全面实施科教兴国的战略方针，大力推动科技进步，加强科技创新，加强科技成果向现实生产力转化，掌握科技发展的主动权，在更高的水平上实现技术跨越"的指示精神，受建设部人事教育司和科学技术司的委托，建设部科技发展促进中心负责组织了第一批新技术、新成果、新规范培训科目教材的编写工作。该项工作得到了有关部门和专家的大力支持，对于引导专业技术人员继续教育工作的开展、推动科技进步、促进建设科技事业的发展起到了很好的作用，受到了各级管理部门的欢迎。2002年我中心又接受了第二批新技术、新成果、新规范培训教材的编写任务。

本次建设部科技发展促进中心在组织编写新技术教材工作时，着重从近几年《建设科技成果推广项目汇编》中选择出一批先进、成熟、实用，符合国家、行业发展方向，有广阔应用前景的项目，并组织技术依托单位负责编写。该项工作得到很多大专院校、科研院所和生产企业的高度重视，有些成立了专门的教材编写小组。经过一年多的努力，绝大部分已交稿，完成了近300余万字编写任务，即将陆续出版发行。希望这项工作能继续对行业的技术发展和专业人员素质的提高起到积极的促进作用，为新技术的推广做出积极贡献。

在《新技术、新成果、新规范培训科目目录》的编写过程中以及已完成教材的内容审查过程中，得到了业内专家们的大力支持，谨在此表示诚挚的谢意！

建设部科技发展促进中心

《建设部第二批新技术、新成果、新规范培训教材》编委会

2003年9月16日

序　言

本书围绕以钢结构作为承重体系，以住宅产业化为其目的而展开，内容丰富，实践性强，在此领域内它是一篇实实在在的经验总结，也是作者们多年来从事住宅产业化开发、研究、探索、实践和发展的一个阶段性成果。

住宅产业化这一提法在我国已整整有10个年头了，而钢结构住宅产业化在上海也已经有了10年的历程。在上海的10年中，可真正称得上起先导作用的，能不畏艰难全力以赴的，能不断创新持之以恒的，并不是资产达亿，名列前茅冠以集团，人才济济的大型企业，而是一家名不见经传的小型民营企业。其领头人既不是土木技术的专家，也不是住宅产业化的行家里手，恰恰是一位与土木建筑关连不大的业外人士，他就是本书第1篇第1章《住宅建筑产业现代化导论》的作者，这也是本人愿为此书撰写前言的原因。

10年前，民营企业上海北蔡防水材料厂在上海市建设委员会的科研项目中申请列入了一项课题“轻钢轻板在住宅建筑中的使用”，随着课题的进展，一幢8层的钢结构样板房问世了。我清楚地记得，我们组织了评委会，对这幢样板房进行技术鉴定，我主持了这次鉴定会，并形成了鉴定意见。其大意是：在量大面广的住宅建设领域内引入钢结构，与我国现行产业政策的大方向是一致的，应该十分肯定；利用轻钢轻板这一构思替代千百年来传统的秦砖汉瓦在技术上是一次创新，应该大力支持；住宅建筑涉及千家万户，是一个复杂的体系，有其特定的功能和规律，使用轻钢轻板的钢结构住宅应考虑到房屋的各种使用功能，考虑到由于应用新型建材后带来的新的技术问题；在轻钢轻板住宅建筑中要解决好房屋的隔热保温、防渗防潮、隔声隔振、防腐防锈、安全耐久等功能性问题，还要注意到各类管线的敷设和房屋的可装修性；要把钢结构的防火作为突出问题来对待，要把钢结构住宅中墙板、楼板和屋面板作为重点来开发研究。

这次鉴定会的实质是明确了钢结构住宅的研究和开发，应该把住宅作为一个完整的功能体系来研究，把功能放在首要地位。鉴定会指出了研究开发中的重点和难点，指出了在我国开发住宅钢结构，把住宅和钢结构作为产业化联系在一起的正确性和必要性。

20世纪90年代初的那次鉴定会为上海开展住宅钢结构体系的研究开了一个好头，而10年里沿着这个大方向一步一个脚印，解决了一个个难题后，再探索研究开发另一个难题的仍是上面提到的那家企业和那位领导人。10年间，随着产业化的发展，地方和中央政府对钢结构住宅产业化给予了极大关注，建设部还专门制订了《钢结构住宅建筑产业化技术导则》，鼓励全国各地继续开发住宅钢结构。现在有一些试点工程建成了，有一批研究课题也相继完成了，那么由上海北蔡防水材料厂为基地而创立的新型房地产开发企业上海现代房地产实业有限公司，在10年里探索了什么？发现了什么？发展了什么呢？这些内容读者可以从本书第1篇第1章中得到答案。

回过头来讲到上海，使我十分钦佩的是偌大的一个系统性的课题，本来应该由国家或产业去投入开发的工作，却由一家民营企业一位民营企业家去承担了。我一直在想，这是什么原因？个人坚忍不拔的毅力、求学好学的精神、敢于冒失败风险的观念等等个人因素是毋庸置疑的，但体制的弊端、机制的死板也不能否认，得过且过、胸无大志、目光短浅、缺乏责任感等等则是某些大型国有企业领导的通病，应该引起警觉。

改革的春风吹遍了祖国大地，改革造就了一大批企业家，是改革的结果推出了上述的那位民营企业家，是改革的动力支持了那位民营企业家。实践出真知，10年的锻炼，现在的他已经是一位真正懂行的专家了。但愿他的事业更上一层楼。

事物总具有两面性，同样新生事物难免也会存在这样那样的不足，关键是如何正确的对待。我也读了本书，感到它的大方向是正确的，但有些论述可以商榷，有些还尚待发展，有些则应该是致力于住宅钢结构产业现代化的有志之士的共同事业，愿本书的出版能起到推荐介绍作用，引起有关部门对钢结构住宅产业化的进一步关心和支持。

沈　恭

2002年5月10日

前　言

随着中国城市现代化建设进程的加快，房地产业已逐步成为我国国民经济的支柱产业。在房地产业发展的过程中，很多传统建筑大量耗用土地和其他自然资源，发展与生存产生了矛盾。中国是一个土地资源不足的大国，为了保护耕地，节约资源，政府已下决心禁止使用黏土砖。什么建筑材料可以替代黏土砖，什么样的房屋建筑技术可以满足房地产发展的市场需要。现将上海现代房地产实业有限公司多年研究的成果—MB 轻型房屋钢结构建筑体系介绍给大家，供大家学习参考，望能在各自的房屋建设中推广应用。

上海现代房地产实业有限公司董事长李鑫全先生，组织全国著名结构专家深入研究，不断探索，投入了几千万元科研费用，花了 10 多年的时间，克服了种种困难，百折不挠，顶住了来自各方的巨大压力，走过了一段艰难曲折的道路，终于成功地完成了 MB 环保节能轻型房屋钢结构建筑体系的研究（又名轻钢轻板房屋体系），简称 MB 体系。该项目符合国家建筑技术发展方向和住宅产业技术政策，具有良好的发展前景，1999 年正式列为国家重点技术创新项目。通过开发轻钢龙骨稻草板房屋（简称 MB-1）和钢管-混凝土组合结构（简称 MB-2），带动农业废弃物秸杆的应用，对于推动钢结构建筑、发展住宅产业化和农业综合开发有着重要的意义和作用。国务院前任总理朱镕基十分重视和关心，亲自批示有关部门组织落实。上海市原市长陈良宇亲自批示："轻钢轻板房屋体系优势和生命力正在日益显现，帮助促其做大"。该体系具有许多显著的优点，比如，轻型房屋钢结构建筑体系工业化程度高，现场湿作业少，施工快捷等优越性。我国钢结构建筑发展迟缓有其历史原因，20 世纪 80 年代以前，国家要求在建筑领域节约使用钢材。而当前，我国钢产量已超亿吨，跃居世界产钢大国行列，国家政策鼓励和支持在建筑上推行积极用钢，为发展我国钢结构建筑提供了条件，钢结构建筑技术得到了快速发展，只要我们的开发投资者、房屋设计和建造者共同努力，钢结构房屋将会在我国城镇房屋建设和城市房地产开发建设中发挥重要作用。

上海金属结构行业协会会长、上海市建设委员会原副主任、上海市建委科学技术委员会主任沈恭先生为本书专门写了序言，特此感谢。

建设部科技发展促进中心副主任　张庆风
2003 年 9 月 10 日

目　录

第1篇　MB轻型房屋钢结构建筑体系

第 2 篇　外包钢混凝土组合结构体系

第1篇　MB轻型房屋钢结构建筑体系

第1章　住宅建筑产业现代化导论

住宅建筑产业现代化的显著标志就是建筑物工业化大生产，是以机器代替人作业，变“现场建造”为“工厂制造”，改革以粗放式生产形式为精良生产，将为住宅建筑开创一个全新的时代。这将会涉及到社会许多领域，即将会掀起一场产业革命。许多新兴的行业将崛起，部分传统、落后的产业技术将逐步被淘汰。“建筑体系创新的关键”是将建筑产业纳入大生产的轨道摆脱建筑业粗放型生产方式，使长年来难以解决的住宅“工程质量”，“功能质量”的通病，都可迎刃而解，重新建立起全新的住宅建筑生产的理念。配套材料和部件生产的产品工业化和标准化生产体系得到完善。施工工艺将改为结构构件整体吊装，室内装饰变湿作业为干作业。现场现浇混凝土不需架设模板，绑扎钢筋，架设临时支撑等繁琐及笨重的工序，可大大促进劳动生产力的发展，真正做到低物耗、低能耗、高效益、提高生产效率，可彻底改变传统建筑生产模式，并可使住宅的质量和使用寿命大幅度提高。在住宅建设中将施工上的质量通病和人为造成的弊病降低到最小限度。

1.1　住宅建筑产业现代化是建筑技术水平的进步

1.1.1　住宅建筑产业现代化是包括从设计、生产一直到销售的全过程现代化，成功的关键在于开发出一种新的建筑结构体系，设计中必须把整个建筑物作为一个工业产品整体来考虑。各项技术经济指标必须满足现有的国家技术性能标准。建筑、结构、水、暖、电的设计，均应统一设计、协调、配套。

1.1.2　新结构体系的各种材料、主构件、配件都应满足工业化集约化大生产要求。产品质量，生产规模和工程质量也应能满足市场的需求。

1.1.3　新结构体系的设计指导思想必须符合我国的产业政策，以节能，节电，节水，节约资源，以人为本，保护环境为原则。采用的建筑材料也应以耐久性好、耐候性强、有利环保、对人体无毒无害无污染为原则。尽量使用地方材料，地方材料必须是由可持续的再生资源所制成。

1.1.4　新结构体系主体构件的设计必须符合标准化模数化要求，满足工业化大生产的要求，同时在建筑设计方面必须满足多样化及个性化的要求，要有灵活性以适应各种用途不同造型建筑的需求。

1.1.5 建筑设计理念是以人为本，适合现代化社会的居住需要。为用户着想，满足用户需求，建筑师应将最优秀的设计作品作为商品推荐给用户并供选择，同时应发挥客户的能动性，让用户参与设计，这样能满足不同客户不同的需求。

1.1.6 设计在方案阶段必须做透、做深，施工图要简化明了、标准化，图纸表达准确，便于生产工厂加工，施工现场安装。

1.1.7 外墙用材应丰富多彩，材料品质多样化，规格标准化，节点规范化，尽量干法施工。安全，可靠。使立面造型符合现代建筑的要求。要充分体现出民族性和地方性。

1.1.8 积极发展高层建筑，节省城市用地，向天空要面积，但应做好环境设计，使人回归自然。

1.1.9 设计应以人为本，建造一种更节能，更安全，更卫生，更完善，更舒适的生活环境。可设想如下：

(1) 外窗的功能分离，把采光和通风分离。尽量把窗下、窗上的墙体设置自然通风，机械通风，空调通风，选用中空玻璃。大面积采光，实现城市外立面的整洁和完整。从建筑设计构造上改变居民户外门架式晒衣的不良习惯。

(2) 设计高层建筑擦窗的安全构造和同时防止高空坠物伤人的情况发生。

(3) 厨房间、卫生间采用标准模数协调下的多样化设计。贴面砖要求平整，简洁，尽量少切割面砖，保持整体性。

(4) 节能的围护体系，采用外挂式保温复合墙板，确保无热桥，墙体中可设管线通道，在不破坏墙体的各项指标条件下，能满足住户智能化及综合布线的需要，方便施工，易于维修。

(5) 分户墙、内隔墙可满足灵活分隔的需要。它的隔声、防水、保温、防潮、抗冲击等功能的各项指标必须满足有关标准的要求。

(6) 给水、排水、电线、电缆必须在同一住户单元内布置，不得穿越其他单元空间。便于各自各家安装，为维修提供方便。

(7) 竖向管线的布置选择合理的部位，设置多通道管道井，并安装好上水分配器，下水集水器，墙内管线无接头，打破传统建筑卫生间，厨房间上下必须对准的约束，满足灵活装修的需求。

(8) 在结构防火上采用钢包（外包钢）混凝土组合结构，减少传统钢结构外防火披覆和涂刷防火涂料工作，采用耐候和耐火性能好的钢种，从原材料的本质上加以防腐、防火，并充分利用混凝土的蓄热性，提高钢包混凝土组合构件的防火安全性能，使之成为一种新型具有少量防火披覆的防火构件，满足建筑防火安全要求，提高建筑的耐火等级，确保建筑和人身安全。

(9) 楼板采用单向或双向密肋钢梁现浇叠合楼板或选用压型钢板和混凝土组合而成的组合楼板，使室内无梁无柱，满足大开间灵活隔断的需求，为施工时提供作业场地，提高耐火等级。

(10) 向用户提供用户参与设计的菜单式装修方案，也可提供整套安装、装修、维修工具等多种方式。使用户能亲自参与设计和建造的过程。为用户提供更多参与设计的机会，使用户和专业人员共同创造美好的生活未来，更增加人们对“家”的“创造感”。

（11）屋面、墙面、楼面、卫生间、厨房等都应具备防水功能。在使用过程中一旦发生水管泄漏，不会损害邻居利益，从设计功能上减少邻居间的矛盾。因此，防水材料必须要求达到戳穿不漏，并具有自粘自愈功能，施工冷作业快捷又能保证质量，使之成为真正“无渗漏”建筑。

（12）为住户提供安全和使用说明书。用户看了安装说明图集和使用说明及图集就能了解大楼建设、室内装修和装饰布置的设计原则，了解隔墙的布置和卫生设备，厨房设备的安装和维修方法，从而杜绝因胡乱施工引起建筑安全和其他隐患。

（13）户外管网的设计尽可能设计成共同管沟形式。使进入建筑的多种管线有便于维修安装的通道。

施工设计满足先地下后地上的原则，先道路后基础再吊装的顺序。确保大楼结构封顶后即周边绿地完成的文明施工现场。

（14）为方便施工和加快施工进度，结构安装可在地面组装成单元整体框架吊装。每吊一次为3～4层，采用专用模架成组吊装，确保吊装的稳定性和安全性，加快施工进度和精度。

（15）梁柱节点采用刚接，主要电焊部位大部分均在工厂内完成，每条焊缝都经过检测并达到建筑钢结构焊接质量标准要求。现场尽可能用螺栓连接，但上下柱子连接还得采用焊接，可先用螺栓固定待房屋吊装完毕调整后进行焊接，然后浇灌混凝土，使之成为坚固安全的整体——MB体系主体结构。

1.2 住宅产业化中主要结构构件和围护构件的工厂化生产

1.2.1 标准化、模数化、系列化，构件工厂化生产

住宅建筑从现场手工作业粗放型产品演变成工业化模数化标准化精品生产。建筑物所有的构配件应作为一个整体加以设计和配套。每个主要构配件的生产必须按标准模数进行组合，简化构件形式，减少构件品种，减少误差。精心设计、精心施工，从设计到产品完成是一个系统工程，既要熟悉繁多建筑的规范标准要求，同时也要掌握构件生产工艺和安装的可操作性，要熟悉所选用的材料特性。同时要考虑市场配套的可能性，不仅要组织生产还要协调产品的配套，开通经营渠道开发新技术等问题。因此住宅产业现代化急需解决的是培养一大批全面掌握多门学科并具备不断创新意识，对事业永不知足的多学科的复合型人才，这样才能实现住宅工业化大生产。

1. 主体结构的构件采用钢结构，因为钢材是目前最通用的建材，只有钢材才能满足工厂化生产，高精度，成批连续不断地大生产要求。目前市场能供应钢材规格和品种繁多，足够人们选用。同时钢材可塑性大，又为开发新建筑体系的构件品种和规格创造条件。

2. 钢结构建筑的用钢量一般均高于钢筋混凝土结构中的用钢量，而且目前钢结构上一般均采用附加披覆防火材料进行防火，而防火材料的成本相当高，施工麻烦，如果在住宅上使用，居民在进行装饰时很容易破坏防火层，对结构安全带来隐患。因此采用传统的附加防火披覆方法，在钢结构住宅上是不理想的。住宅钢结构必须用钢量少，而且钢结构防火不适宜选用披覆防火的方式。住宅的用材不仅要经济，而且要安全。上海现代房地产有限公司经过长达10年研究和开发，并作了大量的试验，选用方形钢管柱和加剪力键的

帽形钢梁，并在其中灌注混凝土。这是一种钢包（外包钢）混凝土的梁、柱、板全新的结构形式，是MB钢结构体系的最突出的技术。其特点是：

(1) 采用方钢管，不仅钢管“抗侧力大”，建筑性能好，而且有利于建筑平面的布置，有利于构件间的连接，有利于墙板与柱的连接，钢管内灌注混凝土，增加了钢管的稳定性能，提高了混凝土的抗压强度，为大空间承重结构创造条件。采用加剪力键的帽形钢作梁，使混凝土楼板形成单向或双向密肋板，提高了楼板整体性和防火性，减小楼板的重量，是一种很有效的利用钢抗拉强度和混凝土抗压强度有机结合的形式。

(2) 将建筑的承重结构全部使用钢和混凝土组合结构，形成了钢包混凝土框架，钢包混凝土的防火性能优于单纯的混凝土，一般混凝土受烈火烧烤后会导致面层剥落现象，但钢包混凝土在受烈火烧烤后，由于混凝土具有蓄热大的作用，使外部钢结构部分耐火时间大大延长，国外标准认为这是一种新型无耐火披覆的耐火构件。在火灾时，钢材达到耐火极限，但混凝土因受钢的约束，无法剥落，可保持梁、柱的完整性，不会造成建筑物的崩塌。

(3) 一般型钢如H型钢在没有混凝土包裹的状况下是两面暴露，易受大气中的湿气腐蚀，但钢包混凝土构件只有单面暴露于空气中，因此只有单面腐蚀。在同等厚度的钢构件的条件下，钢包混凝土用的钢材厚度可以比一般型钢壁降低一点，但构件耐火性大大提高。

(4) 在构件加工性上，冷弯构件生产速度比一般焊接型钢生产效率高，生产成本低，钢包混凝土结构具有钢结构安装快的特点，又具有比混凝土结构刚度大的优点。

可以说MB体系是一种满足住宅工业化生产，安全性好，建造速度快的独特的新结构体系，是解决高层住宅建筑产业化生产的有效办法，并走出了一条中国式的创新路子，经过多次工程测试和实验，强度和安全性指标已超过了国家有关抗震和抗风标准。国外尚未查阅到类似MB结构体系，因此可以讲在高层结构领域中，MB体系已走在世界的前列。

1.2.2 围护结构必须从砌体中解放出来

秦砖汉瓦已有5000年的历史，从技术发展的角度来看，目前不管砖混结构也好，混凝土框架结构填充墙也好，内浇外砌结构和钢筋混凝土剪力墙结构技术都离不开砌体的工艺，离不开繁重手工操作和原始落后的湿作业。这种建造技术方式和几千年前一样仍处在极度落后的状态，这种工艺的劳动生产力只相当于先进国家的1/7，产业化率仅为15%，增值率仅是美国的1/20，我国既是缺能大国又是耗能大国，我国的能耗高达国外先进国家的3～4倍。

国务院办公厅转发建设部等部门关于推进住宅产业现代化，提高住宅质量若干意见的通知，国办发【1999】72号文件，已明确规定从2000年6月1日起，“沿海城市和其他土地资源稀缺的城市禁止使用实心黏土砖的指令”，这是一条强制性的规定必须予以执行。但是从新材料角度来看，目前采用的新建筑材料中却没有一种材料各种技术指标上能取代黏土砖，为此人们袭用了几千年的砖很难一朝一夕被淘汰。

从保护农业耕地，节约能源，提高建筑生产水平，“为了子孙后代”的生存出发颁布“禁止使用黏土砖”的决定是英明的。目前正在推广采用水泥小型空心砌块来取代黏土砖，走这条路，还存在诸多不足之处。实际工程上也产生较多问题，从产业化角度出发，住宅工业化生产水泥砖也不是一种理想材料。水泥砌块替代黏土砖仅是一个权宜之计。

因此在国办发【1999】72 号文件第三条款中已明确指明**“在完善和提高以混凝土小型空心砖为主的新型砌体结构的同时，积极开发和推广使用轻钢框架结构及其配套的装配式板材。要在总结已推广的大开间承重结构的基础上研究开发新型的大开间承重结构”**。

住宅产业现代化外墙的围护构造必须是轻质、防火、防水、耐候、环保、节能，能够满足产业化生产的惟独只有复合材料。那么采用什么样的材料组合的板材才能满足建筑外墙设计的要求呢？目前外墙可采用的材料有多种，如：外墙面材可用天然花岗石，玻璃，金属板材、水泥刨花板（不含玻璃纤维）PVC 外墙挂板。保温材料有矿岩棉板、玻璃棉板、纸面草板、聚氨酯发泡板、聚苯板等轻质保温材料和铝箔隔热材料。内层板有纸面石膏板，带纤维石膏板等以及其他各种装饰板材。关键是如何将它们组合起来，配上连接构件形成一种新颖的具备轻质、高强、防火、耐候、防水、保温、隔热、环保、透气等合适使用功能的围护构件。

1.3 住宅产业必须标准化和个性化的统一

标准化是工业化的重要内容，个性化又是工业化的必要条件。过去 30 年“标准化”在我国住宅产业建设中得到过强化，兵营式、行列式建筑未得到人们的好感，成为“简陋建筑”的代名词，那是为什么呢？这是因为过去计划经济的住宅建设的标准化，把建筑的结构配件一味简单的追求建筑效率，简单把建筑看得是六块板的组合，因此建筑的标准住宅没有个性化，基于这样“标准化”的构思最终被市场所淘汰。目前，提倡住宅建筑设计个性化不等于自由化，在个性化的中间存在着不可缺少的标准化，标准化的构配件，标准化的模数，使社会化大生产的产品在各个工程中得到合适地使用，这就意味着用最少的资源，最少的时间，实现高效的工作成果。因此 MB 专用建筑体系的标准化模数完全按节约资源，节约时间，实现高效所确定的。

MB 建筑体系基本构件的模数分为两种，一种定为通用型结构模数 100mm，所有承重构配件的组合以 100mm 为基准。如方形钢管，断面为 100mm × 100mm；200mm × 200mm；300mm× 300mm；400mm× 400mm；另一种考虑到目前已形成生产能力的保温材料规格 60mm 厚，因此特指定了 60mm × 60mm；60mm × 120mm，以 60mm 作为专用模数。为了更有效的应用现有的市场上常用的英制标准，4 英尺 × 8 英尺的板材，因此确认板的尺寸为 1200mm，定为建筑通用模数，因此它的分模数为 300、400、600、900、1200mm 等，如何应用以上的通用模数和专用模数，在确定以上各种标准模数的情况下，应该结合实际中存在的连接构件尺寸作为最终的叠加模数。因此按各个部位确立专用模数是十分重要的，如柱网的设定，必须考虑到与楼层板在选用通用模数组合时配件尺寸的因素。也要考虑到实际使用的尺寸，因此柱网的模数定为 650 × N，见表 1-1、表 1-2。如图 1-1 所示，连接构件的宽度为 40mm，一次性模板的尺寸为 600mm，真正柱距的尺寸应以各小梁间距之和加上一个次梁的半径 50mm，实际使用的模数定为 650mm 最适宜（见图 1-1）。

柱距的基本模数为 650*N*，（*N* 为自然数）（mm）　　表 1-1

自然数 N	4	5	6	7	8	9	10	11	12
柱距 650N	2600	3250	3900	4550	5200	5850	6500	7150	7800

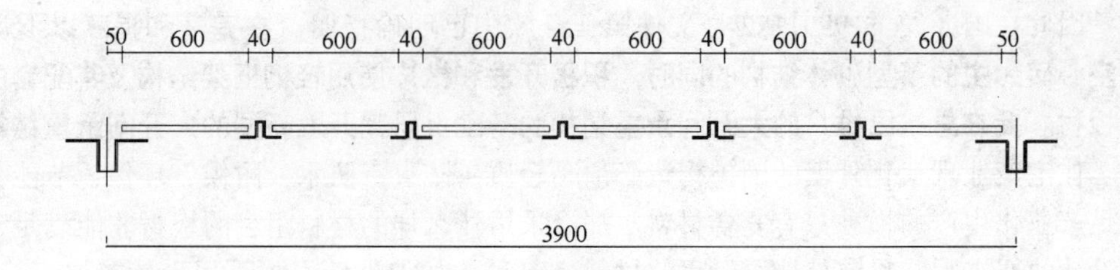

图 1-1

纵向柱距为 1300*N*（*N* 为自然数）（mm） **表 1-2**

N	5	6	7	8	9	10	11
1300*N*	6500	7800	10400	11700	13000	14300	15600

层高模数为 100mm：

层高模数同样以 100mm 为准，如 2400、2500、2600、2700、2800、2900、3000、3100mm……

卫生间、厨房间按内净尺寸计算为 100mm 的模数，卧室与其他客房的尺寸按用户的需求进行自由分隔，不考虑模数的问题，因此 MB 的建筑模数具有通用性、专业性、自由性等良好组合等的特性，才能达到标准化与个性化的统一。

1.4 住宅产业必须完成部件产品的配套和标准化

有了统一的模数进行标准化的生产，其实还不全面，有的只是外观尺寸上的长短配合，还未达到专用的配套，因此必须完成所有部件产品与专用住宅体系的配合，如门框与专用墙体的配合、窗的配合，通风、制冷、供热等设备与结构的配合。

这些配合不是一般通用产品能完成的，必须设计专用产品进行配合，包括：给水、排水、通讯、强弱电等各种产品的专用配合，发展专用体系的专用部品配件的任务还是非常艰巨的。

1.5 住宅体系产业现代化必须发展专用住宅体系

专用体系是指以某种结构形式和特有的施工方法和选用某种专用材料为特征的专用住宅建筑体系，也是一种以功能目标为主要特征的，市场为导向的完整的建筑住宅体系。主要特点是把规划和设计，生产和施工，政策和配套，销售和管理，有机的融合在一起，用现代居住的观念，高科技生产手段和集成系统化的管理来形成配套的整体工业化生产体系技术。MB 体系就是专用住宅产业化的建筑体系。

这种专用体系已解决了设计与施工中碰到的诸多复杂建筑技术，诸如防水，卫生厨房间的自由布置，大开间灵活隔断技术，居民参与个性化设计技术，围护墙的装配技术，支撑体的整体吊装技术，地基处理及地下工程施工技术，现浇混凝土无支撑技术。

1.6 住宅产业现代化必须相应配套建筑管理政策

传统的建筑管理模式与住宅产业化管理模式大不相同，传统建筑的管理是需进入工地现场进行的，工程质量的好坏，基本上是依靠现场的少数管理人员对众多的工人的操作手艺，建筑材料，施工质量等全方位进行的质量监控，这样管理的难度大。然而最终质量的好坏，还是取决于施工人员的操作，工程的质量与工人的技术操作，工作情绪，气候条件等有关，这都会影响工程质量，不可确定因素太多，因此传统建筑的质量通病很难通过现场管理得到有效的控制。

住宅产业现代化的建筑部件产品生产过程大部在工厂内完毕，现场只是用螺栓对眼安装，影响建筑物的使用安全和外形尺寸等问题已得到全面的控制。因此基本的质量标准已得到控制，外墙围护也是工业化生产的构配件，对号入座，基本上得到精确化施工，精度尺寸按毫米计算，比传统的外墙装饰质量标准精度高，在工厂内组织生产，产品质量受到质量保证体系控制，因此可以大大减少施工现场管理和建材审查制度，建筑物可视为汽车一样是“商品”，应由技术监督局负责监督，进行商品的抽查、评定。房屋的产品质量由生产厂负有全部责任。实行房屋全程使用安全责任制，大大缩短了原来现场管理所耗用的时间及人力、财力，房屋质量问题应有主要负责人，执行常年安全保证制度。提高了劳动生产力，有利于社会的进步，有利于消费者的权利保障，在新的建筑管理体制下就一定能进一步推动中国的住宅产业现代化。

1.7 新型建材的应用

新型建材不是没有见过的材料，很大一部分是指形态变化而材质性能不变的建材，主要在新结构中得以配套的，配合新工艺，新技术，满足产业化需求的“新型材料”，最重要的是在常年累月使用中证明耐久性好的建筑材料。例如以下这些材料。

1.7.1 石材

目前中国石材已生产过剩，加上国外大量引进，石材加工设备年生产能力已大大超过市场的需求能力，近来普通的花岗石只卖到 50 元/m^2 左右。因此廉价，又经久耐用的石材可大量使用，但石材的施工方式应改进，绝对不能采用水泥砂浆粘贴办法，在干挂的工艺中采用吊勾的办法也不太安全，采用进口钻孔螺栓固定件，则成本过高，选用石材周边开槽或部分开槽，采用铝合金线条固定，行之有效，具有安装速度快，安全可靠，成本低，尺寸精确，表面平整美观等特点，构造防水处理成本低，能满足机械化生产，现场组装质量易控制，施工简单，技术质量要求不高，保证建筑质量和施工的质量，这就是新型外墙的建筑材料。

1.7.2 玻璃

实践证明玻璃的耐候性是理想的，国内的玻璃生产已足以满足市场的需要。因此采用玻璃作为住宅的外墙围护是可行的，为了节能可采用中空玻璃，但必须降低中空玻璃的生产成本，将无框中空玻璃直接固定在平台上的构造方法，将大幅度降低制造成本，这理应视为新型外墙玻璃构造形式。

1.7.3 金属

金属材料是常用的外装饰材料，有铝复合板，纯铝板，彩色钢板，不锈钢板及各种金属装饰线条等，这种金属材料制品易形成流水线生产，又便于采用工厂预制现场组装的配套工艺。

1.7.4 PVC 外墙挂板

外墙挂板是北美，加拿大等国经过了几十年的实践使用证明，该材料的耐候性和可靠性能满足使用要求，采用金属钉固定在基层板上，施工方便，维修简单，可拆可换，便于更新，是小住宅产业化中很好的一种外墙装饰材料。

1.7.5 水泥刨花板（不含玻璃纤维）

用水泥与植物纤维通过机械化流水线加压成型的水泥压力板表面平整易加工，可加工成各种图案立体花纹的装饰板材，四周可开槽用 PVC 线条嵌入槽中解决接缝平整问题。采用涂料装饰后，成本低，平整度高，各项技术经济指标满足外墙使用及耐久性要求，适合不同建筑的需要。

1.7.6 纸面石膏板

纸面石膏板是目前常用的室内墙面用材，成本低，无毒无害，干法施工透气性好，吸潮性能强，是首选的室内装饰墙面材料。但由于纸面石膏板冲击强度低，墙体容易损坏，国人的理念很难接受，因此以往在住宅中很难得以使用。目前的结构形式基本上还是砖砌体结构，基本用不上这种板材，就是在轻钢龙骨上使用纸面石膏板，施工不当也会造成板缝开裂，已成为施工单位的老大难技术问题，裂缝主要由于干湿，冷热，材料变形所引起。目前单层轻钢龙骨石膏板的构造缺少保温隔热层，造成龙骨的涨缩与石膏板的涨缩不同步，因此必然会产生裂缝。MB 体系选用纸面石膏板不是固定在龙骨上而是固定在草板上，由于草板的导热系数很小，因此对石膏板的变形幅度很小，基本上使石膏板常年保持在一定温度下，经实践证明草板上固定石膏板不易开裂。纸面草板的厚度为 60cm，抗冲击力可达到 3.6kN/m^2，足以抵抗使用时的冲击力。因此这种构造体系很适用于住宅。

1.7.7 纸面草板

纸面草板是采用农民废弃的麦杆或稻杆经过机械清除整理冲压高温挤压而成。这种草板是英国人最早从澳洲引进，经过了近百年的努力，在建筑上使用已经成熟了，1987 年赵紫阳访问英国时引进的生产线，由于没有引进使用方法等配套技术，而未能在国内推广使用开来，从材料的试验指标上反应，轴向荷载可高达 10t，板的宽度方向为跨度时均布荷载可达到 5kN/m^2，抗冲击力达 3.5kN/m^2，板面上能直接握钉，垂直拨力 1kN，剪切力可达 3kN，可锯可切割，使用十分方便，产品无毒无害，施工时对人的皮肤无损害，在合理的构造中，自身材料的耐火极限 60min，与纸面石膏板复合后的耐火极限可达到 117min，充分满足墙体防火设计的使用要求，由于它的各项性能指标非常好，人们往往把它作为承重构件使用，在农村有些住宅直接用它作为外墙，在它的表面钉上钢丝网直接进行砂浆粉刷，由于没有解决防水措施，施工时水直接进入板内，破坏了板材，形成了许多不良印象，所以人们对它用在建筑中产生怀疑，实在冤枉了草板。经过 10 多年的研究和大量的试验，证明在 MB 体系中把它作为保温材料是非常合适的。虽然它有很好的承载能力，但我们不能将它作为承重体来使用，只能把它与发泡聚氨酯、聚苯板、矿棉、玻璃棉作为保温材料使用。纸面草板的其他各项指标均远远超过其他保温材料。尤其是环保方面，如发泡聚氨酯在火灾时会释放一种有害氰化物气体，会致人于死地。聚苯在高温时就会收缩，散发出游离苯致使人气管红肿窒息。矿棉内经常会有放射性物质存在，会使人的抵抗能力下降，长期使用有损于健康。玻璃纤维会刺激人的皮肤和气管，易得皮肤癌和肺癌。这些化工产品不宜与人共存，唯独草纤维从人的生命起源就与人共存，可以说世界上如没有稻草，可能人类会遇到更大挑战，因为原始期人类就利用稻草防寒过冬，不少禽兽的生命都与稻草关连。随着高科技的发展，人类应对稻草有一个新的认识，如稻草在比较干燥的条件下，它的长纤维与木材一样是长寿的。金字塔里的稻草存放了几千年以后，它的强度还保留着现有稻草强度的60%；寺庙里佛像的制作就是杉木捆绑稻草用泥巴封住，存放了几百年后不变质。寺庙中大雄宝殿的大柱都是稻草捆扎在木头四周然后用麻绳将稻草扎紧，再用猪血老粉密封，外面涂上朱红大漆，几百年后打开，内部的稻草与新稻草的颜色也差不多，具有很好的抗拉强度，过去上海新式洋房采用稻草筋的草泥作为轻质墙的粉刷层。100年后，草泥墙面还是蛮好，这些洋房还在继续升值。客观存在的事实已经证明，稻草在干燥的条件下是长命的。只要注意纸面草板防水，不要单独放置在室外受水侵入。施工时应等屋顶防水完成后，再进行室内墙体安装就能保证纸面草板的安全使用。MB体系采取屋面、墙体、楼面全方位防水新工艺，绝对保证纸面草板不受潮，确保它的使用寿命。尤其是安装草板时一定要离地5cm，以免毛细管虹吸现象将地面的水气吸入，使纸表面损坏。表面再贴上纸面石膏板，这样的复合墙体是一种健康型、无毒无害，隔声、绝热、保温、吸声的好材料，非常适合钢框架使用。经美国稻草研究学会研究，结论：因稻草内存在着大量的二氧化硅，老鼠、白蚁都不喜欢它。这也是稻草能长命的秘诀！它是一年几生的植物，是一种可持续发展的农村经济作物。因此，把草板作为建筑的新型材料，是人类回归自然，保护环境，延续人的生命进入一个良性生存链。人类重视稻草对人类的贡献，是一大进步。是住宅产业现代化一种必不可少的功能性材料。由于它的绝热性好，在室内湿度较大的状态下，墙面可永远保持干燥，这是其他无机材料所制成的墙体材料决不可能达到的优良性能，因此纸面草板是MB体系住宅重要的选材之一。

1.7.8 防火纤维石膏板

这是一种用草，木纤维作加强筋的石膏板，它表面无纸面，防火防水性能好，因此在它表面粘贴面砖不会起壳和脱落，采用此板作为卫生厨房的墙板面是可行的。在成型纤维石膏板上还可以刻有制作面砖的尺寸格子，将面砖对号入座，真正能够使简单的劳动代替了工艺技师的技术水平。而且确保面砖平整度和准确度，为提高卫生间墙面装饰质量，提供了一个保障质量的基础材料。

1.8 钢结构建筑防水

建筑物的防水是世界的难题，事实上，建筑防水质量的优劣并不仅仅在于建筑的管理和施工技术，最关键的还是材料。应对防水材料和对建筑防水基理进行的重新认识，将两者统一起来才会找到解决防水问题的办法。单从防水的角度分析，防水的道理是非常简单，只要不透水的材料就能防水，建筑防水的关键是要把不透水的材料连接成一体，变成一个连续整体的防水层，这样才能达到建筑物的整体防水功能。同时，需要使建筑物的防水期限与建筑物寿命同步，还要考虑到建筑物基层变形和建筑物沉降等动态因素。如果建筑防水的设计考虑了以上的几个因素，防水质量的问题一般都能解决了。而产业现代化的轻型钢结构的防水比混凝土建筑的防水就更难，一旦长期渗漏就会直接影响到房屋的使用寿命，而钢结构的建筑还有防腐蚀的要求，所以对防水更应重视。

1.8.1 材料选定

1. "防水材料的防水性能"一般不能与其他材料性能相比，材料好坏关键是与自身材料各项性能相比，就能判断出防水材料的防水性能好坏。建筑物的防水是要在现场制作成一个整体的防水层，必须使工厂内生产的单片型的防水材料粘接成整体防水层，因此"防水功能"要求：粘贴在基面上的防水材料与基面的粘接力必须大于防水材料本身基材的强度，否则热胀冷缩变形时，变形力矩和变形的幅度全部集中在粘接处，容易引起脱开导致防水层的整体失败。

2. 防水材料不必追求它的强度，关键要求提高防水材料的延伸率。当基材发生形变时，防水材料通过延伸来克服"内应力"保持良好的整体防水性能。因此，选用无胎基的防水材料是合理的。比如，TBL 无胎基、自粘橡胶沥青卷材等。

3. 防水材料的抗剪强度是埋入式防水的主要技术指标。当在上下两层坚硬的混凝土中间夹嵌防水层，发生断裂变形时，防水层无法进行延伸来满足变形。延伸率降低到极小范围。因此，一般有胎基防水卷材往往立即断裂，选择延伸率很大的，线状型分子结构的防水材料是比较合适的。从这一特性上寻找中国目前市场上延伸率最大的防水材料只有 TBL 贴必灵卷材。

4. 建筑物是一个庞大的物体，一般都在室外施工，管理现场大，工地进出人员多，搬运货物大多数重量较笨重，需要手推车运输，施工人员一般均为文化水平较低的农民工，对产品的爱护观念不强，不可能像工厂内生产一样注意保护产品，又加上工地上黄砂、石子随时会撒在建筑物上。因此行人走动、货物运输往往又把建筑物的防水层破坏，很小的一个洞就会造成整个防水层的失败，因此防水材料必须能克服人为的破坏至关重要，如能够像皮肤一样划破后能自愈，这样可以避免人为的破坏。因此目前市场上只有 TBL 特有的自愈性能具备了以上条件。

5. 轻型房屋钢结构体系的防水标准比传统的混凝土结构房屋的防水要求更高，只有戳穿不漏的防水材料能满足轻型房屋的防水保障要求，住宅产业现代化必须采用板材代替砌块，那么多的板缝防水处理成了房屋质量的拦路虎，早在 20 世纪 60 年代从原苏联引进的大板建筑，为什么在北京等地推广了一阵又被停止了呢？很重要的原因之一是板缝的渗漏，由此可见，创建新的理念，研究新的构造以及合理的选用防水、密闭材料，已成了轻型房屋钢结构住宅也就是住宅产业化的技术突破的关键技术。

1.8.2 钢结构建筑防水处理

经过十几年的研究和开发，又经过了几万平方米的建筑试验，实践证明，建筑防水的问题最佳的解决办法是采用改进结构构造，提高材料性能两者结合的防水处理方案，最为行之有效。

1. 外墙选材用的是各类材质不同的板材，在设计上应选定构造防水。如外墙面选用 PVC 挂板，采用金属螺钉固定，必须采用戳穿不漏的 TBL 作为外墙面的整体防水，板材与钢结构吻合处需采用双面粘的 TBL 作为自粘自愈密封，双能隔声，减振的积极防水设置方法。

2. 厨房门卫生间必须采用整体防水，确保地面、墙面在施工后滴水不漏。

3. 地下室采用外围护，外防水，采用底板与墙面连接成封闭式的箱型防水，在防水层上再浇捣混凝土连续板墙，形成倒置式箱形防水，确保地下室形成整体无缝防水体，确保防水成功率。

4. 屋面如选用平屋面采用 TBL 倒置式防水，如斜屋面可采用 TBL 制作屋面功能性防水层，在防水上再设置其他装饰层，如彩色油毡瓦、金属瓦、石片瓦等都可以用金属钉固定。

5. 通风管、上水管，除了常规的连接防水外，在连接处可以采用 TBL 胶带绑扎几圈作为加强处理效果更佳，防水更安全。

建筑物的防水更重要的是它直接影响建筑物的使用寿命，在防水材料上必须有新的突破，在设计思想上也必须有新的思路，需要设防水的地方必须设置防水层，做到万无一失，这样我们的建筑物将彻底解决砖混结构渗漏的世界难题。

第2章　MB轻型房屋钢结构体系

2.1　适　用　范　围

轻型房屋钢结构体系分类

1. MB-1 低层轻钢龙骨结构体系适用于3层以下小住宅。小住宅分为：经济型住宅适用于广大农村、油田等野外作业等用房；标准型住宅适用于别墅住宅与城镇建设等一般居民独立式住宅。

2. MB-2 中高层钢包混凝土结构，适用于一般多层或高层等各种商业或民用建筑，尤其是住宅建筑和宾馆建筑。

2.2　MB-1 轻钢龙骨结构体系

2.2.1　MB-1 低层体系结构

“MB-1 轻型房屋钢结构”是一种轻钢龙骨承重的龙骨支撑体系，是采用稀土合金钢、纸面草板、PVC 塑料为主要材料建造的新型房屋体系，是国家重点技术创新项目，它符合我国建筑技术发展方向和住宅产业化的技术政策，对于新型建筑结构的开发应用、冶金工业的发展和农业的综合利用，加快住宅的建设，提高建筑工程质量和我国应急性快装建筑生产能力都有十分重要的现实意义。上海现代房地产实业有限公司经过多年潜心研究、试点、测试、总结，推出了以轻钢龙骨为支撑体，以纸面草板等轻板复合成围护结构的快装式低层住宅体系，先后在上海瑞金宾馆、张江高科技园区、青浦农民住宅以及江西省“灾后重建家园”工程中建造成功，并获得好评。

2.2.2　MB-1 低层体系特点

该建筑体系构造简单、施工方便、重量轻、建造速度快，大部分构件及配件由工厂生产，现场组装。在保温、隔热、防水、防火、抗震和隔声等技术指标上，均能达到有关标准和规范的要求，而且在用材上基本不用黏土砖、瓦，除装修外，基本不用木材，是一种有利于保持生态平衡和环保、节地、节能的可持续发展的绿色建筑体系，有望成为21世纪我国低层住宅产业化发展的方向。

从后面两图（图2-1、图2-2）可看到这种体系的特点和施工方法。

图 2-1　已完成一层型钢安装

图 2-2　正在安装二楼墙体结构

2.3　构造要求及主要连接节点

2.3.1　MB-1 轻钢龙骨结构体系的建筑构造

1. 建筑墙体——一般规定

(1) MB-1 体系建筑，按外墙构造形式分为纸面草板插入工字钢二翼中的经济形式（A 型）和纸面草板附在 C 型钢内侧的标准形式（B 型）二种。

(2) A 型外墙构造适用于单层及单层带阁楼的经济型低层住宅，建筑总高度不应大于 6m，（见图 2-3）。

(3) B 型外墙构造适用于三层、三层以下及三层带阁楼的标准型的低层住宅，总高度不应大于 12m，（见图 2-4）。

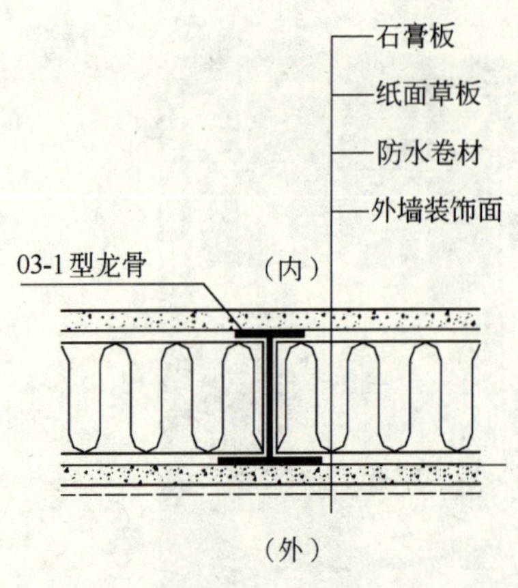

图 2-3　A 型（经济型）外墙

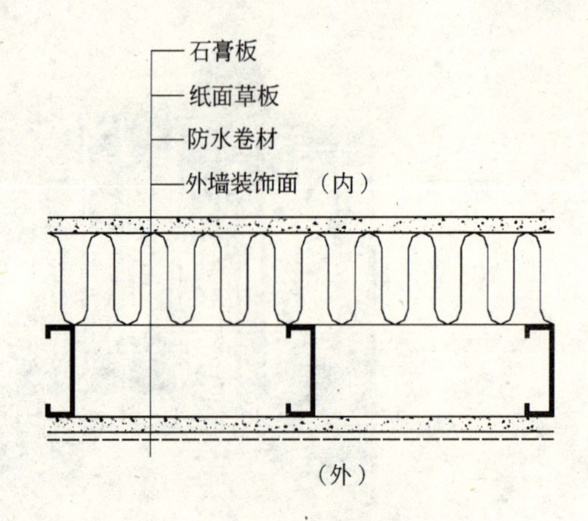

图 2-4　B 型（标准型）外墙

2. 建筑结构模数

建筑平面设计时应采用专用模数 1200 为基数的倍数进行柱网设计。

1）A 型建筑轴线的设置应符合图 2-5 的规定，非转角轴线设置在龙骨中心线。外墙转角处轴线设置在纸面草板边缘处。

2）建筑轴线的设置应符合图 2-6 的规定，非转角轴线设置在支承龙骨翼缘宽度的 1/2 处，外墙转角处轴线设置在支承龙骨的内侧。

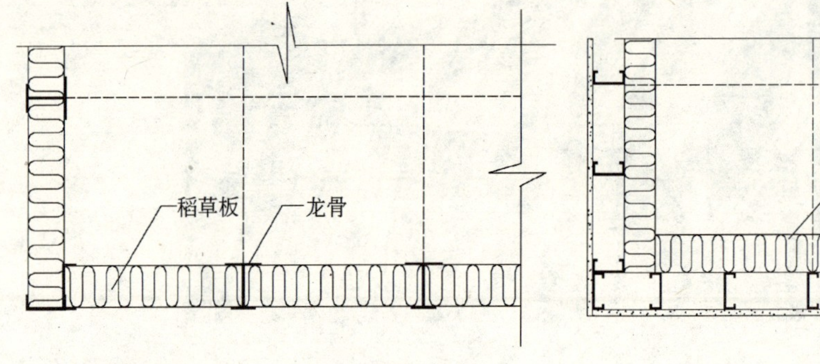

图 2-5　A 型建筑轴线设置

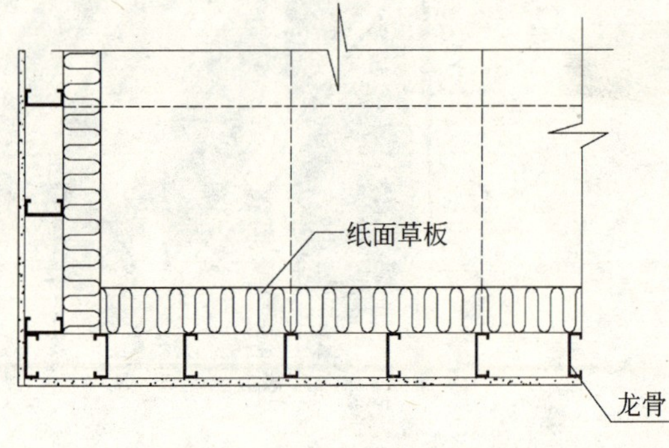

图 2-6　B 型建筑轴线设置

3）建筑层高宜小于 3.6m。

4）梁支承长度宜小于 5.0m。

5）窗洞宽度一般不宜大于 2.4m 且不宜开设转角窗。

6）体系一般采用实铺地坪，如采用有地下室、半地下室及架空地板，则地下室及基础均按单体工程另行设计，但厨房、卫生间、设备间及管道穿过房间的下部必须采用实铺地坪。

3. 建筑构造——设计

（1）地坪构造

1）室内外地坪标高差应大于 150mm。

2）室内水泥实铺地坪下应设防潮层（见图 2-7）。

3）建筑四周地坪宜包角钢或设钢导墙，四周水平误差不大于 2mm（见图 2-8 及图 2-9）。

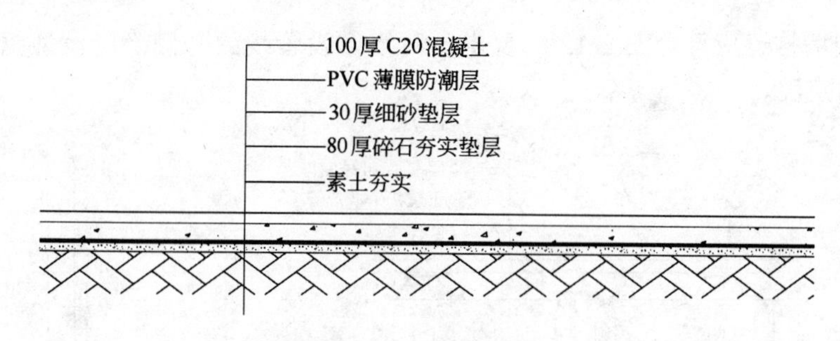

图 2-7　防潮层设置

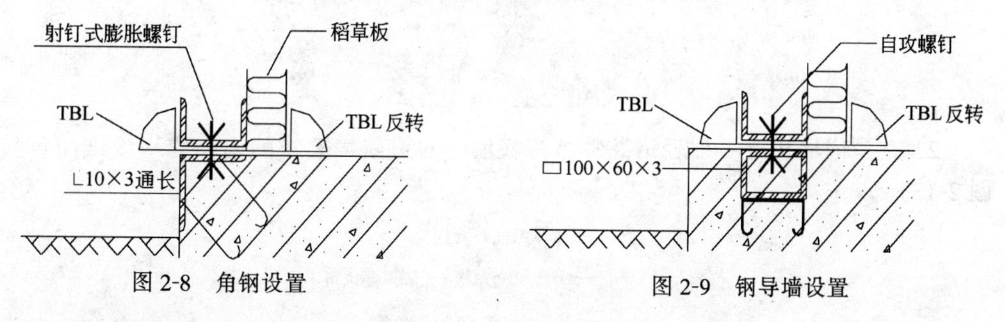

图 2-8　角钢设置　　　　图 2-9　钢导墙设置

（2）墙身构造

1）A型外墙支承龙骨为工字形，纸面草板嵌压在龙骨的翼缘中，龙骨间距应为1210mm。(见图 2-10)

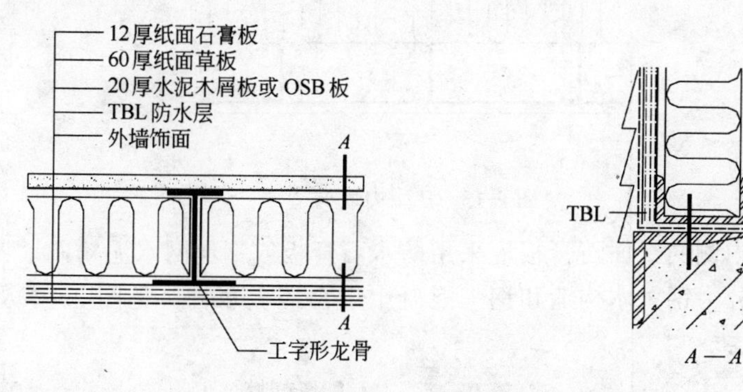

图 2-10　A型外墙构造

外墙支承龙骨为C型钢，纸面草板附于龙骨内侧，龙骨间距可按上部荷载大小决定，分别为300mm，400mm及600mm，一般间距为600mm。(见图 2-11)

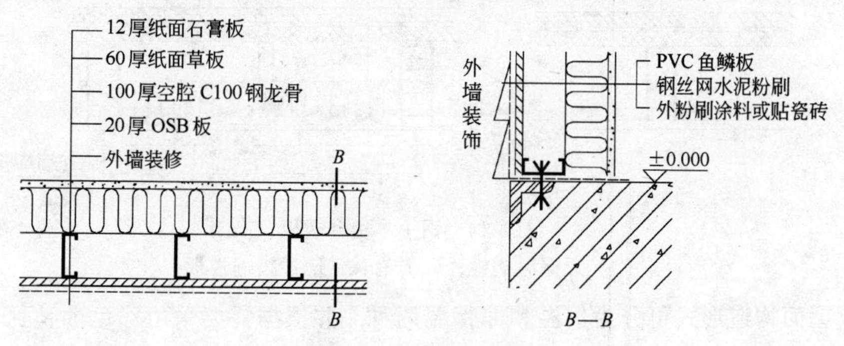

图 2-11　B型外墙构造

A型内墙构造应符合图2-12的要求，对于敷设管线的一侧，应设型钢龙骨，并形成25mm厚的空腔。

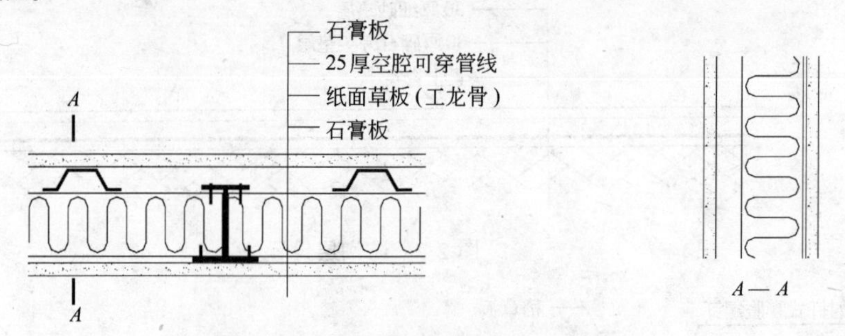

图2-12　A型墙体构造

2）B型内墙构造可用轻钢龙骨石膏板墙，对有隔声要求的内墙应增设纸面草板。（见图2-13）

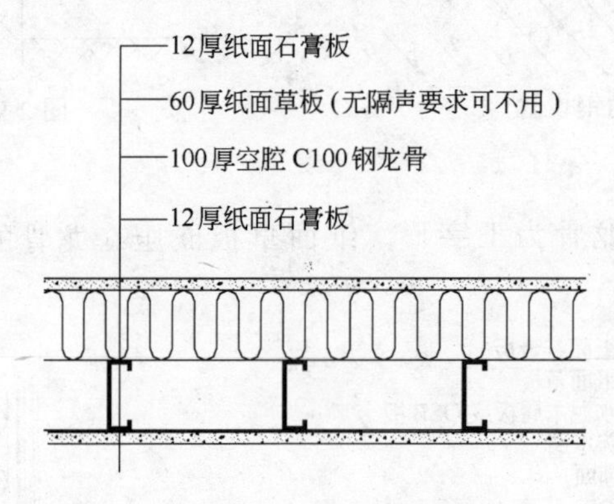

图2-13　B型内墙构造

厨房、卫生间内侧的纸面石膏板应采用防水石膏板或钢丝网水泥粉刷。

（3）楼面构造分为钢+木构造和钢+混凝土组合楼板两种，见图2-14及图2-15。钢木楼板中应设防水层。

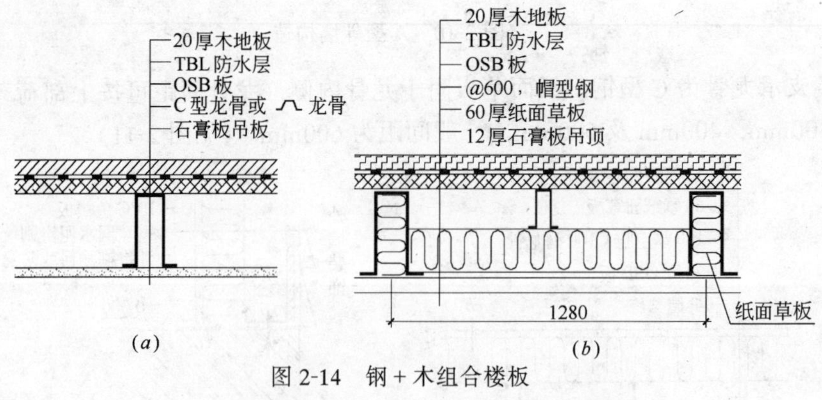

图2-14　钢+木组合楼板

（a）无保温楼板；（b）有保温隔声措施楼板

（4）屋面构造形式可分为保温和非保温两种，并根据需要采用彩色油毡瓦、金属瓦、彩色水泥瓦等作屋面外装修。屋面坡度≥45°时，应采取防止瓦片下滑措施。

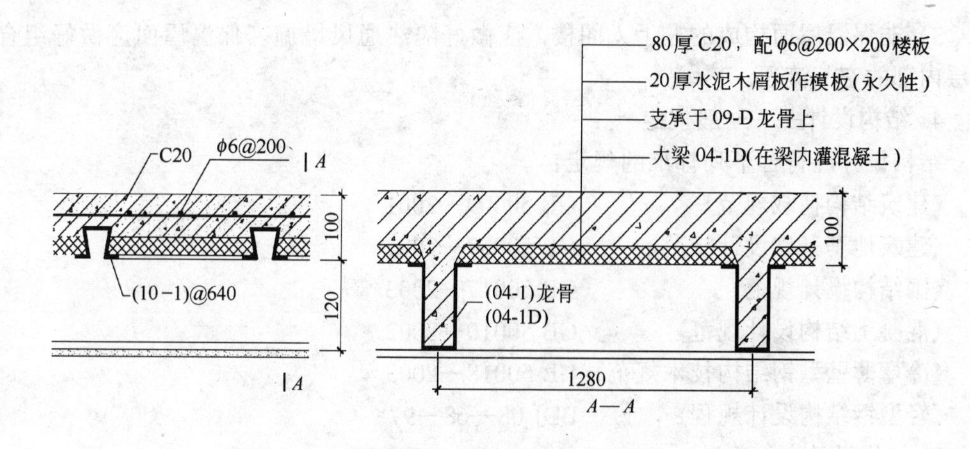

图 2-15　钢 + 混凝土组合楼板

1）非保温屋面屋架采用⊔型龙骨制作屋架上弦，上钉钢木组合檩条间距为 600mm，并设基层防水层，见图 2-16。

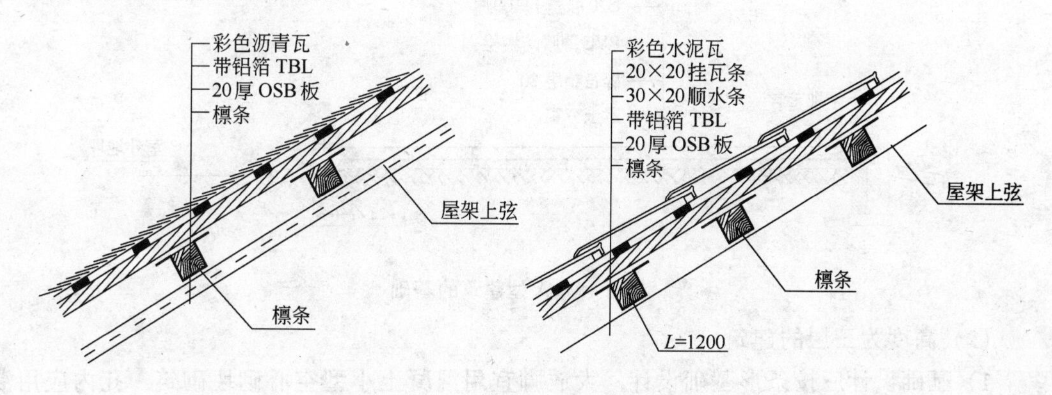

图 2-16　彩色水泥瓦屋面

2）保温屋面屋架采用⊓形钢制作，上弦铺纸面草板作保温层，最下层为纸面石膏板。见图 2-17。

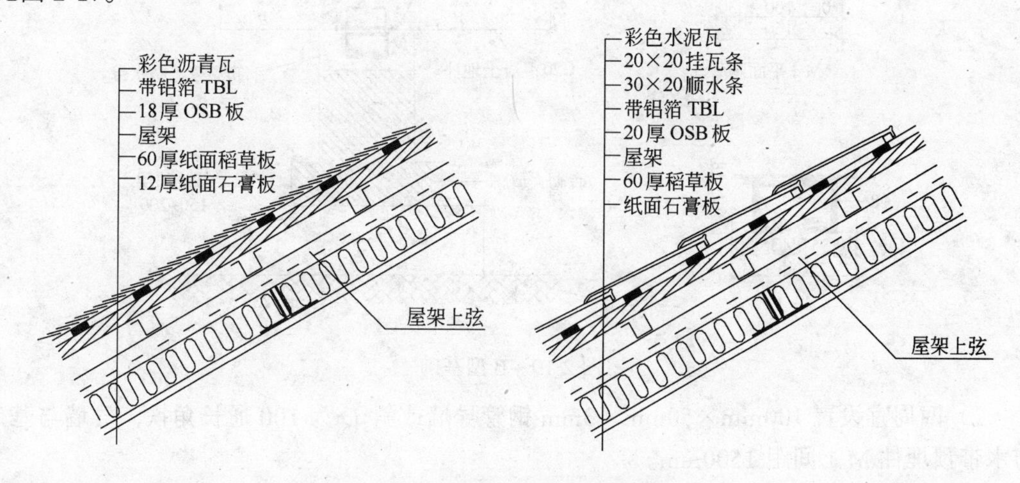

图 2-17　彩色水泥瓦保温隔热屋面

3）非保温屋面构成的非上人阁楼，应做好隔热通风措施。保温屋面应做好组合屋面夹层内部的空气流通。

4．结构设计——一般规定

结构设计应符合下列标准的规定：

《建筑结构荷载规范》 GB 50009—2001

《建筑地基基础设计规范》 GB 50007—2002

《钢结构设计规范》 GB 50017—2003

《混凝土结构设计规范》 GB 50010—2002

《冷弯薄壁型钢结构技术规范》 GB 50018—2003

《轻型钢结构设计规程》 BDJ 08—68—97

5．结构设计——基础

(1) 高度为二层及二层以下建筑可采用整体基础地坪，基础四周和地坪整体浇筑，铺80mm厚碎石夯实，PVC薄膜防潮层，上浇C20混凝土平板厚100mm，见图2-18。

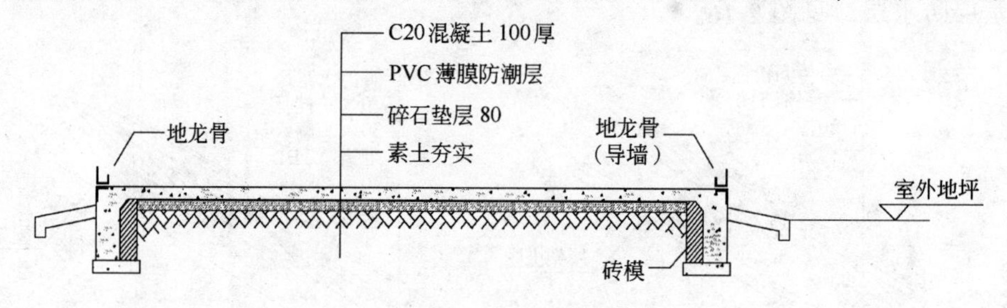

图2-18 A型建筑的基础

(2) 高度为三层的建筑。

1）基础设计应按条形基础设计，大放脚宜用混凝土小型空心砌块砌筑，孔内应用混凝土填充，并设钢筋混凝土防水带，见图2-19。

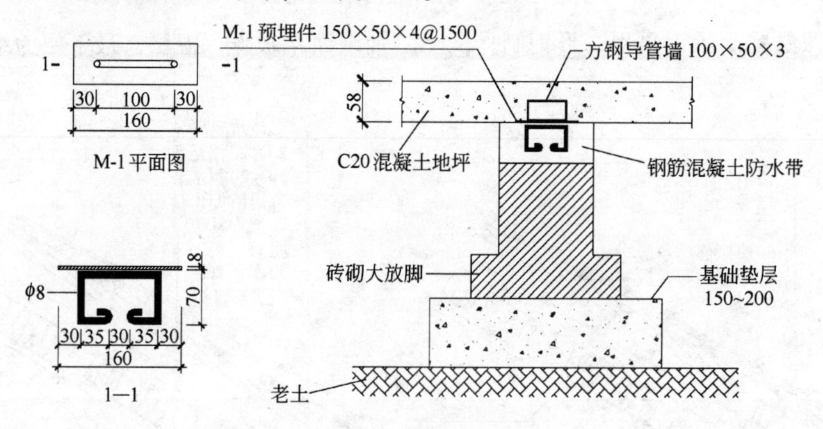

图2-19 B型基础

2）四周宜设置100mm×50mm×3mm钢管导墙或斜L为100通长角铁，导墙与基础防水带预埋件M-1间距1500mm。

3）钢导墙安装结束后，浇捣厚80mm的C20混凝土地坪，配筋$\phi 6$@200。

6. 结构设计——墙体

(1) A 型墙体龙骨宜用耐候钢 B490，中间部位采用工字钢、转角部位采用 C 型龙骨，间距为 1210mm，见图 2-20。

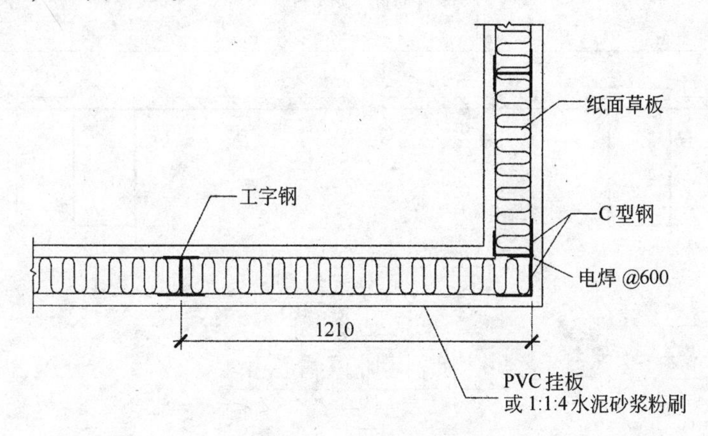

图 2-20 外墙龙骨设置

(2) B 型墙体支承构件为镀锌 C 型钢，间距为 600mm，建筑高度超过 6m 或 9m 时，龙骨间距按计算由 600mm 相应改为 400mm 或 300mm，见图 2-21。

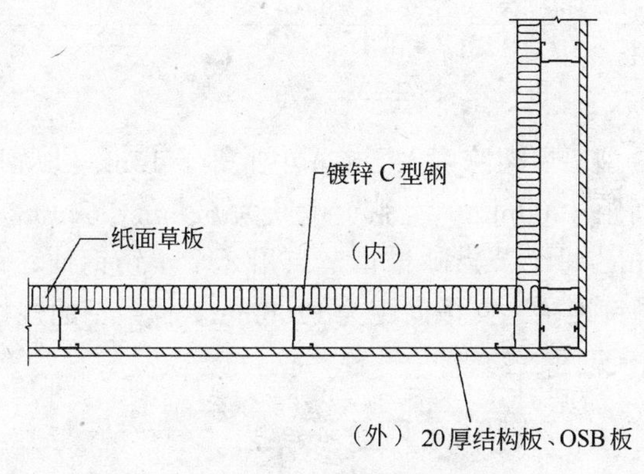

图 2-21 外墙龙骨设置

7. 结构设计——楼盖

(1) 楼盖大梁如跨度≤3600mm：

主梁宜采用 B490 耐候钢，规格应为 120mm × 67mm × 3mm 开口帽型钢，间距为 1280mm，次梁采用规格为 40mm×50mm×2.5mm 燕尾钢，间距为 635mm。水泥木屑板 20mm 厚，作为不拆除模板。楼板混凝土标号为 C20，厚度为 80mm。

(2) 3600mm＜大梁跨度≤5000mm 时：

主梁应采用规格 200mm×116mm×3mm 开口帽形钢。次梁应采用规格 40mm×50mm×2.5mm 燕尾钢。水泥木屑板 20mm 厚，为不拆除模板。构造钢筋 ϕ4@200mm，楼面为 C20，80mm 厚，见图 2-22。

8. 结构设计——屋架

(1) 墙体形式为 A 型，屋架跨度≤6m，且无阁楼时上弦、下弦均应设计为工字钢，见图 2-23。

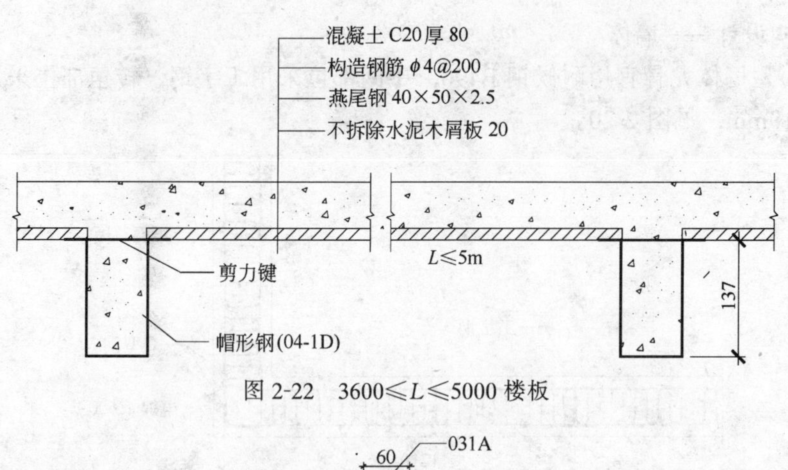

图 2-22　3600≤L≤5000 楼板

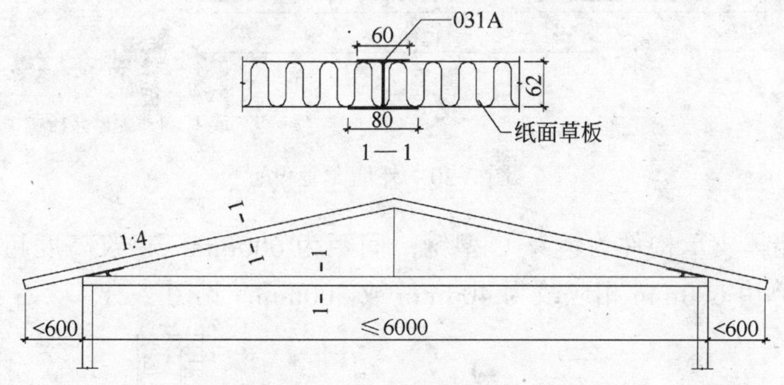

图 2-23　三角形屋架

（2）墙体形式为 B 型，屋架跨度大于 6m 小于等于 15m，上无阁楼时，应采用镀锌组合三角形轻钢屋架，间距 1200mm。上弦、下弦为 62mm×62mm×1.6mm，斜杆支撑为 60mm×40mm×1.6mm，每个节点除檐口节点用 8 个不锈钢抽芯铆钉连接外，其他节点应用不少于 4 个抽芯铆钉连接，支撑间距为 1200mm。檩条钢的规格应为 40mm×40mm×1.6mm，间距 605mm，见图 2-24。

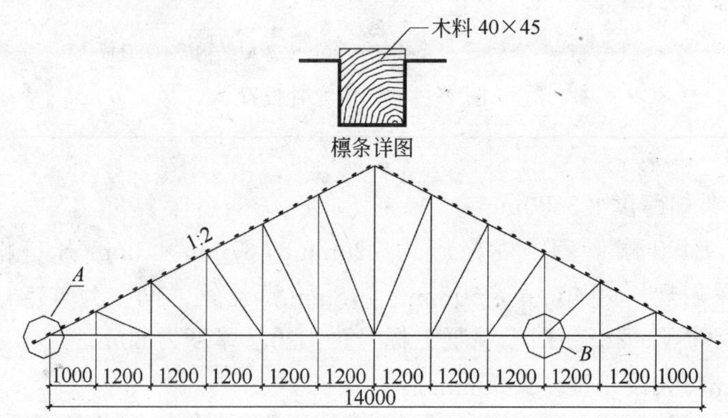

图 2-24　组合三角形钢屋架图

（3）当建筑带有阁楼，屋面坡度宜大于 1∶1.7。屋架杆件采用冷弯薄壁型钢，并可搁置保温层。

9．墙体构件

（1）含窗的墙体构件是在两相邻的墙板构件上下各插入板块构成，如图 2-25。

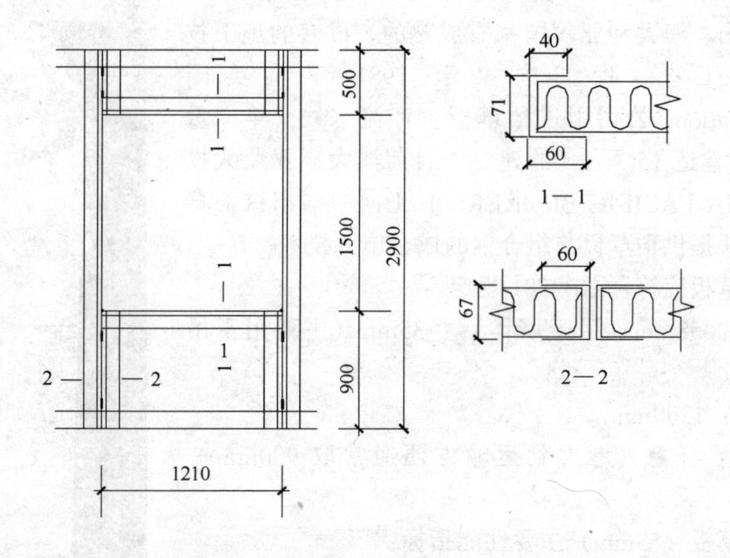

图 2-25　窗框图

（2）无窗的墙体板块其墙体组合构件长度≤3600mm，宽度≤2400mm，以方便运输，见图 2-26。

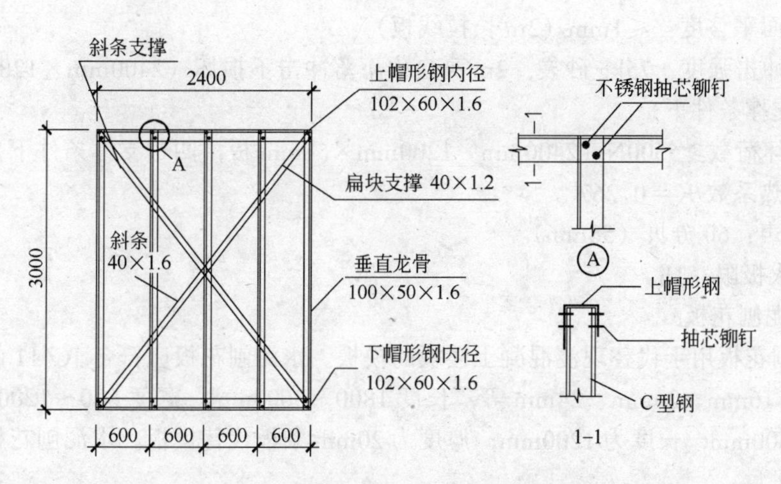

图 2-26　墙体垂直龙骨与上下沿边龙骨组合

2.4　材　　料

2.4.1　材料

1. 轻板：目前国内轻质板材的种类较多，如蒸压轻质加气混凝土板（ALC）、伊通板（YTONG）、双层彩钢夹心板、石膏空心板等，而上海现代房地产实业有限公司所采用的轻质板材是稻草板，见图 2-27。这套工艺是：稻草经过高温高压压缩成型，并在两边表面粘贴上两层高强度牛皮硬纸，在整个生产工程中，不加任何化学制品，也不会产生任何对环境有害废物。这种稻草板具有防虫、防火、防潮、隔热、保温等性能，不仅质地坚硬，而且轻便，同时价格低廉，是一种理想的轻质板材。稻草板在国外已经是很成熟的技术了，如英国、澳大利亚等国家有成熟的、成套的施工技术与施工工艺。我们国家于1981年从英国Stramitinternational公司引进稻草板生产流水线，年产量50万m^2，可建造15万m^2的建筑。目前澳大利亚亚太投资公司（ASIA PACIFIC BROKERS）正向中国出口稻草板机器设备，提供稻草板与组合钢的成套施工技术。

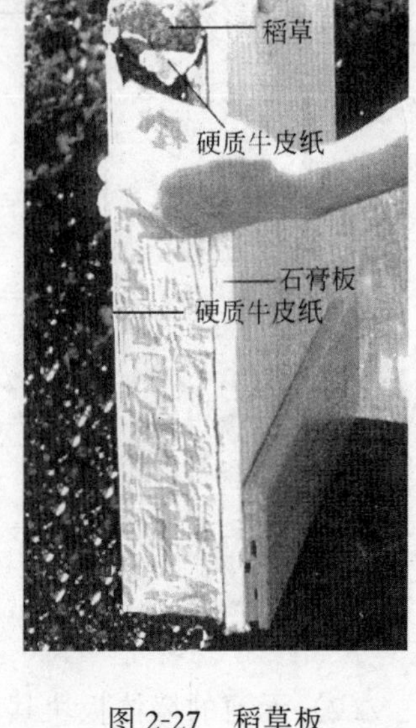

图 2-27 稻草板

（1）稻草板应符合GB9781规定。

A. 厚度：58mm（用于墙体）　35mm（主要用于吊顶）

B. 宽度：1200mm

C. 长度：任意（考虑到运输方便通常取900mm～4100mm）

（2）稻草板（58mm）主要性能指标：

A. 单位面积重量：25kg/m^2

B. 含水率：≤15%

C. 对角线长度差：≤4mm

D. 板面平整度：≤1mm（2m长拉线板）

E. 抗冲击强度：75kg砂袋，2m高自由下落冲击不损坏（2400mm×1200mm×58mm板，四边支撑条件下）

F. 破坏荷载≥5500N（2400mm×1200mm×58mm板，四边支撑条件下）。

G. 导热系数 $K=0.267$

H. 隔声：60分贝（58mm）。

I. 耐火极限≥1h。

2. 水泥刨花板

水泥刨花板用于代替现浇混凝土楼板的模板。水泥刨花板应符合JC411的规定，厚度有12mm、16mm、20mm、24mm等，长度1800～3600mm，宽度600～1200mm，建议采用宽度为600mm，长度为1200mm，厚度为20mm条板代替模板。水泥刨花板的物理力学性能见表2-1。

水泥刨花板物理力学性能表　　**表 2-1**

项目		优等品	一等品	合格品
密度（kg/m^3）	不大于	1250		1300
含水率（%）	不大于	12		
浸水24h厚度膨胀（%）	不大于	1.5		2.0
抗冻性		洞后强度损失不大于20%		
自然含湿状态下抗折强度（MPa）	不小于	11.0	9.0	8.0
浸水24h抗折强度（MPa）	不小于	6.5	5.5	5.0
垂直平面抗拉强度（MPa）	不小于	0.5	0.4	0.3
抗折弹性模量（MPa）	不小于	3000		

3．纸面石膏板

纸面石膏板应符合 GB/T 9775 的规定。

纸面石膏板厚度为 9.5mm、12mm、15mm，宽度为 900mm、1200mm，建议采用宽度 1200mm，厚度为 15mm，如有防潮要求采用石膏板。

纸面石膏板的物理力学性能见表 2-2。

纸面石膏板物理力学性能表　　表 2-2

板材厚度（mm）	断裂载荷（N）		单位面积质量
	纵　向	横　向	(kg/m^2)
9.5	360	140	9.5
12	500	180	12.0
15	600	20	15.0

4．防水材料

（1）防水材料－TBL 自粘性卷材主要用于屋面、外墙面及卫生间。

（2）TBL 应符合 JC 840 规定，厚度不小于 1.2mm，宽度 920mm，1000mm，每 $10m^2$ 卷材不得低于 12kg。

（3）TBL 卷材的物理力学性能见表 2-3。

TBL 自粘性卷材物理力学性能表　　表 2-3

项　目		表面材料		
		PE	AL	N
不透水性	压力（MPa）	0.2	0.2	0.1
	保持时间（min）	120 不透水		30 不透水
耐热度		—	80℃，加热 2h，无气泡，无滑动	—
拉力（N/5cm）　≥		130	100	—
断裂延伸率（%）　≥		450	200	450
柔度		－20℃，　ϕ20mm，　3S，　180°无裂纹		
剪切性能（N/mm）	卷材与卷材　≥	2.0 或粘合面外断裂		粘合面外断裂
	卷材与铝板　≥			
剥离性能（N/mm）　≥		1.5 或粘合面外断裂		粘合面外断裂
抗穿孔性		不渗水		
人工候化处理	外观	—	无裂纹，无气泡	—
	拉力保持率（%）≥		80	
	柔度		－10℃，　ϕ20mm，3S，180°无裂缝	

注：PE 表面材料为聚乙烯膜，AL 为铝箔，N 为无膜。

5. 型钢

(1) 型钢结构一般采用3～12mm厚的热轧轻型型钢或冷弯薄壁型钢等材料经过加工、制作、安装等工序的钢结构。目前这种型钢结构在国内外广泛采用。如单层工业厂房，三层以下的商场、仓库、住宅等，这种传统的钢结构在总体上用钢量还是多，自重大，防火采用外包混凝土或喷漆防火涂料，费用较大，又增加钢结构的自重。

上海现代房地产实业有限公司采用磷、铜稀土耐火耐候钢（10pcuRe钢），其强度比碳素钢Q235提高40％左右。耐大气腐蚀性能提高3～5倍。磷、铜稀土钢与其他钢材物理力学性能对比表（表2-4）如下：

磷、铜稀土耐候钢与其他钢材物理力学性能比较表 表2-4

钢号	拉力试验值				强度设计值			f_u/f_y	f/f_y	f_u/f
	屈服点（N/mm²）	抗拉强度（N/mm²）	伸长率 δ_f（%）	180°冷弯试验	抗拉、压、弯 f（N/mm²）	抗剪 f_v（N/mm²）	断面承压 f_{ce}（N/mm²）			
10PCuRE	≥320	≥445	≥33	合格	295	170	385	1.390	0.921	1.508
10PCuRE	≥294	≥412	≥24	合格	270	155	355	1.401	0.918	1.5259
3号钢	235	370～460	26	合格	215	125	320	1.574～1.957	0.915	1.72～2.1395
16Mn钢	345	≥510	21	合格	185	185	445	1.478	0.913	1.619
15MnV钢	410	≥550	19	合格	205	205	450	1.341	0.8536	1.571

注：上述磷铜钢的试验值都是上海第一钢铁有限公司提供的。

(2) 承重轻钢构件的断面形式：

A. 柱（空心方管）：高层300mm×400mm×8mm

低层150mm×150mm×3mm　150mm×200mm×4mm　150mm×250mm×5mm

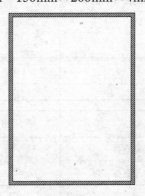

高层柱断面形式

B. 梁（帽形钢）：高层180mm×300mm×4mm 低层112mm×200mm×3mm　67mm×120mm×3mm

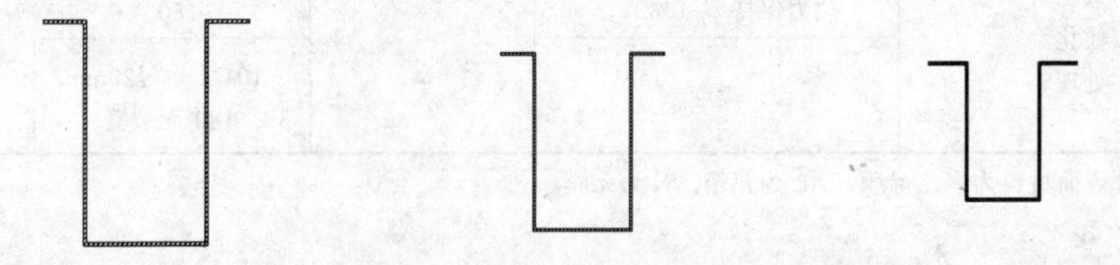

C. 墙：内嵌式墙体垂直龙骨，厚度 2～2.3mm

C 形外挂式墙体垂直龙骨，厚度 1.6mm：

D. 屋架：无阁楼上下弦，厚度 1.6mm：

有阁楼，厚度 2.5mm：

E. 楼板：燕尾钢，厚度 3mm：

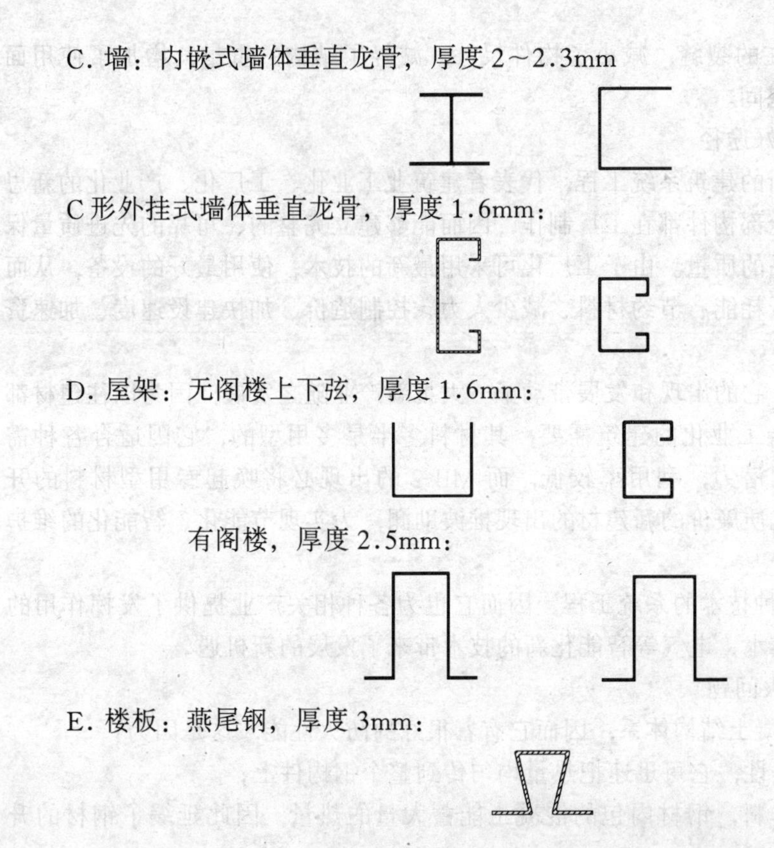

2.5 MB-2 轻型房屋钢结构体系

2.5.1 MB-2 轻型建筑钢结构体系的构成

这是一种钢包混凝土框架结构体系，它是由方钢管混凝土柱、“ᴫ”帽形钢混凝土梁、单向或双向“ᴫ”帽形钢小梁，加上燕尾钢小梁组成的井字或肋形钢包混凝土楼板，它与方钢管支撑体系一起构成钢包混凝土框架支撑结构体系。

这种结构体系所有的构件均在工厂制成，在现场安装平台上组装成三到四层高的组合单元，整体吊装，再安装中间构件形成完整的结构，工人在由梁及密肋支撑的一次性模板组成的楼面上操作并铺设管线、放置钢筋网片及负弯矩钢筋，浇注混凝土，形成了完整的结构。

浇注混凝土是随着结构的吊装过程，由上而下同步进行的，在混凝土浇注到上层、下层的内隔墙时，管线的安装也有条不紊地进行，最后在楼面上安装外墙各种设施，在室内装修完成后进行清洗，完成了建设的整个过程。

2.5.2 MB-2 轻型房屋钢结构的特点

1）优异的性能

这是一种钢和混凝土共同作用的最理想的结构形式，承担拉应力的钢材处于受拉区的最外沿，而承受压力的混凝土又能被钢材约束，同时混凝土保证了钢材在受力时不会失稳，使两种材料的潜能都能充分发挥。由于在工厂制作，保证了质量及精确的尺寸，安装后的结构加上永久性模板，为混凝土浇注提供了最好的条件，减少了需要养护的面积，防止了混凝土构件普遍存在的裂缝，减小了构件尺寸，减轻了结构的重量，增加了使用面积，提供了更大的使用空间。

2）实现产业化的最好途径

这是一个完整的全新的建筑系统工程，代表着建筑业工业化、工厂化、产业化的新思路和新方向，由于它的全部构件都在工厂制作，因而能够建立完整的、可靠的先进质量保证体系，从而保证了产品的质量。由于工厂化可采用最新的技术，使用最好的设备，从而提高了性能、效率、降低耗能、节约材料、减少人力、控制造价、加快建设速度、加速资金周转。

这是一个系统工程，它的出现和发展带动了一大批新产业随之发展，因为以往建材都是为了适应手工作业及半工业化的建筑需要，其材料多半是多用型的，它因适合各种需求，不能充分发挥材料的潜力，利用率较低，而 MB-2 的出现必将唤起专用型材料的开发，为实现高效低耗、优质廉价的新建材的出现推波助澜，为实现节能化、智能化的维护结构体系而不断努力。

MB-2 是一个综合各种技术的系统工程，因而它也为各种相关产业提供了发挥作用的平台，为采暖通风、给排水、电气等智能化新的技术带来了发展的新机遇。

3）关于 MB-2 的防火问题

MB-2 是一种钢包混凝土结构体系，因而它有着很好的防火性能，这是因为：

（1）钢有良好的导热性，它可迅速把热量均匀传到整个钢构件上；

（2）混凝土是蓄热材料，钢材内包的混凝土能蓄大量的热量，因此延缓了钢材的升温；

（3）当温度进一步升高，混凝土内的水分汽化（钢结构上设有排气孔）带走热量，提高了梁柱构件的耐火极限；

（4）如温度进一步升高，把混凝土烧成粉末，但在钢材的约束下仍能承受一定的荷载，同时还能有助于钢材的稳定。

根据现有的国内外的资料，钢管混凝土柱、压型钢混凝土楼板耐火都在 2h 左右，因而钢包混凝土梁达到 2h 以上。而根据已发生火灾的实例和工作状况下的试验数据，钢包混凝土构造耐火极限高于混凝土的构造的耐火极限，为了满足不同部位的防火要求，可以加设防火板保护。

MB-2 追求的是无披覆防火，因为有披覆防火在发生爆炸的情况下防护层脱落等于没有防火措施。(见美国的 9.11)

2.5.3 MB-2 设计中的几个问题

MB-2 的结构设计，因为它是钢包混凝土框架支撑结构体系，所以从平面设计上看它和普通框架结构没有多少区别，因为要考虑到工厂生产的特点，它平面的设计宜简单规则，尽量不设伸缩缝或抗震缝，建筑的开间、进深变化要少（根据我们目前生产的型材规格，最大跨度在 8m 左右，大于这一跨度需生产新的型号的帽形钢）。另外竖向抗侧力构件要连续，在平面或竖向不宜出现刚度的突变，这里有些虽属结构问题，但在建筑设计中也应重视。

MB-2 钢包混凝土结构体系是一种创新的结构体系，在世界上尚未查到先例，我们经过不断的研究实践和改进终于完善了这种体系的梁柱节点，并委托西安建筑科技大学钢结构研究所进行了科学的、全面的实验，其实验报告又经上海同济规划建筑设计研究院钢结构设计分院复查证实了我们的节点合理、安全，是一个成熟合理的作法，见图 2-28、图 2-29、图 2-30、图 2-31。

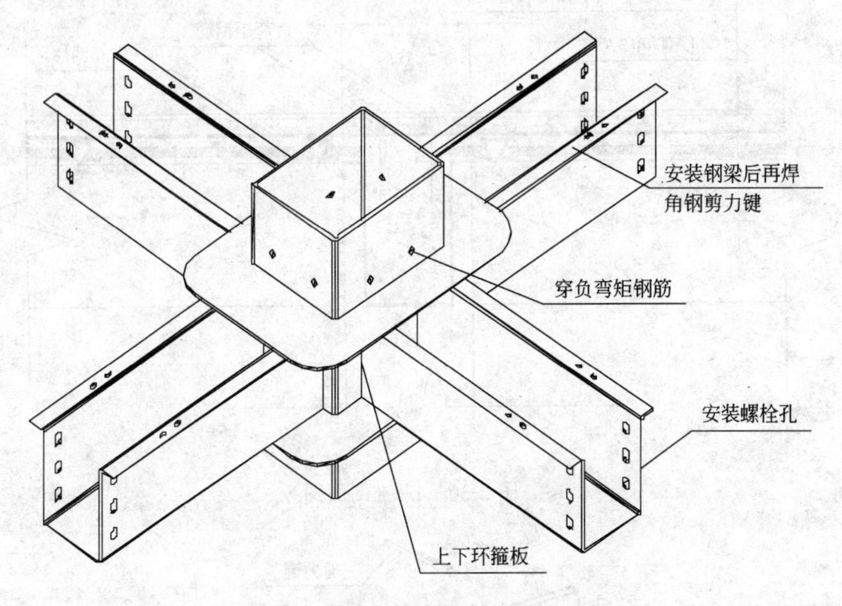

图 2-28　柱节点

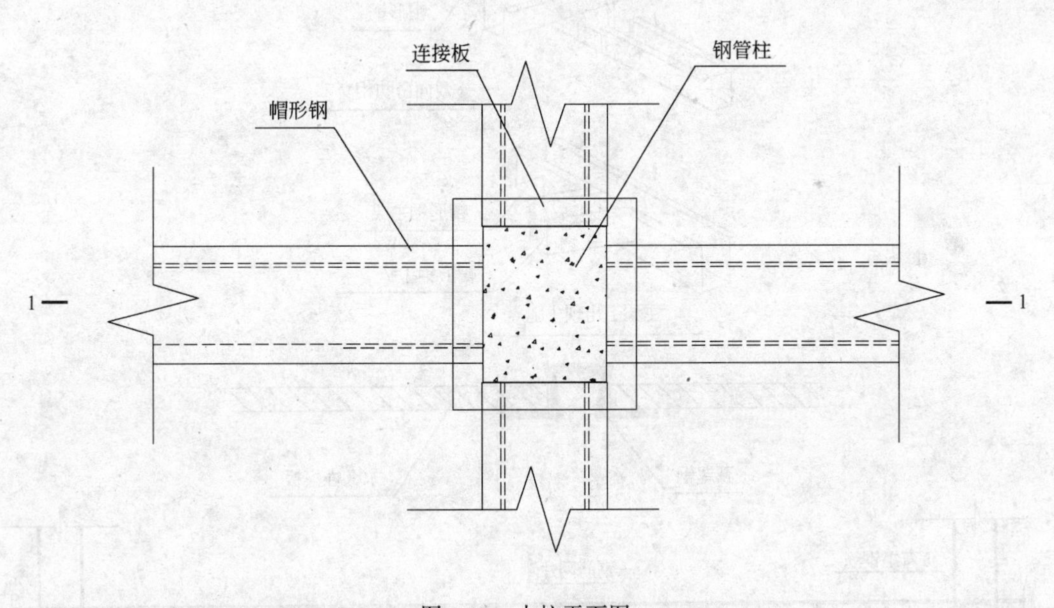

图 2-29　中柱平面图

为了完善 MB-2 结构体系的计算和理论，2003 年我们与建设部工程质量安全监督与行业发展司共同编制了《全国民用建筑工程设计技术措施》，今年我们正在与中国建筑标准研究院合作，通过大量的实践，采集足够的数据来建立这种结构体系的计算公式，编制相应的软件，制定相应的规范，以改变目前利用现行近似的规范和计算软件的弊端，只有到那时才能真正的把这种新的结构体系的优越性完全体现出来。

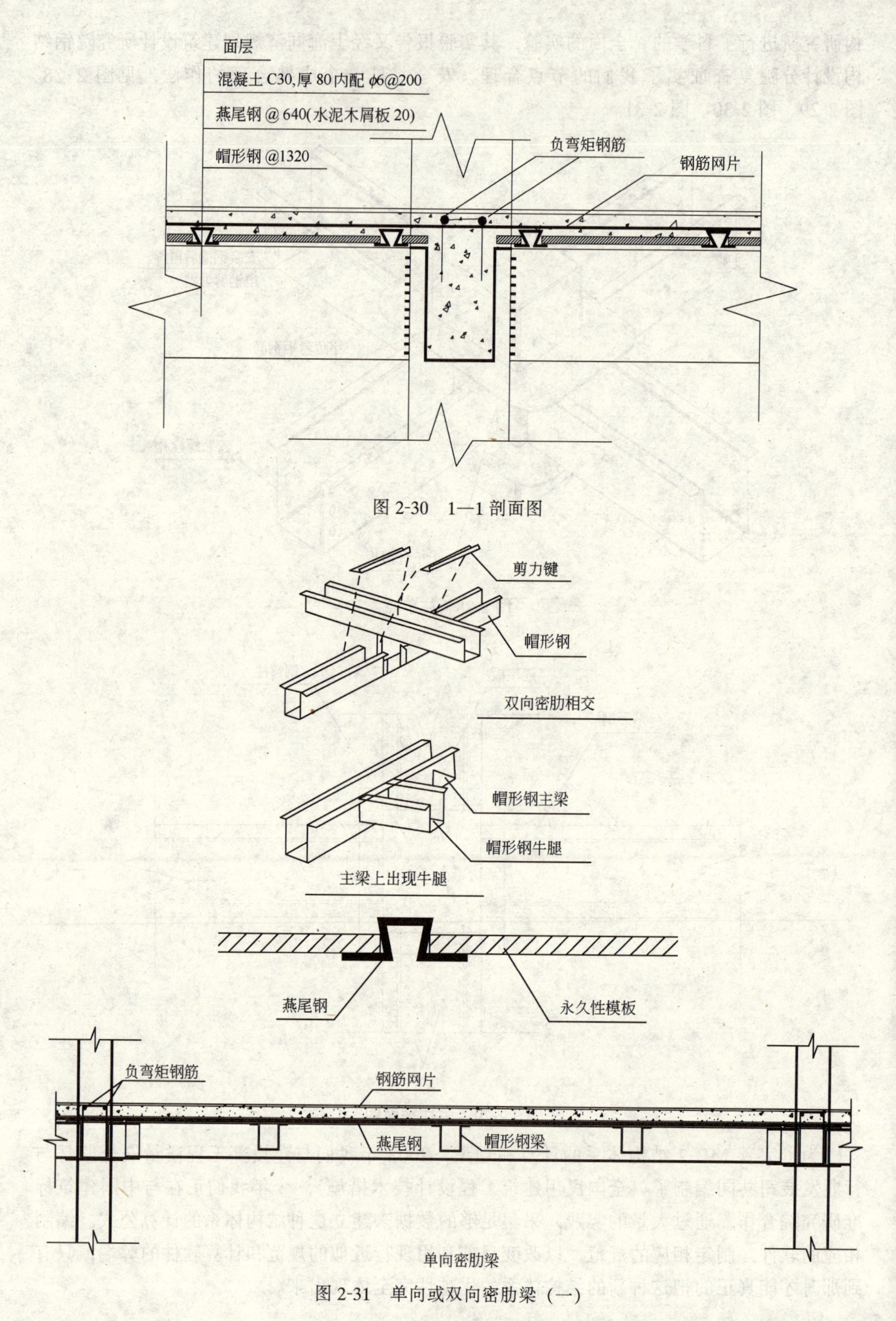

图 2-30　1—1 剖面图

图 2-31　单向或双向密肋梁（一）

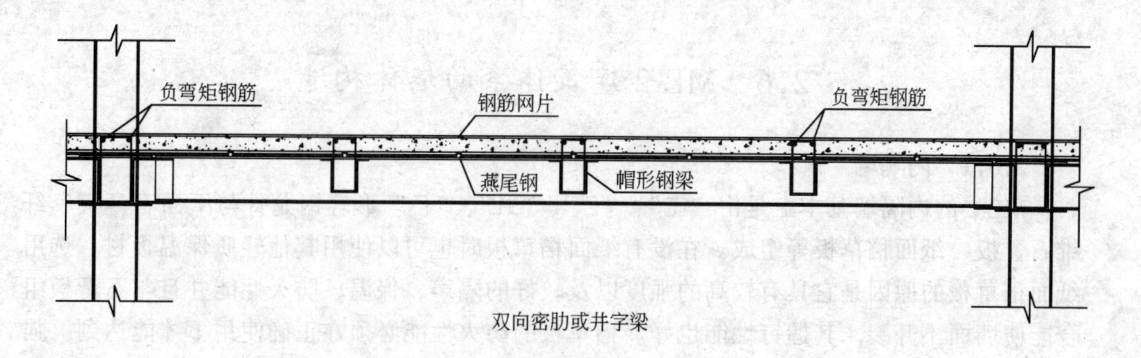

图 2-31　单向或双向密肋梁（二）

2.5.4　MB-2 构造布置举例（见图 2-32、图 2-33）

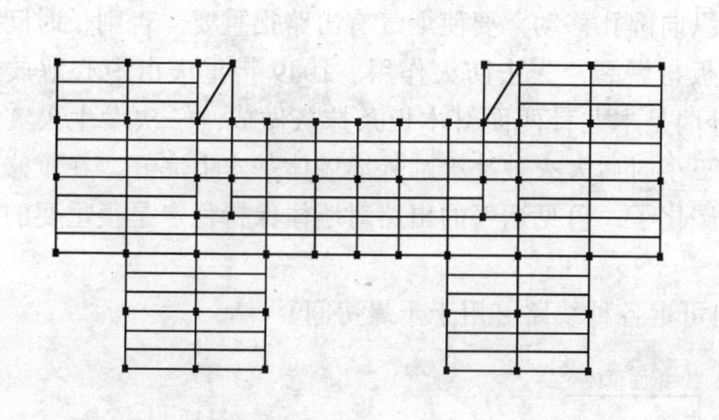
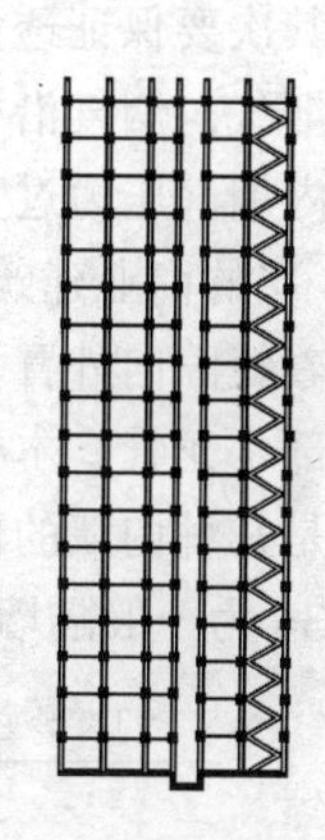

图 2-32　结构布置图

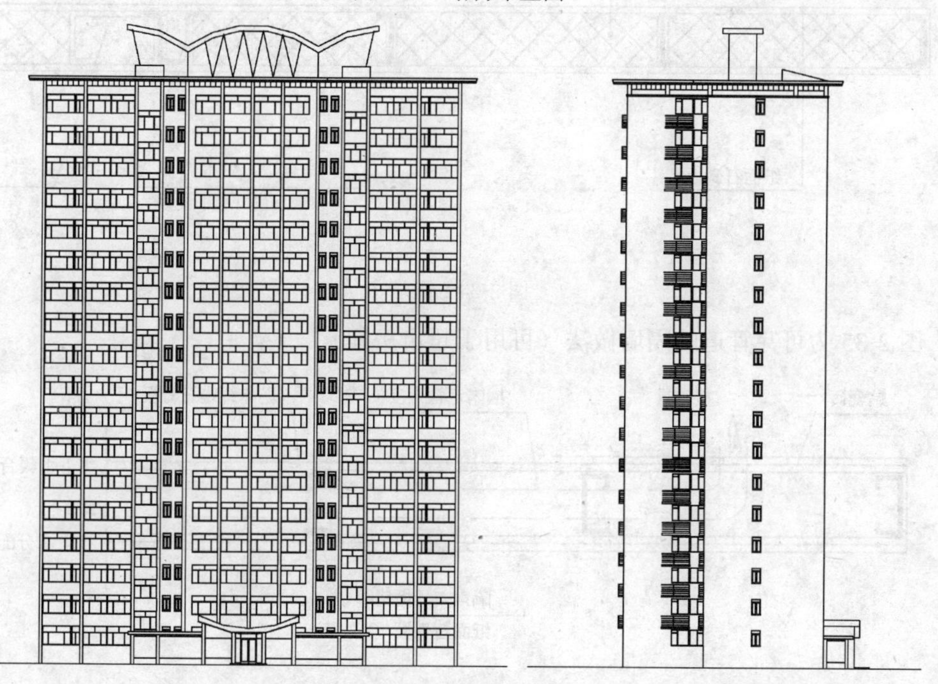

图 2-33　建筑立面图

2.6 MB-2 建筑体系的墙体构造

2.6.1 内隔墙

MB-2 的内隔墙基本上是由“工”、“匚”、“几”、“匚”形轻钢龙骨与纸面石膏板、纤维石膏板、纸面稻草板等组成。在没有纸面稻草板时也可以使用其他轻质保温板材。选用纸面稻草板的原因是它具有较高的强度以及较好的隔声、保温、防火性能并且与石膏板组合能使墙面不开裂，其握钉性能也好。稻草板的防火性能必须在正确使用下才能达到，强调这点是因为若干年前，曾有过惨痛的教训。正确使用要注意两点，首先不能破坏板材的紧密性，不能随意开槽、开孔，在必须开槽、开孔处用腻子封闭，要采用金属的接线盒及电料管。其次要保证透气性，纸面稻草板在外部受火时不会引燃，但在高温碳化过程中会产生很多烟气，烟气沿板内的纵向圆孔移动，要使烟气有出路很重要，否则长时间大火的烘烤，板内烟气压力过大会使板材爆裂，失去防火作用。1949 年重庆市中心解放碑地区很多 3～4 层的商业建筑，其外墙是木龙骨两面钉木板条抹灰做成，一次发生火灾，着火时外墙沿着缝隙向外冒烟，两三小时后大火被扑灭，外墙墙体基本上完好，在重修时拆开一看，内部木龙骨、木板条全碳化了，可见烟气的出路对墙体保持稳定是很重要的。

下面是几种内墙的做法：

图 2-34 为一般隔墙，墙内可走各种线路（用于干燥房间）

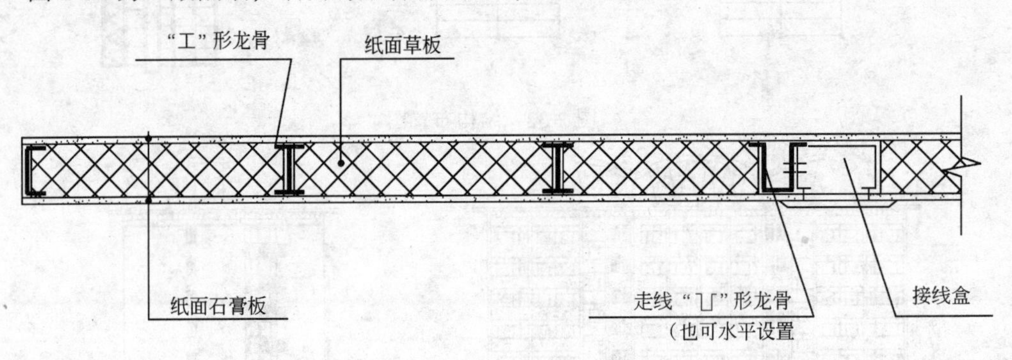

图 2-34　隔墙 1

图 2-35 为可穿管道的隔墙做法（可用于超市房间）

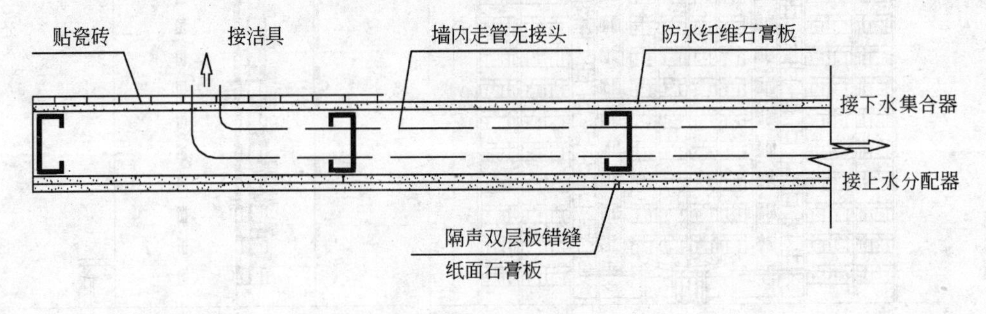

图 2-35　隔墙 2

图 2-36 为分户墙

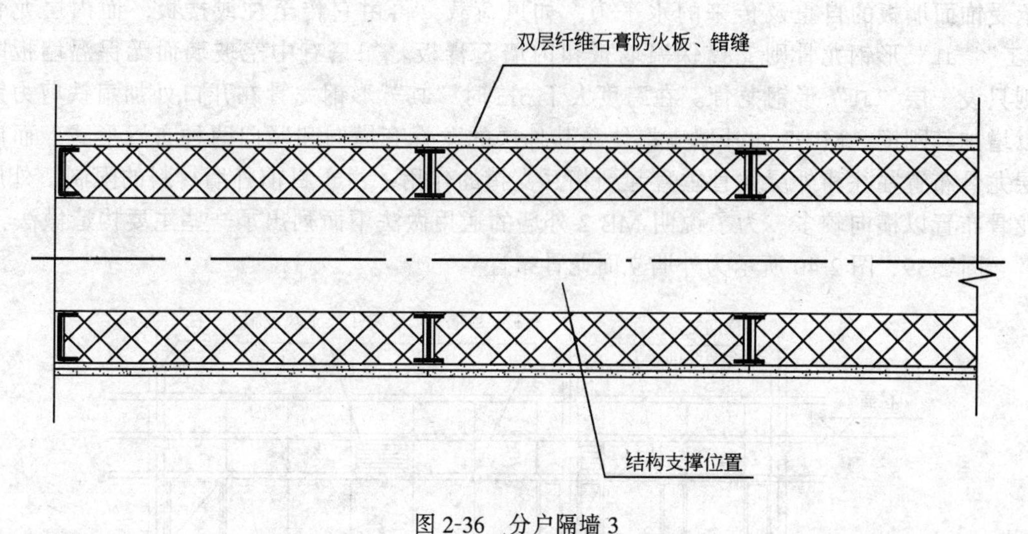

图 2-36　分户隔墙 3

图 2-37、图 2-38 表示隔墙上、下部分做法及排烟通道

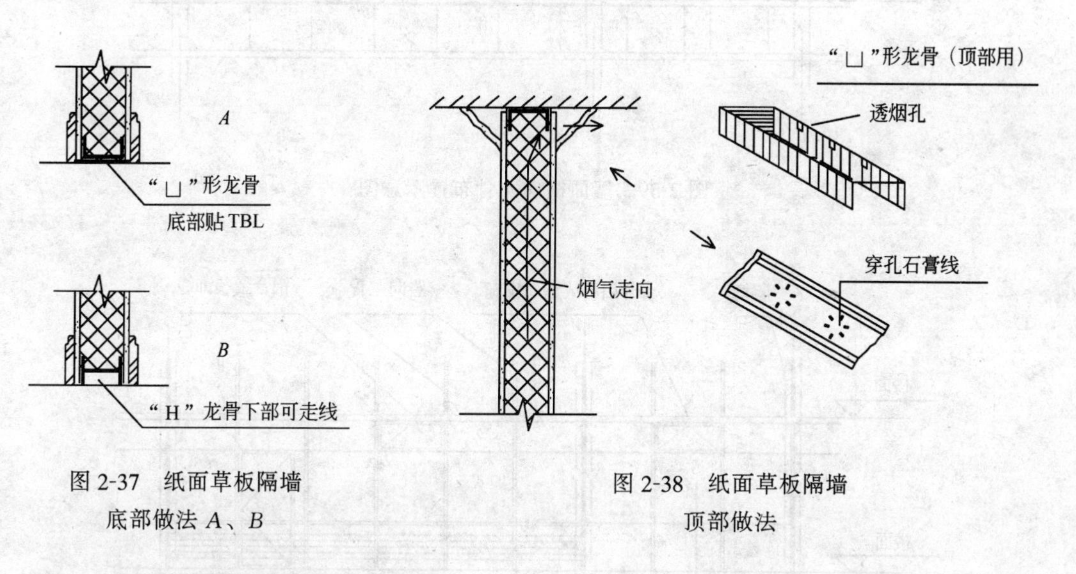

图 2-37　纸面草板隔墙
底部做法 *A*、*B*

图 2-38　纸面草板隔墙
顶部做法

2.6.2　MB-2 的围护墙——外墙

MB-2 的围护墙有如下的特点：

（1）它是由楼板及楼层之间的龙骨体系来支撑的，按照楼层来分段。不是挂在楼板及楼层之外由埋件及螺栓来支撑的。

（2）它是利用市场上大量生产的优质板材来组合成保温、隔热、防水、采光通风和美观的墙体，而且也能随时将最新的技术成果纳入自己墙体组合中。

（3）它不设外脚手架，是从每层楼面在室内来完成装配施工的，但又能利用吊篮从室外更换墙体表面损坏的板材。

（4）外饰面板材优先采用的是玻璃、花岗岩板、铝合金板。

MB-2 建筑体系的外墙支撑体系由两层轻钢龙骨构成，其外层是“ㄇ”形钢，主要承受饰面墙板的自重及传来的水平力，如风荷载，再由它传至柱或楼板，而内层龙骨“工”“ㄇ”形钢龙骨则支撑保温墙板和内墙石膏板。如只有中空玻璃而无保温墙板时则只设一层“ㄇ”形钢龙骨。在跨度大于 3m 时“ㄇ”形钢龙骨在开口处加扁铁剪力键以增加其刚度。MB-2 的外墙支撑体系其外层的龙骨有横向和竖向两种布置形式，而内层龙骨布置往往和外层龙骨垂直起到相互支撑的作用，由于目前外墙材料的限制，外层龙骨布置以横向较多。为了说明 MB-2 外墙的通用做法下面列出了一些主要构造做法：

图 2-39、图 2-40 所示为外墙立面龙骨布置

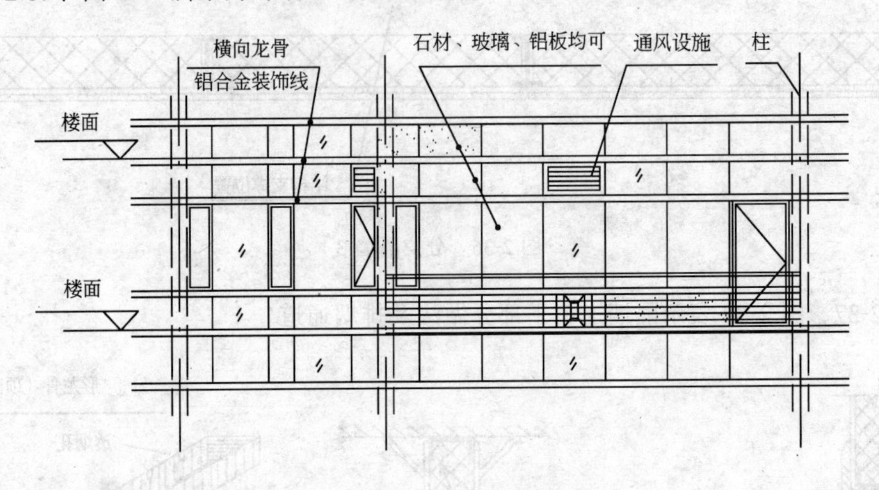

图 2-39　墙面横向龙骨布置示意图

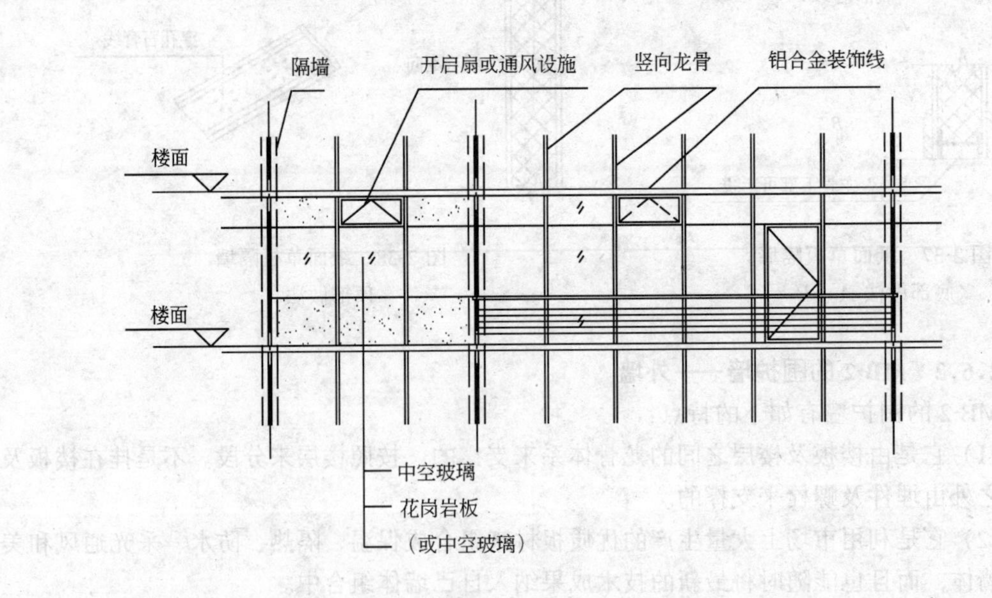

图 2-40　墙面竖向龙骨布置示意图

图 2-41、图 2-42 为横向龙骨外墙节点

图 2-43、图 2-44、图 2-45、图 2-46 为竖向龙骨外墙节点

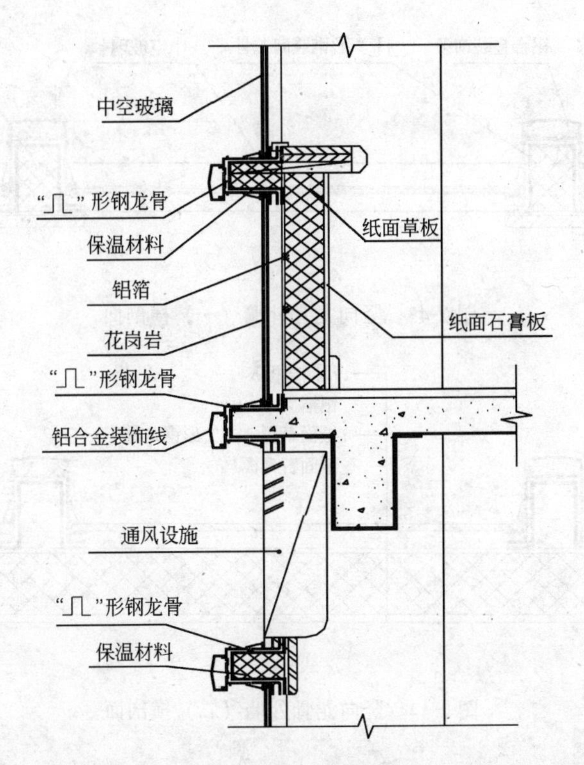

图 2-41 横向龙骨外墙（一）

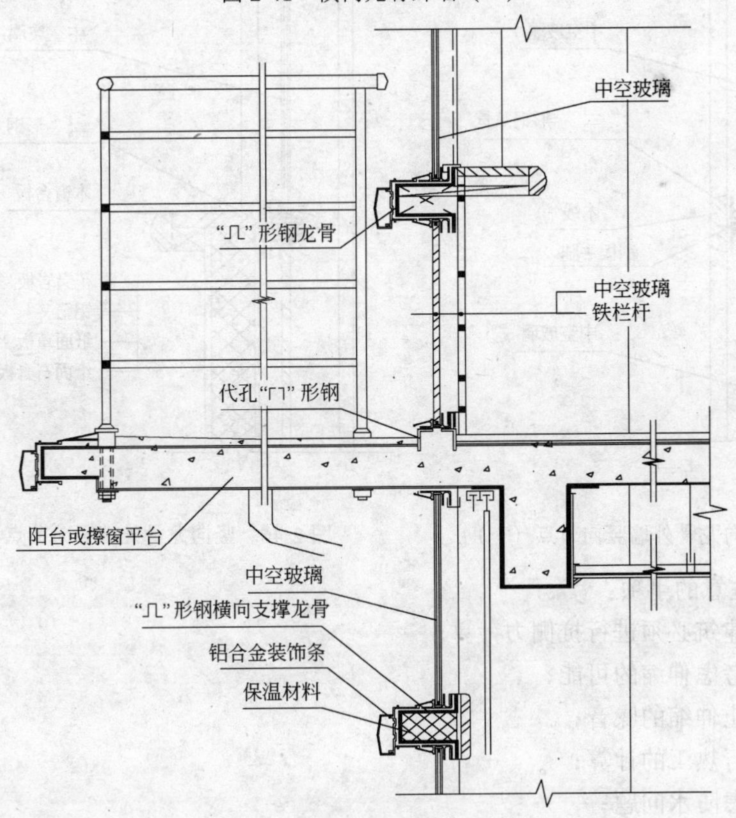

图 2-42 横向龙骨外墙（二）

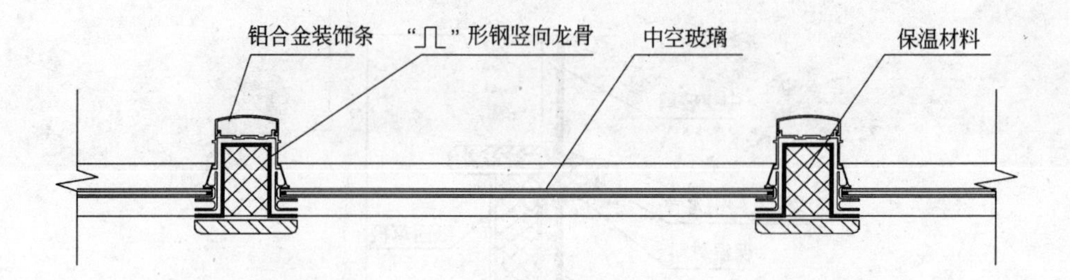

图 2-43　竖向龙骨外墙（一）横剖面

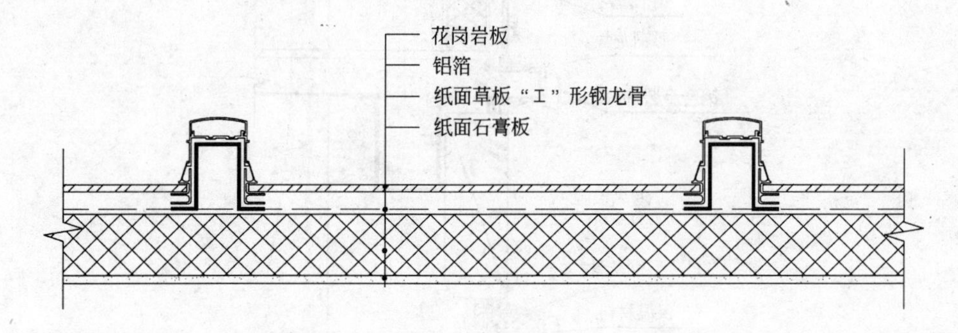

图 2-44　竖向龙骨外墙（二）横剖面

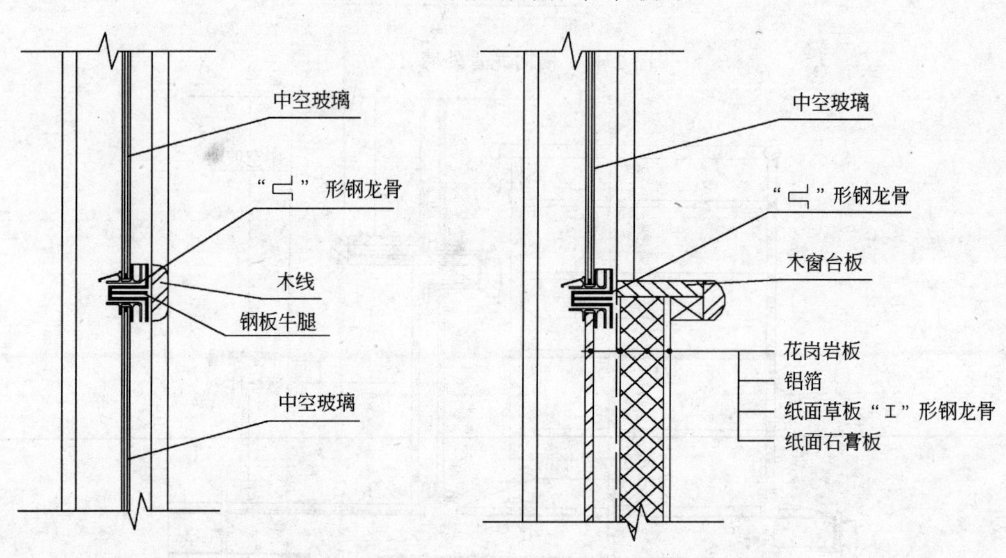

图 2-45　竖向龙骨外墙竖向节点（一）　　图 2-46　竖向龙骨外墙竖向节点（二）

外墙应注意的事项：

1. 高层建筑必须进行抗侧力计算；
2. 必须考虑伸缩的可能；
3. 需防止伸缩的噪音；
4. 要进行热工的计算；
5. 需考虑防水问题；
6. 材料的固定必须可靠，不能依靠自攻螺丝；

7. 需选用耐久性强的可靠材料。

2.6.3 质量控制

1. 工程质量是“轻型房屋钢结构体系”的生命线

工程质量是企业承接施工任务的可靠保证，工程质量就是企业的效益。没有质量企业也没有效益，特别是“轻型房屋钢结构体系”工程质量必须经得起各方面的检查考验，如保温、防水、防渗、隔声、裂缝、起壳等工程质量，否则，速度再快，性能再好，成本再低也是句空话。树立工程质量第一的思想意识要从项目经理到一般人员、从领导到一般管理人员都认识“轻型房屋钢结构体系”的重大意义，是对传统结构施工工艺的一场革命。坚持质量第一的观点，坚持预防为主的观点，坚持一切以数据说话的观点，使工地上项目经理和工人把“轻型房屋钢结构体系”质量二个字深深扎在脑海之中。因为传统施工工艺发生的质量问题是一个施工单位的名誉问题，而“轻型房屋钢结构体系”发生的质量问题是否定了整个“轻型房屋钢结构体系”，因而轻钢轻板体系的质量具有重大的战略意义。

2. 详细的技术质量交底

“轻型房屋钢结构体系”还刚刚开始，施工技术人员，操作工人比较生疏，很可能是第一次施工，当然“轻型房屋钢结构体系”比传统的施工工艺要简单的多，但它同传统的施工工艺有着很大的差别，因而很有必要对施工技术人员和操作工人进行分部分项详细的技术交底，最好先培训后上岗。

3. 树立样板制度

轻型房屋钢结构体系，每一个分项都必须建立样板，如墙体安装、稻草板施工、焊缝质量、防水卷材贴必灵施工、PVC 施工等分别在现场设立样板，样板质量确认后，便按样板施工，达不到分项工程质量，坚决返工，直到达到为止。

4. 建立质量保证体系

工程质量只靠思想上重视是不够的，必须有人去做，也就是说要组织落实，应建立一个质量管理的有机体即质量保证体系亦即质量保证卡。使各部门各环节的质量管理职能调动起来，使之成为有明确任务、职责权限，互相协调、互相促进的有机整体，使轻型房屋钢结构体系质量管理科学化、标准化、规范化，从而达到保证轻型房屋钢结构体系质量的目的。

5. 制定施工中的关键措施

对钢材、稻草板、石膏板，自攻螺钉、防水卷材贴必灵等各种原材料应有质量检测和保证措施。原材料质量的好坏直接影响工程的质量，宜坚持原材料的质量验收单、质量保证书等齐全，并工地自检测试、采用国际贸易银行信誉制度或委托其他部门测试合格后验收结款，达不到要求不结款，可避免预付款产生的弊端，确保原材料的质量。

工程质量在思想上重视，组织上落实以外，还应在经济上奖罚，使每一个施工人员认识到质量的好坏，不仅影响公司的荣誉，并与自己在经济上的利益相关。公司对员工的质量意识，坚持以教育为主，同时也实行奖优罚劣的措施。

6. 制定预防质量通病措施

施工人员大部分较为负责。工程质量是有科学性的，不能仅依靠人的主观能动性，因而对常见的质量通病，如渗漏、几何尺寸、装饰工程中裂缝、吊顶裂缝等必须制定有效的科学技术措施确保工程质量。

7. 把质量事故消灭在过程中

加强工程质量管理、专业检查验收与监理，尤其是在工厂生产阶段产品质量必须全优。运输中加强保护，是提高工程质量的有效措施，使工程质量问题消减在施工过程中。专业质量检查应严格掌握标准，按规定施工验收规范对分部分项检查验收，评分。若达不到标准的分部分项不得进入下道工序的分项施工，并要罚款。专业监护人员应在现场及时对分部分项施工进行监理，从而使工程问题消减在施工过程中。

2.6.4 MB 工程实例

上海农科院：建筑面积 530m^2，55 工日完成。(包括内外装修)

图 2-47

张江高科技园区：建筑面积 500m^2，45 工日完成。(包括内外装修)

图 2-48

现代房地产试验园区：建筑面积 150m^2，30 工日完成。(包括内外装修)

图 2-49

江西永修抗洪救灾房：建筑面积 150m^2，10 工日完成。(包括外装修)

图 2-50

虹桥迎宾馆：建筑面积 500m^2，100 工日完成。(包括内外装修)

图 2-51

现代房地产首栋八层试验房（1992 年完工）

图 2-52

安徽马鞍山钢铁公司设计院试验房

图 2-53

上海市公安局车辆管理所浦东考验场

图 2-54

我国正在建设中的旧区改造居民住宅楼效果图

图 2-55

第3章 MB建筑体系的城市规划和建筑设计

3.1 现代都市对住宅建筑提出的要求

3.1.1 节约城市用地，降低建筑密度，改善城市环境

城市的形成是一个漫长的历史过程，随着生产力的发展，为了互通有无，交换信息，人们走到一起来了。有钱出钱，有力出力，又促进了生产力的发展，城市也按当地的特殊方式开始膨胀，城市范围像面粉发酵一样，由点到面，逐渐扩散，城市人口高度集中。一切都显得很有人气，生机勃勃，但随之而来人口的过度集中，逐渐开始人满为患，交通拥挤，居住条件恶化，田园式自然环境又不复存在。于是一部分人，为了改善生活环境和条件，为了取得比市区廉价的土地，自愿或不自愿地向城市近郊迁移，不惜蚕食赖以糊口、生产粮食的农田，也不惜浪费时间和金钱长途奔波于日益远离的工作地点。道路长度增加了，市政能源供应路线延长了，总的能源浪费也大大增加，这就是世界上各个大城市发展中面临的普遍现象，曾有一个美国城市规划代表团来我国上海时作过报告，美国芝加哥城在几十年中，人口增加一倍，城市范围扩大了6倍，这是世界上各大城市发展中所遇到的普遍现象。因此，总是想试图找出一个对策防止这种无休止的、高速的城市膨胀，有一个方法是控制城市人口，但人们的自然增长和外来人口进入城市，人口的增长率还是居高不下，要达到零增长是不可能的。因此人类只得准备向太空寻找发展空间了。第二种就是怎样更充分利用现有的城市土地资源，使这“寸土寸金”的城市用地能发挥更大的作用，能容纳更多的人，同时使生活在城市中的人能维持较好的生活和环境条件，降低城市范围膨胀的速度，减少人为对生态环境的破坏，这不仅对一个城市，或者对一个国家，乃至对整个人类的生存也是有益的。上海是一个世界级的人口数量超大城市。住宅建设一直是有关领导和业内人士梦回萦怀的问题。于是城市住宅设计是走“高层低密度”还是“低层高密度”的争论，经久不息，至今还是各执其词。但目的是一致的，就是使城市中能容纳更多的人，生活环境能更好一些。究竟高层好还是低层好，还要看社会经济条件，科技水平，国家的综合实力以及实际的需要而定。但有一点，为了节约城市用地，建筑向高空要面积，这是必然趋势。不然不会有在20世纪70、80年代香港地区把十几层的多层及中高层住宅建筑推倒，改建为20～30多层的高层住宅的现象，因为适当建造高层住宅对改善人们生活环境和城市环境，扩大城市绿地，降低建筑密度，对减少污染、改善交通状况是有益的。上海近年来也建造了许多高层居住建筑，设计水平也有很大提高。但是由于目前高层建筑造价较高，地基处理困难，建造水平不高等因素，所以在上海的市中心地段还是出现大量的多层建筑。建筑密度高、容积率低、建筑速度慢、能源消耗大，确实是对“寸土寸金”的城市用地的极大浪费。

3.1.2 开发 MB 建筑体系，提高建筑水平，是现代城市对建筑提出的质的要求

随着人们生活水平的提高。生活方式的改变，社会老龄化的加速，以及信息化时代的到来，人们对居住建筑提出一系列的要求，由于生活条件的改善，对居住面积要求更大了。随着居住建筑的商品化，对建筑的安全性，耐久性，节能性等提出更高要求，对扩大了的居住空间要有更大自由度，要适应不同时代居住要求及空间分隔的灵活性。随着生活方式多样化，对住宅空间不再满足于单纯居住，睡眠的需要，更要有休闲、健身、娱乐、社交甚至有青年白领："自由工作族"家庭办公的要求。对居住设施也提出信息化、智能化、节能、舒适、安全、卫生等要求，并要求和室外环境有更多的交流。生态建筑也是个热门话题。建筑趋向大开间、大空间也成为必然趋势。这必定要求在建筑技术和建筑体系上有较大突破，肥梁胖柱、秦砖汉瓦等传统的建筑体系已不适应当今和以后住宅建筑的需要。对建筑的施工质量，结构的高强度和稳定性、抗震性、耐火性等安全性要求和保温隔热、隔声等物理性指标提出更高要求，而 MB 建筑体系的研发成功正是适应当代的市场需求。

3.1.3 MB 建筑体系提高建筑产业化水平，缩短施工周期，是城市对建筑提出的速度和质量的要求，不把城市变成一个大工地

在所有工业生产中，建筑业是最大的产业，从业人员较多，但却是生产力最落后的一个行业。而建筑也是商品种类中规格最大的一种商品。建筑中材料用量之大、品种之多和所耗人力之巨大，是无论何种工业产品也不能与之相比的。但目前运用的主要建筑材料是最原始的，至今还可看到几千年前"秦砖汉瓦"的影子，尽管现在用水泥砌块所代替。生产方式摆脱不了手工湿作业的桎梏。建筑工人的劳动条件之恶劣、劳动强度之大、工作之辛苦危险，是社会所公认的。要改变这种状况，则应对目前建筑体系和生产方式进行改革，努力提高建筑产业化程度。最大限度提高工厂化生产的比率。尽可能减少现场手工作业的成分，大部分结构构件和配件在工厂制作或进行社会配套，以集约化生产取代粗放式生产。由于减少现场生产成分，可避免现场生产中人为因素或自然因素造成质量上的不足。减少现场施工成分，也可加快施工速度，缩短建筑生产周期，净化城市环境，这大大提高城市改造速度，加快建设资金周转，节约建设成本，也尽可能减少对市民生活的干扰。由于 MB 建筑体系装配化程度提高，建筑构件大部分由工厂制作，原始材料大大减少，占用施工场地可减至最少。对城市环境造成干扰也可减到最小。

3.1.4 MB 建筑体系使住宅成为商品化，完善售后服务

商品市场的形成，住宅建筑也可像一般商品一样，在城市中流通，像买房子买电视机，汽车一样，建筑的颜色，不同的型号大小，价格的高低，质量的好坏可由市民按不同需要进行挑选。售后服务维修也由制造商一包到底。随着建筑工厂化程度的提高及集约化的生产，不再需要大量民工进城打工，以大量的体力劳动来堆砌一幢幢沉重原始的建筑，大大减少城市外来劳动人口。充分利用较先进的技术力量和设备，使建筑建设水平提高到一个新的台阶。

3.2 MB 建筑体系符合城市建设及住宅建筑的要求

3.2.1 MB 建筑体系的开发，是适应都市发展和改造的需要而应运而生

MB 建筑体系中，MB 是英文 Modern Building 二字的缩写，即为现代建筑或新观念的建

筑之意，其中包含有两个体系，一为MB-1体系，是低层轻钢龙骨结构系统的建筑体系，第二种是MB-2体系，是钢包混凝土结构体系的高层建筑体系，各适合不同高度建筑的需要。在都市中，住宅建筑消费人群基本上可分为两类，一类为量大而广的工薪阶层。包括低薪及中薪收入的人群。另一类则是资金实力较为丰厚的高收入人群。由于经济上差异，对居住质量要求也有所不同，但中等收入的工薪阶层总是大多数。因此城市居住建筑主要是针对这些人群的需要。因此MB-2高层住宅建筑体系是针对目前都市高层居住建筑中需要的最经济的建筑体系。它是由钢管混凝土柱系统发展起来的一种由钢包混凝土的柱、梁、板构成的钢包混凝土框架支撑结构体系。这种全新的结构体系，具有钢结构强度高，重量轻，施工快，工厂化生产的优点，又具有比纯钢结构系统更合理地用钢，具有更高轴压强度，又能抗火，耐久抗腐蚀性好，同时也发挥混凝土结构抗压性好，整体性好，耐火性强的优点。但却没有混凝土结构的断面大，重量大，要支模板，工艺复杂需养护，施工期长等缺点。是钢和混凝土两种建筑材料优点的最优组合方式。可用最小结构断面，能发挥最高强度，可创造出最大空间。加上装配化程度提高和产业化程度的提高，是最适合城市高层住宅和其他建筑的一种建筑体系和建造方式。具有建筑速度快，安全性能好，建筑质量有保障、重量轻，基础处理费用少，占用施工场地少，对环境影响小等特点，最适用于城市改造。

3.2.2 MB建筑体系综合经济效益良好

每个国家，每个城市，每个时代，居住建筑与其他商业或办公用的建筑相比均是比较简陋的，其主要原因就是经济因素。所以钢结构的办公大楼、旅馆等在城市中已司空见惯，但钢结构的住宅建筑，过去很少看到。又因过去钢铁工业不发达，钢产量低及钢结构的材料及建造价格昂贵的原因造成。而现在国家经济实力强了，人民富起来了。钢铁产量高了，可以将更多钢用在建设上。以往技术政策中“要节约用钢，改变为合理用钢直至鼓励用钢”。因此鼓励居住建筑设计多用钢结构。即使钢材有很多优点，是最好的结构材料，但是传统的钢结构方式在住宅建筑上造价还是较高。因此，必须要开发一种新的更经济的结构形式，可进一步降低用钢量。好钢材用在刀口上，以降低建筑成本。因此MB建筑体系有以下特点：合理用钢，降低含钢量。建筑用钢量可低于一般钢筋混凝土结构的用钢量，简化制作工艺，降低建筑成本，充分发挥钢材特性，发挥钢材潜在强度。其中有采用薄钢板替代厚钢板。因为，同样的Q235钢，薄钢板由于经过多次碾压后，钢材中结构较密实，从实测证明，薄钢板强度有所提高。其次用钢板冷弯成圆管或方管，中间充填混凝土，这样形成的钢管混凝土柱，钢管柱即使不充填混凝土，其轴向受力和稳定性，比同样用钢量断面的型钢要大得多。充填混凝土后，大部分轴向力还可分担给混凝土承受，更由于外包钢管的约束，混凝土的轴向受力还可有很大提高。相反填充的混凝土又抑制了钢管的压屈作用。这种组合形式的柱子比同样断面钢柱或钢筋混凝土柱受力性能要好得多，换句话说，钢管混凝土柱构件可以用更小的断面和更少用钢量。可以支承更大、更高的空间，使建筑重量更轻，用料更省。因此，国外资料称钢管混凝土柱是继钢筋混凝土柱，钢柱，劲性混凝土柱形式之外第四种最有发展前途的构件形式。从构件生产工艺上来说，钢管的生产速度比一般型钢要快，焊缝也少，外形也容易控制。形成的构件也不易变形，抗扭性好，加工成本也可节约。由于钢管混凝土柱中，混凝土的蓄热量大，加之钢管外表受火面积小，可以提高柱子的耐火时间。因此，国外工程钢管混凝土柱将认为是一种耐火构件。不必像传统钢结构需采用大量的防火材料作包覆，大大节约防火材料及施工费用。由于钢材外露在大气中表面积的减少，也可减少钢材的防锈防腐的涂刷费用。外形的规正，外部装修费用也可减少。MB体系中的楼板是采用压型钢板和混凝土组合的组合楼板，是国际是上普遍采用的一种楼板形式。施工方便。楼面不需支撑系统。压型钢板不仅起模板作用，同时还起受力作用。大大节省了楼板钢筋用量。在施工时，压型钢板还可作为施工场地，给施工提供方便，节省了临时模板及支架等费用。MB结构系统中最有特色的是采用冷弯型钢混凝土组合梁。一般钢管混凝土柱结构中，还是采用型钢作大梁，同时节点处理困难，且耐火处理上是一大麻烦，是一个不完善的耐火结构形式。一般钢梁在火灾时温度使长度伸长，会对柱梁节点产生推力，对整个结构体系在抗火上造成隐患，所以这种结构系统还是不完善的耐火结构（见图3-1）。现采用冷弯型钢作模板，内浇混凝土的组合梁形式。一方面使梁板整体性更强了。火灾对梁柱节点产生推力大大减少，减少结构失稳机率，防火性能也更完善了，形成真正无防火被覆的耐火结构体系，大大节省防火处理的费用。同时在灾后修复的过程中，修复处理也比较容易，费用也少。

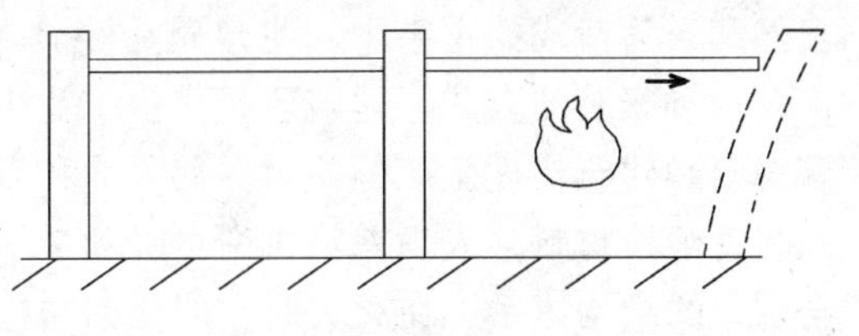

图3-1　火灾时钢梁对柱子产生推力

MB体系建筑由于采用高强度结构体系，安全性高，结构占用空间少，扩大使用面；构件工厂化生产效率高；构件生产和基础土建施工同时并进，构件生产不占施工时间。安装时由于构件重量轻，在一般施工起重机械配合下可以成组吊装混凝土的充填，浇筑可和吊装同时交叉进行，加快施工速度。由于钢结构本身就是混凝土的模板，则不需另行支模，拆模，也不需要一般混凝土的28天养护期。更使施工速度大大加快。因此主体结构的施工工期至少可以缩短1/2。建设周期的减少，也意味着资金周转的加快，使同样的资金办更多事，有利于高速度的进行都市改造。建筑装修，防火防护费用减少，简化施工工艺，节省建筑材料和人工。传统钢结构建筑成本较高，不仅体现在钢结构本身材料价格和加工费用高，还包括由于钢结构的防护和维护费用也高，因为钢结构有两个缺点。一是怕火，一是怕锈。所以钢结构一般采用水泥硅石，水泥珍珠岩等无机防火、保温喷涂料。或采用硅酸钙板，硅石板等防火板材包覆。对耐火要求不高的部位也可用聚氨酯基类发泡或薄质防火涂料涂覆。构件表面愈大，或要求耐火级别愈高，则包覆的防火材料愈多。一般钢结构中用于结构防火上的费用，包括材料和人工都较大，乃至可达到和钢结构的价格同样水平。由于钢材容易锈蚀，尤其在保温处理困难的节点部位会产生冷桥，容易产生凝结水和空气中CO_2及SO_2的混合成为酸性物质，加速钢材锈蚀。在节点部位又很难察觉，即造成结构上的隐患。平时需要定期对缺损的包覆材料进行修补。然而MB体系，采用钢包混凝土体系，不仅本身就是一个耐火构件，可以不再包覆耐火材料。同时钢管内侧为混凝土所封堵，和大气不接触，不会产生受蚀面。露出的钢材表面仅是传统钢结构表面的一半，可以大大减少防锈涂料及防火涂料的用量（见图3-2）。

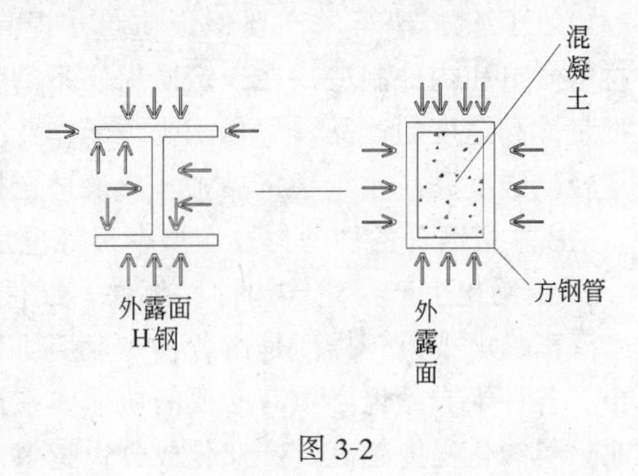

图3-2

MB体系中采用方钢管作柱，可大大简化装修的包装处理。构件断面减小，减少装修材料的用量和费用，提高空间利用率。综上所述，MB体系建筑无论在综合经济上、效益上都是最优的。

3.2.3 MB建筑体系安全耐久性良好

居住建筑最重要是保障人民的生命财产安全，因此在建筑质量控制上应当是最严格的。从整体到每个构件，甚至到每个节点都要有充分保证。材料的质量，加工的精度，结构的强度和稳定性，都要得到有效控制。在各种突发情况，如台风、地震、火灾、战争等自然和人为造成的灾害中，使建筑中生命财产都能确保无殃。MB体系是采用工厂化生产，现场安装的方式。建筑质量，由工业生产严格质量保证体系和严格检验控制，确保建筑材料和建筑构件生产的质量。使人为和自然产生不利因素减到最低限度。工程中的偷工减料，浪费材料，人为差错机率可降到最小。更由于结构体系的特点，钢包混凝土是一个全耐火的结构体系。在火灾时，即使钢结构在高温中失稳，钢管中的柱还能起支承作用。不会像“9．11事件”中美国国贸中心的一塌到底。由于混凝土大，热胀系数小，在火灾发生时，不会像传统钢结构，由于梁的伸长对梁柱节点产生巨大推力而产生过大偏转的转位角，以致在巨大轴向力的作用下造成节点和柱子失稳而造成整体坍塌。在火灾后的修复工程中，冷却后的钢材仍回复其强度，局部变形的钢材修补加固也变得很容易。国内资料曾有报告一玻璃生产厂的窑炉破坏，近2000℃高温玻璃熔液浸没厂房的钢管混凝土柱。在事故后修复过程中，发现钢管混凝土柱表面，钢管局部起壳，经简单修复后仍能正常工作。如果该厂房采用传统钢柱，或混凝土柱，则后果不堪设想。由于采用钢包混凝土结构，钢材外露面可减少一半以上，对防腐蚀，耐久性方面也具有优越性。况且MB体系中拟采用耐候钢或耐火钢的新钢种，则更增加了结构的安全性和耐久性。抗震方面，钢和混凝土组合成一体，钢对混凝土起到约束作用，使混凝土发挥最大的强度。而混凝土对钢进行保护，延长钢的耐火极限及耐久性，防止钢材的过早失稳，使结构构件又有更多的强度及韧性，从而提高建筑整体的安全性和耐久性。

3.2.4 MB建筑体系开发可推动建筑的产业化

建筑业已成为我国国民经济的支柱产业，是国民消费的主要内容之一。随着人们生活水平的不断提高，对居住要求相应提出更高更多要求。但是相应建筑业的生产水平低下，尚不能满足市场需求。因此建筑业必须要走产业化的道路。要达到产业化目的，一定要有几个措施：一是工厂化，二是集约化，三是标准化和模数化。

1．工厂化：建筑生产要保证质量，提高生产力，必须要在工业生产的条件下进行，对材料质量和构件制造，在一定质保体系的控制下进行流水式生产，才能得到高质量的，大批量，高速度的产品。尽量减少现场作业。最适合工厂加工的建筑材料就是钢材。钢材质量轻，强度高，质量稳定品种多，最适合机械加工，是一种适合工厂生产的优质建筑材料。MB采用钢管各种型材及压型钢板等也是目前金属加工厂所能生产的。

2．集约化生产：建筑构件、部件、配件众多，必须有众多的专业工厂参与配合。像生产汽车、电视机一样，是由各种专业厂协作集约完成。因此必须加强各专业厂的协作、配合。各种半成品也必须有必要的质保体系控制和互相协调，尽可能减少现场制作和手工作业。集约化程度越高，产业化成分也越多，水平也越高。

3．标准化和模数化：是工业化，集约化和组装化的必要条件。克服众多的部件规格尺寸的随意性和规格杂乱，减少和改变施工中砍锯，填嵌的原始、粗放的施工方法。因此必须加强标准化和模数化的协调，这是工业化、集约化的保证。MB 系统的设计是遵循国家建筑模数协调统一标准（GBJ 2—86），以基本模数 $M=100$ 为基础，向上扩大为 3M 数列，向下为分模数（$M/2$、$M/5$、$M/10$）数列原则。并根据目前建材常用尺寸 1200×2400（国外 4′×8′）的实际情况，在 MB-1 低层建筑中，外墙内轴线定位按 1200（12M），MB-2高层系列以外墙外轴线 1200（12M）作模数网格定位，室内功能部位，如厕所、厨房、楼梯等定位原则，按内侧 300（3M）定位。管道等细部按 50（$M/2$）。尽量减少构件及配件的规格尺寸，扩大工业化，集约化成分。

3.3 MB 高层、低层建筑体系

3.3.1 MB-1 轻钢龙骨低层建筑体系特点

1. 以钢龙骨为支承体，是国际常用的低层建筑形式，结构简单，安装方便可以在工厂组装成框架墙板运到现场安装。也可以在现场单构件安装，建筑用钢量少，重量轻，基础处理简单。相对国外木结构底层建筑，则具耐火、耐腐、耐虫蚁、耐久性好，比传统砖混结构更抗震，重量轻，适应性强。

2. 以纸面草板（稻草板）为围护结构的保温材料和隔墙的隔声材料，与石膏板组成内隔墙，以及和装饰面材料、功能性材料及石膏板组成的围护墙体，是一种绿色环保、节能的好做法。

3. 楼盖体系以冷轧薄壁龙骨和水泥木屑板作永久模板的现浇混凝土组合结构，隔声性好，刚度大，施工方便。

3.3.2 MB-2 钢包混凝土框架高层住宅建筑体系特点

1. 钢包混凝土框架支撑体系，是一种由钢管混凝土柱结构体系改进后的新体系，不仅在钢管柱中充填混凝土，而且在框架梁中也充填混凝土，是一个全部无耐火被覆的耐火结构体系。强度高，耐火及整体性好，稳定性及抗震性能均优于目前任何结构形式的结构体系。制作和安装具有钢结构的优点，可工厂生产，现场安装，施工速度快。但又没有钢结构耐火性差，热稳定性差，需要防火被覆等缺点。它具有混凝土结构的整体性强，维护费用小的优点。但没有混凝土结构质量重，结构断面大，需模板及养护周期等施工周期长的缺点。需要的施工场地少，减少在恶劣环境下的施工工种，改善作业环境，提高施工水平。最适用城市住宅建筑的需要。

2. 楼盖系统采用压型板和混凝土组合楼板，和钢管混凝土柱、帽形钢梁组成全耐火结构，压型钢板兼作模板也是施工平台又是受力构件；另一种楼盖系统是：利用帽形钢构成的单向或双向密肋与混凝土组成的密肋或井字楼板，这些楼盖系统不仅刚度好，强度高，又具有很好的耐火性能。

3. 以横向支撑系统为基础配以玻璃、石材、金属等饰面材料和各种功能性的板材及防水材料组成围护结构墙体系统，和以竖向龙骨系统配以各种板材及防水材料构成了MB-2的隔墙体系。

3.4 MB建筑体系加速实施城市化的规划

MB建筑体系是工业化大生产建筑产业化的工程，投资一组配套的MB体系功能性材料生产线，每年可连续不断的生产100万至150万m^2的建筑物，按此投资的规模和生产速度，重点应研究市场的吸收和消化，把MB技术作为城市建设的基础技术依托，重新考虑规划城市的规模和建设进展。由于MB体系建筑建设的速度加快、开发建筑数量增多、建设规模扩大，城市的改造或建设必须从这个基础上考虑，不是一个个小区的建设，而是整个都市化的建设。从总体上讲，可以提前实现城市的发展规划，可改变目前团组式、村落式，小规模的房地产开发，把城市整体规划。以整体、连续开发为主体，加快建设一个小康社会。

小康社会的时代应该没有农村与城市的区分，只有郊外风光、宁静庄园与繁华都市之别。在青山绿水边是休闲度假村的彩色别墅群；在城市中，矗立着错落有致、色彩缤纷的现代建筑群，供经济、政治、文化、金融、贸易等机构使用。城市中再也找不到上几个世纪的残留建筑，而历史文物建筑得到很好的保护，在历史文物城又能见到各个历史阶段城市发展的建筑物，可以让后人了解中国建筑的发展史，感受到各个时期人们生活的风土人情。城市四周应是八车道的高速环线与全国的公路网连成一体，市内来回四车道的主干道上，鱼贯飞驰着各色轿车；马路两边高楼林立，无人行走。大楼低层是供临时停车、绿化、公共设施配套等的场所；2～3层设置停车场；4～5层设置封闭式商业用房；大楼与大楼之间用天桥连接，供行人使用。人们的生活、购物、小吃、会客均在四楼层面内进行。冬天人们再也不用穿棉袄走在马路上，一年四季处在春天般的环境中工作和生活。人们从家里出发，乘电梯直通地铁车站，四通八达的轨道交通网可前往各个区域。商场的顶部均为空中花园，使住户在空中花园中休息散步，真正做到人车分流，减少车祸。

四层商场内有各色各样的小吃，午餐基本上实行社会化供应。地下2～3层为停车库，做到每户1.2个车位。从现在起将城市中的高层设计成独立式的单元组团，每层建筑面积选定500m^2左右为佳。居住面积要达到先进国家水平，可分割成每户为220m^2左右，一梯一户独立使用。小康社会住房面积分割成每户90m^2左右，一梯二户。目前过渡阶段，房屋面积每户可分割成50m^2左右，一梯四户，但这种居住条件的标准也能达到：面积不大，功能全；买价合理，质量高；大空间灵活的房型，可供近期使用和远期改造。室内装饰个性化，菜单式计费（见图3-3）。

城市四周规划独立式别墅区域，供部分富人居住，道路通到家门口，与城市的主干道连通，每四条马路形成井格，每格长100m，每户占地面积1200m^2左右，住宅两边占两条道路，一条路供汽车进出使用，另一条供行人进出，有庭院、游泳池和健身房等配套设施，是一个独立式2～3层的别墅区，别墅区内不设置商场和其他办公用房，道路两侧灌木成荫，院内全年百花盛开，花香四溢，清洁而宁净。

小城镇建设以多层小住宅为主体，交通主干道适宜为八车道，商业中心街最好为南北方向20m宽度的步行街，其两边为2层MB体系的商业建筑，每隔200m就有一条东西方向支路，支路两侧为独立式小别墅，路面宽12m，人行道宽3m，房前后10m均为绿化带，不可用围墙阻隔，只能采用绿地分割，南北方向每三幢楼间隔一条8m小路，把整个住宅区连接成一片井格型交通网络，汽车均能开进每家车库。每个小城镇的政治金融中心只需建立十几幢高楼。

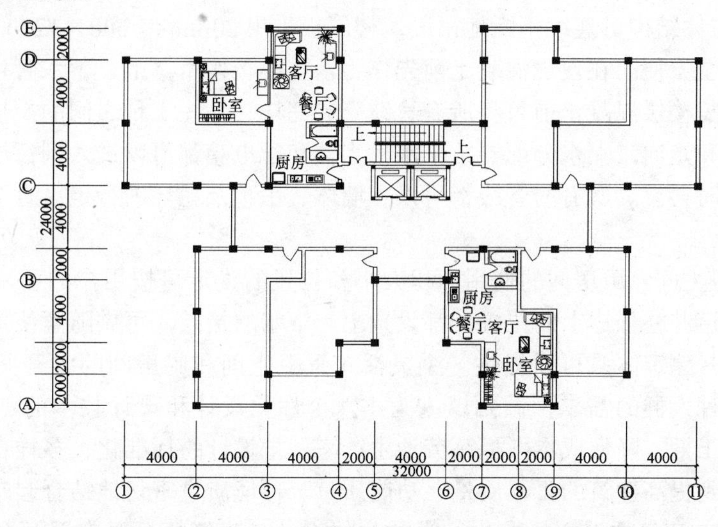

图 3-3

MB 建筑体系的加速实施为城市的现代化建设提供一个有力的保证。

3.5 MB 建筑体系设计注意事项

3.5.1 MB 建筑体系的结构简单地讲，结构形式还是一个类似于混凝土的框架结构，由于它是一个钢混组合结构，强度高，柱子断面比混凝土框架减少 50%，梁的高度比同等跨度的混凝土结构梁高度减少 40%左右，增加了室内净空高度。

MB 体系采用大跨度、大空间的设计，例如 8m 的跨度，板厚 120mm，梁高 400mm，一般都做石膏板吊顶处理，内隔墙采用灵活隔断专用系统，一般分户墙为 240mm 厚，自重可控制在 80kg/m^2 以下，室内分隔墙为 100mm，自重可控制在 50kg/m^2 以下，隔声指标可控制在 45dB 以下，具体构件是工厂的产品，由工厂直接提供给施工单位组装。设计人员只需按国家规范和标准进行设计，提供一套合理的室内建筑平面布置图，供报批和样板间定价时使用，最终以购房者参与设计的意见完成每套的个性化设计。然后再确定每套房的生产成本和销售价格。

3.5.2 外立面的设计，体型要求简洁、造型流畅，尽量减少和不设外阳台，以室内自由分割成阳光室或内阳台的设计为主。

设计外墙要求采用幕墙，按 MB 建筑体系的特点主要采用专用玻璃幕墙构造，落地作法，同样取得传统玻璃幕墙的效果，幕墙的线条可采用直线也可采用横线，专设一整套工业化的生产配套的 MB 专用外墙装饰产品，具体的节点由工厂负责设计施工和安装。

3.5.3 地下室的防水设计一般采用倒置法施工，采用 MB 建筑体系在垫层上先全面布设防水层，钢结构柱直接安装在桩帽或沉台上，然后先安装制作箱型基础的外模板（采用 20mm 厚水泥刨花板作不拆模板），防水层直接粘贴在外模板墙上，外墙防水层与底板层制成一个封闭的整体无缝式箱型防水层，检查不漏水后，再绑扎地下室的钢筋，按地下室制作要求再浇捣混凝土，这种倒置法施工设计确保地下室的防水性，加快主结构的整体吊装速度。

3.5.4　主体结构可连续不断地吊装，楼层板采用20mm厚600×1200mm的水泥刨花板做底模，安装方便，在现浇混凝土前先作为承重楼板使用，上、下水管可以直接固定在模板上，在浇捣楼层混凝土前可将所有管线安装完毕，缩短工种之间的衔接时间，方便了水电管线布置和走向，上水分配器、下水集水器和配电箱都可以进入到每层管道井或设备房内，待装修时再设。所有的管线都可以在墙体、吊顶及地坪内行走，直至连接到使用的末端。

3.5.5　卫生间，厨房间的使用面积大小和位置的设定可按用户的要求进行设计，在有可能布置管道井柱子边上的位置处都设置上、下水的接点，可供随意使用，不用时将其封闭，这种MB建筑体系可以提供一个灵活布置卫生间和厨房间的大开间灵活隔断的空间，可满足各种人群的需求，做到以人为本，个性化设计和设计技术的创新达到标准设计，缩短施工工期，降低成本，提高劳动生产率，把设计的标准化、多样化、工业化联系起来，真正做到提高建筑的工程质量、功能质量、环境质量密切地结合起来。

3.5.6　MB建筑体系的标准化、模数化的设计。建筑师只要掌握两个指数，层高按170mm的倍数，柱距按650mm的倍数设计即可；外墙的分割线的位置可按建筑师的审美观设计不受限制，外墙宜采用干挂石材、金属板，希望多采用一些玻璃为主的饰面材料。选用以上这些材料会把城市建设得更具时代感，进一步发挥建筑师的聪明才智，为加快建设小康社会而努力奋斗。

第 4 章　MB-2 钢包混凝土建筑体系结构设计

4.1　概　述

随着全球人口的过速增长，联合国公布各国的人均用地跌落到 3 亩/人（1 亩 = 666.7m^2），而中国更低，仅为 1.7 亩/人。特别是城市人口的集中膨胀，加剧了用地紧张、道路拥挤、环境恶化等诸多矛盾。因此，对城市中心的旧区改造形成了世界各国所面临的共同难题。由于信息时代、网络时代的来临，再加上社会老龄化快速发展，居民们对生活水平现代化，工作条件自动化，居住小区环保化的要求，期盼更高。传统的 6～8 层高密度、小面积、低质量的建筑在经济发达的国家中使用了百年以来所产生的种种弊端已迫使它们迅速淘汰。联合国有关城市规划、建筑环保及社会科学的专家们认为今后较长时间内，世界上各城市的居民住宅建筑最好采用 12～18 层的中高层建筑，这样才能达到 21 世纪现代化的标准。由此，土地利用率将成倍地增加，降低了建筑物的平面密度，可腾出大批土地用作绿化、环保及公共设施，同时改善城市交通，并缩短了城市中水、电、煤及电讯等的管道及线路，加之建设速度快、效益大，这就可节约大量资金有利于持续发展，并可加速高级文明社会的早日来临。

这种 12～18 层的建筑还要求大柱网、大开间，柱距最好为 7～8m，进深约有 6m 左右一间；这样建筑的总进深可取 12～18m，其底层或地下室用作汽车库时，每个柱距就可停三辆轿车，经济实用。能有灵活的立体管道井更好。特别在安全上需达到遇大震时不倾倒，遇中、小地震不开裂，无需修补仍可继续使用。在建设速度上，一幢 18 层大楼可望在 8～10 个月内建成投产，否则无法解决旧区改造的紧迫要求。在压缩投资方面（直接造价），至少要比同类型钢筋混凝土结构低 20%左右。在耐久性及维修方面也应比同型钢筋混凝土结构提高 30%～50%。在防火方面至少与钢筋混凝土结构同样有效。对于梁、柱等承重结构的断面要比混凝土结构的更小或相仿，这样才可增大实际使用有效面积和净空，从而提高住宅或办公楼的平面及空间的利用率。当然，建筑装修上也必需相应配套，采用轻质高效的围护结构和分隔墙，在隔声、隔热、防水上都需比砖墙好。楼地板使用陶粒混凝土以减轻自重，务使建筑结构的自重比钢筋混凝土结构体系的自重轻一半已上，仅为其 40%左右。换言之，使地震作用力比传统结构小一半以上。这对软土地基的上海和天津等地区必需使用长桩的基础工程将可进一步压缩投资，如果进一步采用桩、土共同作用机理时还可再次压缩总投资。之所以选择 12～18 层，是它们可按二级防火考虑，若超过一层，变为 19 层时就得按一级防火标准考虑，这就加大投资，而并非钢包混凝土结构只限于 18 层。至于上述诸多优点和特色在超过 18 层向高层发展时，不仅不会降低原有效果，相反其轻、坚韧等性能将得到更大的发挥。

综上所述，显然，传统的砖木结构和砖混结构是无法建造 12～18 层大厦的。传统的钢筋混凝土结构，由于构件断面大，自重也大，且易开裂（其主、次梁上的微裂缝更是先天性的，无法避免），还会倾倒，对整个建筑的平面及空间的可利用率很不理想。由于混凝土是脆性材料，在受冲击时，或扭振时，往往会开裂，虽然可以增加好多钢筋以防折断，投资是花上去了，可是收效甚微，因此其耐久性并不如人们想象中的那么好。还有施工周期很长，像一幢18层大厦的钢筋混凝土结构建筑，从打桩开始到外立面装修结束，前后建造时间约为2.5～3年，在施工过程中要立模板，搭脚手架，扎钢筋，捣混凝土再加上养护时间，待混凝土达到一定强度后，才能拆模板，才能向上继续建造。这种工程在建造过程中严重影响环境、交通、和居民的安宁，且时间又很长，实在是无法跟上形势发展的需要。特别不适应城市中心的旧区改造工程。至于传统常规钢结构大楼，虽然它的自重较轻，构件断面较小，较少影响建筑物的平面及空间的利用率。如果不配套轻质高效的围护结构和分隔墙，那么其建筑物的总重量仍旧相当大，仍旧要采用传统的长桩基，其总造价当然遥遥领先。至于其建造周期至少也得10个月左右。可是常规钢结构的耐蚀性很差，需经常维修；耐火性又很差，其消防费用又大大增加。可见其在造价费用上相当昂贵，非普通老百姓所能承受得起，也就是说常规钢结构大厦的销售艰难，无法占领广大市场，即使国家愿意负担这一沉重的经济包袱，老百姓们仍无法接受，这说明常规钢结构住宅是一种非持续发展的事业，更不适合发展中国家的住宅建设。

总结起来，21世纪是全球人口骤增的时期，因此住宅建筑的需求量是空前的，建房的速度也是空前的，再加上进入新世纪、新时代，对住宅建筑的质量，城市规划中的交通、绿化、环保等都比20世纪有很大提高。如果仍旧沿用20世纪中所谓“成熟经验”的钢筋混凝土结构和传统的钢结构的话，简直是像一个中世纪的武士驾了一辆三驾马车欲赴万里之外的博览会，自称拥有3匹千里马，迟早总会抵达目的地的，他没有设想假使改用驾驶一辆新时代的奔驰车将会快过5～10倍，等他到达时博览会已收场结束了。当然，在中世纪时代没有汽车这且不论，问题是到了20世纪还不想乘汽车，只愿乘马车的，还自以为稳当的人会不会醒悟过来改乘汽车呢?

到20世纪末为止，世界上的高层和超高层建筑的承重结构大约可分两大类，即钢结构和钢筋混凝土结构两种，直到20世纪80年代才出现成熟的钢管混凝土结构及钢工字大梁组成的构架。钢结构的特点是强度高，结构自重轻，抗震性能好，不会开裂，构体断面小，构件都可在工厂车间内制作，可不受气候条件影响（在现场安装时，如遇严寒、暴雨或台风则需稍停外），且加工制作精度高，施工速度快（无需养护期）。可是它的造价昂贵约为钢筋混凝土结构的1.7～2.0倍，还有耐火能力差，防腐性能低，需常常维修并加防护措施。而钢筋混凝土结构的优、缺点正好与钢结构相反，如能把这两种结构的优势互补，结合成为新型的轻钢混凝土结构体系，以钢管混凝土柱（包括圆管、方管和矩形管，内灌高标号混凝土）和工字钢大梁（包括型钢、焊接工字钢及高频焊接H型钢）组成的框架再辅以冷弯型钢的柱间支撑体系，那就可以综合前面两种的优点而成为全气候的新颖结构，其造价及耗钢量可与传统钢筋混凝土结构持平。由于钢管混凝土结构总自重仅为钢筋混凝土的一半左右，对桩基部分的造价可大大压缩，这特别对上海和天津等软土地基的高层建筑基础工程非常有利。因为在软土地基区域的高层建筑都是用长桩的，其基础加长桩的费用约占总造价的1/3。像12～18层高楼，完全可以应用桩土共同作用原理，而无需再打长桩进入较深的持力层，即利用微型桩布置在高层建筑的箱形基础底板的四周边框区域，其中部完全无桩而由土来承载，因为18层轻钢组合结构的地基承载力约为12t/m^2，而12层轻钢组合结构的地基承载力仅为8t/m^2，（至于若高层中央设全高的电梯和楼梯间井筒的，则也可补些微型桩来加强之）。所以采用16～20m长200方的微型桩，既可控制大楼的倾斜，又可大大减少总沉降量。其节约投资是巨大的，据估算这种新桩基，最多不会超过长桩基础费用的30%。这就是轻钢高层给地基处理带来的巨大效益。不过，此处要郑重声明的一点，在软土地区的高层轻钢结构必须采用微型桩及桩土共同作用原理，绝不要错误的认为既然12层轻钢高层的地基承载力仅为8t/m^2，就可采用天然地基而想再压缩投资。因为自建国50多年来，当初建设伊始，学习苏联先进经验，认为建造6层楼的工房地基承载力都在8t/m^{2}以下，当然都可不作处理，采用天然地基，经过这50多年（有的仅一、二十年就大沉、大裂）的考验，试问有哪几幢这类居民住宅工房的总沉降量小于15cm的，有哪几幢工房不倾斜、不开裂的。可以说这种以8t/m^{2}地基承载力设计的工房大多数已下沉300mm，最大的也有500mm，而不倾斜的、不开裂的几乎没有。于是大批工房都需进行纠倾斜处理加固。这种教训应该深刻铭记。现在轻钢高层12～18层，若采用天然地基，势必下沉超过500mm以上，同时产生较大的倾斜，这就会使钢管柱造成很大的P/Δ效应，形成失稳而出大事故。为了确保长久安全和工程质量，轻钢高层建筑的地基必须采用微型桩并考虑桩土共同作用。

遗憾的是，钢管混凝土柱加高频薄壁H形钢梁的组合结构体系并没有彻底解决原钢结构的主要缺点即耐火差、耐腐蚀性差，试问H形钢梁比原热轧工字钢大梁不是更薄了吗？那么它的耐火岂非更差了，同理耐蚀也更差了。还有如上海的某17层大楼采用钢管混凝土柱和高频焊轻型H形钢梁做成框架，而梁、柱节点都为铰接的，这种框架刚度较差，不利抗震，更难抗扭振。至于其构造矛盾在以后章节中加以讨论，这里指的是这种结构不是发展方向。现在我们提出的是矩形钢管混凝土柱（包括方形钢管混凝土柱）与帽形钢（冷轧成型）梁（内灌混凝土）组成的框架结构，梁、柱为刚接节点，简称"钢包（外钢包）混凝土结构体系"，乃是真正的把钢结构和钢筋混凝土结构的优点全面地融合在一起，同时取得其互补性，从而使其原有各自的缺点全都排除，或大量消除。这种钢包（外钢包）混凝土结构体系采用宝钢供材Q480型钢，这种钢材的$\sigma_b \geqslant 485N/mm^2$，$\sigma_s \geqslant 380N/mm^2$，$\delta_5 \geqslant 30\%$，冷弯$d = 0$，180°合格；其化学成分%：C0.17，Mn0.42，Si0.07，S0.010，P0.015；其冲击韧性CharpyV形试验值Ak在焊缝区48J，在熔合区60J，在热影响区60J，都是在室温15℃情况下的冲击值。钢管柱为螺旋焊（高频焊）钢管再冷轧成型为方形的或矩形的钢管，钢管的宽b值200～400mm，钢管断面的高h为400，壁厚值4～10mm，均有供货。帽形钢梁断面见图4-1。

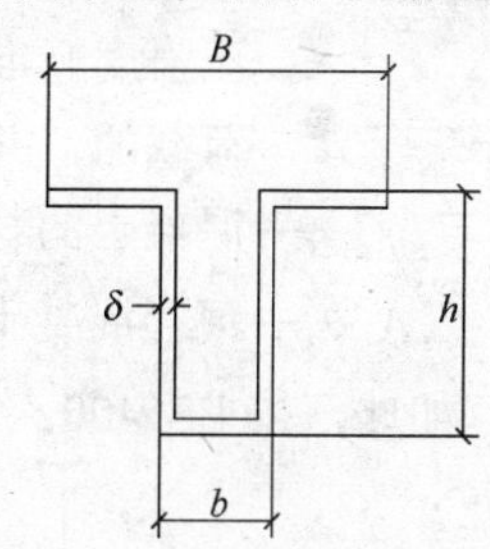

图4-1　帽形钢梁断面图

尺寸、规格$B \times h \times b \times \delta$，有360mm×350mm×200mm×4mm或×5mm，和300mm×300mm×150mm×4mm或×5mm均有供货。因此钢包混凝土结构的高层建筑柱距可取4m，5m，6m，7.8m，8m，框架跨度可取5m，6m，7.8m，8m。如遇底层或地下室有汽车库时可取大柱网，如遇办公大楼中部楼层需大开间时也能胜任。对小尺寸柱网在帽形钢框架梁上铺上压型钢板再浇灌混凝土就成组合楼板，对于大柱网则可在框架梁之间加设小帽形钢的次梁。至于帽形钢梁顶部开口的两侧上弦需加∟50mm×50mm×3mm或∟50mm×50mm×4mm的冷弯小角钢焊联撑住［其间距按计算决定］，这种横档可起帽形钢大梁与钢筋混凝土楼板的剪力键作用，使之形成整体。同时又可作为梁上负弯矩钢筋的支撑“钢箍”之用，可在该小角钢上边开些小孔就可用钢丝和负钢筋绑扎起来。至于楼板和帽形钢梁中的混凝土可采用C20或C30，而钢管柱中需灌浇的混凝土 $f_{cu}=20N/mm^2$，$40N/mm^2$或$60N/mm^2$，（f_{cu}为混凝土的28d立方体抗压强度标准值），这相当于中国混凝土结构设计规范GBJ 10—89的C30，C70，C110。目前在该规范中只到C60（$f_{cu}=36N/mm^2$）为止，这种高强度混凝土还有待开发。国际上认为钢管混凝土柱中的素混凝土宜采用高标号为好。理由之一，促使管内混凝土强度等级跟上钢材的强度等级，更有利于共同受力；理由之二，高标号混凝土在防火作用时更能支持钢管的作用。

关于钢管混凝土柱的构造、设计、计算早在20世纪的60、70年代作了试验探索，特别是英国伦敦的皇家学院、比利时的利艾奇研究所及德国波恩大学进行了大量科研工作并取得显著的成效。他们提出计算方法已被采纳进英国标准BS5400：第5部分“1979年钢材、混凝土及组合桥梁”以及“组合桥梁设计实施规程”；同时又被采纳进“欧洲规程第4号”中的钢管混凝土柱的设计规则中。兹介绍如下：

（1）钢管混凝土柱的抗压强度（N_u）

$$N_u=\frac{f_y A_s}{\gamma_s}+\frac{f_u A_c}{\gamma_c} \tag{4-1}$$

式中 f_y——根据BS4360的钢材额定屈服强度；

γ_s——钢材的部分材料系数，在此取1.1$\left(\text{注意：}\frac{f_y}{\gamma_s}=\text{钢材设计强度}\right)$；

A_s——钢管横截面面积；

f_u——钢管内芯混凝土的有效强度$=0.67f_{cu}$，此处f_{cu}为混凝土的28天立方体抗压强度标准值，0.67是混凝土蠕变效应允许量，因此该强度是对应于长期荷载的，并与用于钢筋混凝土柱的设计强度是一致的；

γ_c——混凝土的材料系数，在此取1.5；

A_c——钢管混凝土柱内芯混凝土的横截面积。

如此，按BS5400：第5部分规定采用γ_c及γ_s，则N_u变为

$$N_u=0.91f_y A_s+0.45f_{cu}A_c \tag{4-2}$$

钢管柱中芯混凝土的工作承担系数（α_c）是其有效挤压抵抗强度与柱子的挤压抵抗强度之比，即

$$\alpha_c=\frac{0.45f_{cu}A_c}{N_u} \tag{4-3}$$

α_c的值限于：$0.1\leqslant\alpha_c\leqslant0.8$。

（2）钢管混凝土柱的极限抗弯矩能力（M_u）

它可采用简单的塑性理论按BS5400第5部分的附录C求得，略去任何受拉混凝土的强度并将受压的混凝土中的设计有效强度从$0.45f_{cu}$减为$0.40f_{cu}$。

（a）矩形钢管混凝土柱，参照图4-2，采用简单的应力图块予以确定。

$$M_u = 0.91 f_y \left[A_s \frac{(D - 2t - d_c)}{2} + B_t (t + d_c) \right] \quad (4\text{-}4)$$

式中　A_s——钢管的横截面积。

d_c、B、D 及 t 见图 4-2 所示。

$$d_c = \frac{A_s - 2B_t}{(B - 2B_t)\rho + 4t} \quad (4\text{-}5)$$

$$\rho = \frac{0.4 f_{cu}}{0.91 f_y} \quad (4\text{-}6)$$

（b）圆钢管混凝土柱，如矩形柱截面一样，可采用图 4-3 中所示的应力图块。极限抗弯能力为

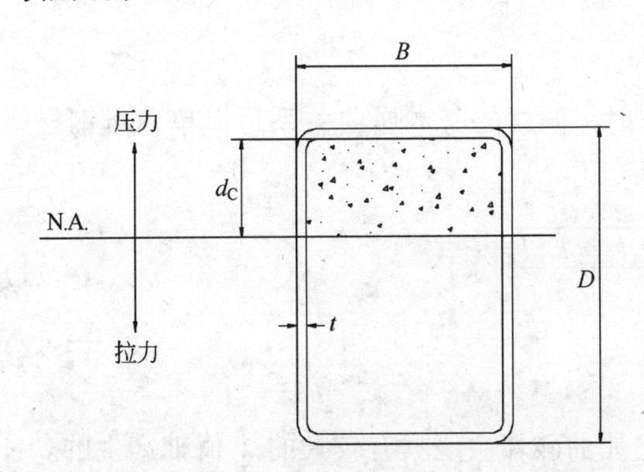

图 4-2　矩形钢管混凝土柱应力图

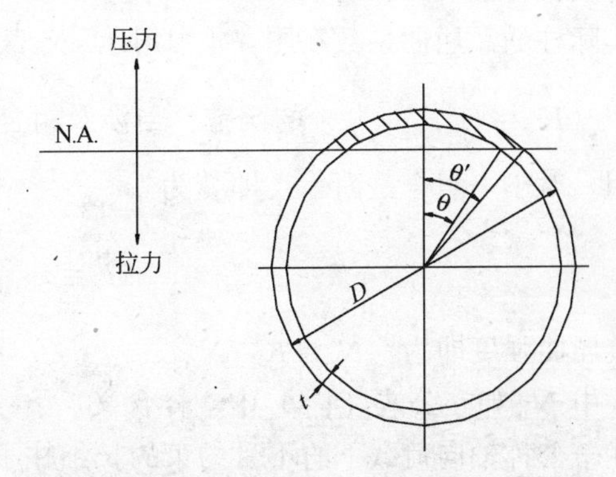

图 4-3　圆钢管混凝土柱应力图

$$M_u = \frac{0.91 f_y}{6} \left[D^3 \sin^3\theta - (1 - \rho/2)(D - 2t)^3 \sin\theta \right] \quad (4\text{-}7)$$

式中　ρ 与矩形截面中的一样，

θ 及 θ' 的相关关系为：

$$\theta' = \cos^{-1}\left[\frac{(D - 2t)}{D} \cos\theta \right] \quad (4\text{-}8)$$

为了对 M_u 进行定值，显然，中和轴的位置（及 θ 及 θ' 的值）必须首先求得。为此，须采用 BS5400 附录 A 中所叙述的重复程序。

(1) 承受轴向荷载的柱之屈曲

柱的抗轴向屈曲强度应小于挤压抵抗强度，是因为存在细长的影响及原始既有的不完善性（即材质强度不均匀和构件截面尺寸沿全长的改造制作公差）的缘故。钢材单件柱的抗屈曲强度是根据欧拉屈曲应力 C_o 而定的，而 C_o 给出在理想条件下的柱之抗屈曲强度，即对于一简支柱：

$$C_o = \frac{\pi^2 E (I/A)}{l^2 e} = \frac{\pi^2 E}{(l_e/r)^2} \quad (4\text{-}9)$$

式中　l_e——柱之有效长度；

r——截面的回转半径；

E——所用材料的弹性模量。在计算柱的抗屈曲强度的常用方法中，将长细比被长细函数所替代，即：$\lambda = \frac{l_e}{l_E}$；

式中　l_e——欧拉临界长度，亦即一柱的长度在此时其欧拉抗屈曲强度等于挤压抵抗强度，即：

$$l_e = \pi \sqrt{\frac{EI}{N_u}} \tag{4-10}$$

在理想情况下，在轴向荷载下的柱之抗屈曲强度 N_a，由下式给出

$$N_a = \frac{N_u}{\lambda^2}，对于 \lambda > 1.0 时$$

$$N_a = N_u，对于 \lambda \leqslant 1.0 时$$

弹塑特性的影响及原始即有的不完善性在图 4-4 中给出了实际屈曲曲线的形状。这些曲线可从钢管混凝土柱的数据或用 λ 表示的彼利-劳勃生（Perry－Robertson）公式来绘成。一实际柱的总屈曲系数在图 4-4 中用 K_1 来表示：

$K_1 = \frac{N_a}{N_u}$，并为 λ 的函数。当涉及组合柱时，同样的基本屈曲关系可以单独对钢材使用。对于一组合截面，l_e 即变为

$$l_e = \pi \sqrt{\frac{E_s I_s + E_c I_c}{N_u}} \tag{4-11}$$

抗屈曲强度即为：$N_a = K_1 \cdot N_u$　(4-12)

式中 N_u 如在公式（4-1）中一样含义。

在一公称轴向荷载下的不受约束的长细柱子之屈曲破坏会绕具有较大的 λ 值轴产生的。K 值在 BS5400 第 5 部分中，以 a、b、c 三套表中给出。对于热成型的空心结构截面应用最高的数据组"a"。

（2）单独弯曲及轴向荷载的复合作用

由轴向荷载及弯矩复合作用下的破坏只会在其他轴恰当地受约束以防止屈曲时才会发生。任何组合柱子的轴心抗屈曲强度与抗弯能力相互作用的曲线，在所有实际情况下，能由公式（4-16）予以贴近的近似描述。

$$N = N_o \left[K_1 - (K_1 - K_2 - 4K_3) \left(\frac{M_d}{M_u} \right) - 4K_3 \left(\frac{M_d}{M_u} \right)^2 \right] \tag{4-13}$$

如图 4-5 所示。

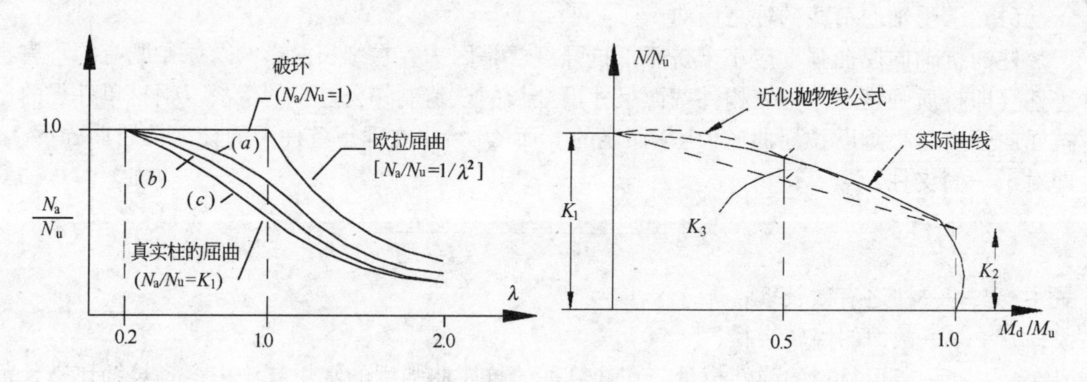

图 4-4　实际屈曲曲线图　　　图 4-5

式中 M_u 为截面的极限抗弯能力，M_d 为系数设计弯矩。K_1 为从基本钢柱屈曲曲线求得的轴心屈曲系数，而 K_2 及 K_3 为能用 BS5400 第 5 部分的附录 C 中的公式算得的系数，K_2 及 K_3 不仅均随长细函数 λ 而变并且也随混凝土工作承担系数 d_c 及柱子和端部弯矩比 β 而变。

对于圆钢管混凝土柱，公式（4-13）变为：

$$N = N_o\left[1 - K_{b1}\left(\frac{M_d}{M_u}\right) - K_{b2}\left(\frac{M_d}{M_u}\right)^2\right] \tag{4-14}$$

当 $N_o = K_1 N_u$ 时，（即为轴向抗屈曲强度时）

$$K_{b1} = 1 - \frac{K_2}{K_1} - \frac{4K_1}{K_2}$$

$$K_{b2} = \frac{4K_3}{K}$$

对于方形及矩形钢管混凝土柱子，相互作用曲线明显地平于其幅度的大部分，而且 K_3 可取为零，因此公式（4-13）可简化成：

$$N = N_a\left[1 - K_{b1}\frac{M_d}{M_u}\right] \tag{4-15}$$

式中

$$K_{b1} = 1 - \frac{K_2}{K_1}$$

弯矩的相互作用亦可写作如下：

$$N = N_a \cdot (1 - U) \tag{4-16}$$

式中 U 是总弯矩分量。

即，对于 RHS（矩形钢管截面）$U = K_{b1}\dfrac{M_d}{M_u}$

对于 CHS（圆形钢管截面）$U = K_{b1}\left(\dfrac{M_d}{M_u}\right) + K_{b1}\left(\dfrac{M_d}{M_u}\right)^2$

（3）双轴弯曲

在一个承受轴向荷载及绕其两轴的弯矩的柱子的一般情况下，而双轴又未受约束以抵抗屈曲时，表达如下：

$$\frac{1}{N} = \frac{1}{N_y} + \frac{1}{N_x} - \frac{1}{N_{ax}} \tag{4-17}$$

式中 N——在轴向荷载及两轴上均施加弯矩的复合效应之下的轴向抵抗强度；

N_x——在轴向荷载及只有施加的强轴弯矩复合影响下的，而其弱轴受约束的轴向抵抗强度；

N_y——相似的弱轴抵抗强度，其强轴受约束而只有施加的弱轴弯矩；

N_{ax}——为了强轴轴向屈曲抵抗强度，其弱轴屈曲受到防止 N_{ax} 可用公式（4-14）代替，如 $\dfrac{1}{N_{ax}} = \dfrac{1 - U_x}{N_x}$

所以，相互作用公式可用以下形式代表：

$$\frac{1}{N} = \frac{1}{N_y} + \frac{1}{N_x} \cdot U_x \tag{4-18}$$

（4）单轴强轴弯曲，而其弱轴不受约束

这可将 N_{ay}（绕弱轴的轴向屈曲抵抗强度）代替 N_y 而作为双轴荷载的情况来处理。在这种情况下，双轴相互作用公式（4-18）变为：

$$\frac{1}{N}=\frac{1}{N_{ay}}+\frac{1}{N_x}U_x \tag{4-19}$$

（5）轴向荷载下的圆形钢管混凝土柱的三轴密闭度系数

在公称轴向荷载下的，其 $1/D<25$ 的，圆形钢管混凝土柱具有比用公式（9）预测的更高的抵抗强度。这是由于钢管在轴向荷载下限制了芯混凝土的侧膨胀。当 $1/D$ 接近 25 时，增值的大小随柱子的长细比而减少并变得可略去不计。此效应已由约翰逊更充分地讨论过，最好作为一个荷载增值系数 K_D 来表示，（此系数与 l_e/D 成比例）即：

$$N_a=K_D\cdot K_1\cdot N_u \tag{4-20}$$

式中 K_D 考虑了由三个轴上受遏制而产生的在 N_U，α 及 λ 中的变化之总效应。这种遏制效应不出现于 RHS 柱中（矩形钢管混凝土柱），因为紧箍（hooptension）应力不可能像在 CHS（圆形钢管混凝土柱）以同样方式生成。这点我们在已建的矩形钢管混凝土框架柱当灌浇管内芯混凝土时这两种 300mm×400mm×5mm 及 150mm×250mm×4mm 的矩形钢管外壁全部外凸的工程实践中得到启发，说明方形和矩形钢管是无法提供紧箍效应的。可是我们又看到国内有些大学所进行的小尺寸矩形钢管混凝土柱的轴压测试中发现仍有所提高，其实这是一个误解。这些试验结果之所以能提高 15% 左右的总承压力并非由于芯混凝土因三向受力而引起的，明确地讲这个提高额度完全是方、矩形管四角在冷轧成形时由于冷作效应产生钢材内部金相畸变，晶格位错所带来的效应，而这种冷作强化的效应对土木工程界是陌生的。在 20 世纪末，国际的机械工程界曾对此进行了研究，得出一些定性的结论，即冷弯时钢板的转角部分屈服应力是会提高的，不过尚无定量的分析结论。因为这牵涉到被冷弯钢板的厚度，该转角处的半径大小，被冷弯板材的钢种以及钢材的化学成分如含碳、硫、磷及其他合金的元素含量等，还有冷轧时的气温，都有关系，还有在距离弯转处多少范围内有此强化影响，超过此范围就还是其原来的强度。我们曾设想对其进行较深入的试验研究，以开发由于冷弯成形加工工艺带来的好处，由于没有试验资金和试验条件，目前尚难在实践工程中做出定量的推算，暂时无法应用。

（6）在柱上的横向荷载

对于高层建筑的风荷载，和对于多层厂房柱上设吊车或悬臂吊车时都会在柱子的长度范围内产生较大的横向弯矩，而这个横向最大弯矩大约（$|M_1|+|M_2|$）/2，[此处 $|M_1|$ 及 $|M_2|$ 为柱子端部在研究的轴上的弯矩绝对值]，则需与原柱的轴力和端部弯矩一并加以校核验算。

（7）荷载在连接节点上只向管柱的钢壳传递

当荷载只通过连接节点引入到柱子的钢外壳上时，有一定比例的施加荷载须局部地传递到芯混凝土上。所传荷载之大小为：

$$传递荷载=W\cdot\alpha_c \tag{4-21}$$

式中 W——施加的梁上荷载；

α_c——混凝土的分配系数。

如在钢管与混凝土交接面上的剪应力（由设计极限荷载产生的）超过 $0.4\mathrm{N/mm^2}$ 时，

BS5400 第 5 部分［1］建议采用抗剪连接件。荷载传递发生的面积随连接节点的详细布置而定。当钢管混凝土柱设计须考虑火灾而又无外部防护包层时，连接节点在详图中须提供一个将荷载直接传至芯混凝土中去的荷载传递通道。

(8) 框架的横向刚度

钢管混凝土柱组成框架时，在无柱间支撑体系中，则需由钢管混凝土柱的本身横向刚度来承受。其单根柱的横向刚度为：

$$K = E_s I_s + E_c I_c \tag{4-22}$$

式中 $E_c = 450 f_{cu}$。

于是框架的总刚度就是

$$\Sigma K_n = \Sigma E_s I_s + \Sigma E_c I_c \tag{4-23}$$

即该框架中有多少柱就都算进去，共同抗侧向挠度。

1976 年哈尔滨锅炉厂做了一次简单对比试验，采用 Q235 钢，直径为 ϕ400mm，壁厚为 6mm 的钢管和 C30 混凝土，试件长度为 3180mm，共进行了三组试件的轴压试验，第一组为空钢管，破坏荷载 $N_s = 1392$kN；第二组是大小同钢管内径的混凝土柱（仅作构造配筋），破坏荷载为 $N_s = 2607$kN；第三组是把混凝土灌入钢管中成为名副其实的钢管混凝土柱，破坏荷载 $N_{sc} = 6938$kN，这比前两组试件的承载力之和还高出 2939kN，为二者之和的 173%，这只是一次形象的比较，此后大批试验都充分证明钢管混凝土柱这种特性。再者钢管混凝土柱可以压缩到原长度的 2/3，破坏时没有脆性破坏的特征。1978 年建成的哈尔滨船舶修造厂船体结构车间采用的钢管混凝土柱，与原设计中的钢筋混凝土柱相比，节约木材 100%，混凝土 80%，减轻自重 69.6%，而耗钢量及造价却相等。

世界上最早钢管混凝土工程是 1879 年英国的赛文（Severn）铁路桥的钢管混凝土桥墩，既提高桥墩的承压力又防止锈蚀作用。在 20 世纪的 60、70 年代时英、美、欧洲和前苏联都进行了大量研究试验，并取得很大成效，如英国有 BS5400 规范，美国在 ACI318-65土建规范中列入钢管混凝土轴压构件设计公式，稍后在 ACI318-71 中做了修订，把钢管混凝土作为组合构件而单独分列，包括轴压和受弯构件的设计计算。德国的 DIN18806 规范及欧洲规程第 4 号等都列入钢管混凝土柱的设计、施工等要求。1960 年建造的旧金山一幢 50 层办公楼采用了钢管混凝土柱。其后美国西雅图市 Seattle Gateway Towers 大厦地面以上共 62 层，建筑平面为船形大楼立体结构采用框支体系，在楼层平面的两对边共设 4 根粗大的钢管混凝土柱外径为 2740mm，内灌强度为 77N/mm^2 的混凝土再用前后左右 4 片竖向柱间支撑与该 4 根角柱相连，形成一个立体构件的支撑竖筒，以承担整个大楼的水平荷载。见图 4-6。

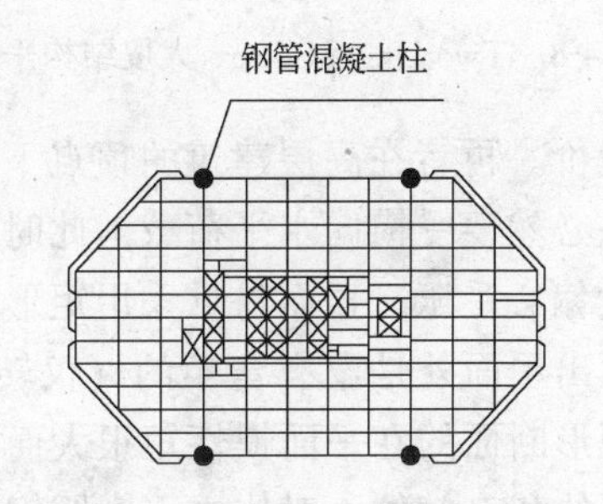

图 4-6 Gateway Towers 大厦结构平面

又如美国西雅图市的 Seattle Pacific First Center 大厦，地面以上共 44 层，建筑平面为矩形，采用框架支撑芯筒体系，在平面的核心区周围设 8 根钢管混凝土柱为 2290mm、内灌强度为124N/mm^{2}的混凝土，在核心区8根钢管混凝土柱之间设置8片周边竖向支撑和两片内部竖向支撑，形成一个强劲的支撑芯筒。见图4-7。再如美国西雅图市的Two Union Square大厦，地面以上共58层，高220m，该大楼采用支撑芯筒——框架体系，在楼面中央的核心区四角设4根粗大钢管混凝土柱，并沿这4根角柱的4个边，设置4片竖向支撑，从而围成一个支撑芯筒，作为整个大楼的主要抗侧力构件。4根钢管混凝土柱均采用直径ϕ3050mm的粗大钢管，壁厚为30mm，内灌抗压强度为133N/mm^{2}的高强混凝土。这4根钢管混凝土柱合计承担了整个大楼总重力荷载的65%。见图4-8。整座大楼的结构用钢量仅为58kg/m^2，这说明了钢管高强度混凝土柱的经济性和有效性。

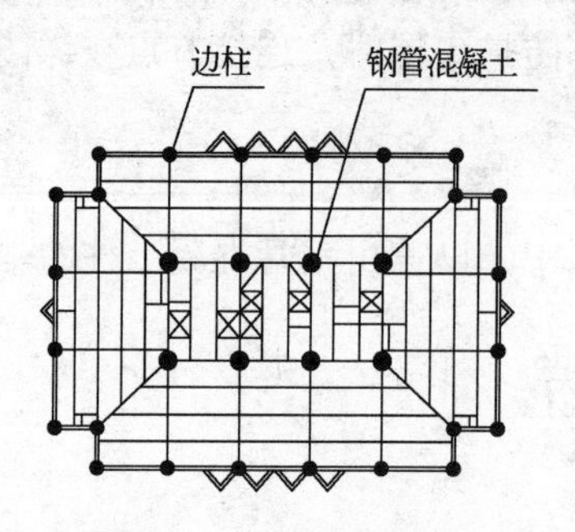

图4-7 Pacific First Center大厦结构平面

关于矩形钢管混凝土柱与圆形钢管混凝土柱的比较：

圆形钢管混凝土柱的芯混凝土由于外壳钢管的紧箍效应所以其强度会有所提高，这只是在轴向受压条件下的结果。在偏心受压时当横向弯矩逐渐增大时，受拉区混凝土不参与工作，于是钢管和芯混凝土之间的紧箍力也分布不均匀，这不但危险截面上两种材料的变形模量随截面上的位置而异，而且构件长度方向也是变化的。可见压弯构件中，随着偏心增大或弯矩增大，原先圆钢管混凝土能提高总承载力的优势就大打折扣以至消失。还有圆钢管混凝土柱与钢梁的节点处理复杂，加工费用增大。至于矩形钢管混凝土柱原来就不考虑什么紧箍效应的，所以在遇弯矩或偏心受压时不会丧失承载能力的。高层建筑中框架柱若与框梁是刚接是则变形小，刚度大，当然同时负担梁上传来的弯矩，而梁的中间挠度可大大减少。也即可压缩梁的高度节约造价。再者在高层建筑的顶点下来1/3处以上部位，风载较底下1/3高处大得多，所以框柱必然要受横向水平荷载，此时上部的轴压较下边小得多而风载弯矩又大得多，这就形成大偏心受压，显而易见采用矩形钢管混凝土柱更为有利。还有框架柱在平面中弯矩很大，而出平面外是没有弯矩的（仅转角的框架柱才受侧向风载，有水平力引起的弯矩），因此矩形断面的在平面惯性矩很大而出平面的惯性矩较小，完全适应受载所需。这个断面是合理的和有效的。对比之下，圆钢管框架柱就不行了，因为它的在平面和出平面的惯性矩都一样大，而出平面大的部位几乎都在断面的中和轴上，远不如矩形断面在受偏心受压或弯矩时来得有效和节省材料。因此，对于超高层建筑来说，在总高的1/3下部，由于上部建筑结构的自重很多，故轴压很大，而风荷载因高度近地面所以较小，相比之下是属于小偏心框架，因此可采用圆形断面的钢管混凝土柱。到了中段1/3高度部位，因自重少了，而风载大了，看来进入较大偏心受压范围，宜以矩形钢管混凝土柱为好。到了上部

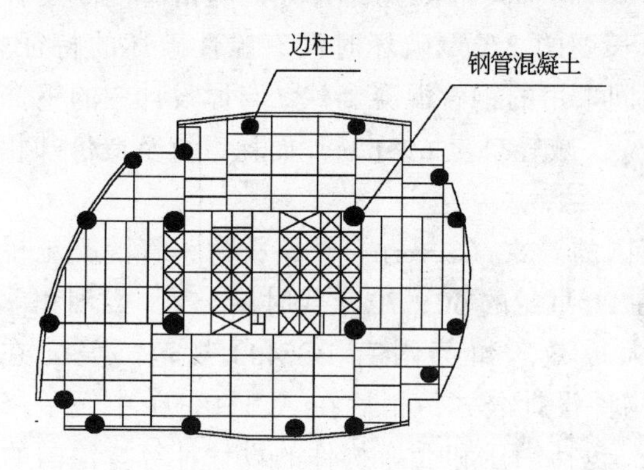

图4-8 Two Union Square大厦结构平面图

1/3区域，其自重已大大减少，即因高度上升较大，于是风载却大大增加，显而易见是进入大偏心受压范围，显然必需采用矩形钢管混凝土柱，才能有效地抵抗大弯矩、减小轴压的工况。不过先圆后矩形这在订货供应上，在节点设计和施工方面带来双倍困难，不利于工程实践，在经济上也不一定合理。既然，圆管截面只占30%，而矩形管截面则占了约70%，这就要求统一规格，统一供货，统一施工标准和方法，才有利于快速建成高楼大厦，很自然，还是统一采用矩形截面的钢管混凝土柱是为上策。

至于浇捣管中混凝土时，需要一台震动棒直径为50mm的振动器必须先伸至柱底，在混凝土一灌入即启动，并随管内混凝土面而同时上升提高，但需始终保持处于混凝土面之下。在炎热的气温下，混凝土会在第一个小时内沉落，而在寒冷的气温则需3小时才能沉落。混凝土不允许在其沉落及硬化的早期受冻，通常要求在10℃以上灌捣。在霜冻的气候下，钢管的截面应加热到0℃以上，务必将钢管内、外的冰予以融化。在浇灌之后，须将钢管柱用保温材料包扎以防止第一天的混凝土的温度降到10℃以下，为了得到良好的粘结度并减少洒水，建议增加总集料用量中的细集料的比例，采用比正常情况下比例加5%。在每层柱段上两端预留的ϕ12mm排泄孔是为了防止水的留积，并一旦有火警时可允许水蒸气的排出。在混凝土浇灌过程中须将孔临时堵塞，以防漏浆。当在混凝土初凝结束后，应将塞子拔去。

4.2 钢管混凝土框架中的梁柱节点

在所有结构中，各杆件的相交处均要求传力途径明确简捷和可靠，而这个交点称作“节点”。结构的优劣，除了其各构件的强度和刚度都能保证外，主要的关键部位就是节点了。如遇杆件软弱时，尚可加固处理，而当节点错误时，通常很难加固，弄不好就会使整个结构垮掉。因此，无论是设计者还是施工者均非常关心和重视节点的处理问题。而节点构造首先应符合设计中所采用的计算模型，即刚接或铰接。并尽可能做到结构简单，用料节约，方便施工。以下就概略地介绍一下国内外的钢管混凝土框架的梁柱节点，并加以评点以期取得共识。

4.2.1 《英国钢管混凝土柱设计手册》梁柱节点

1. 柱子的排气孔

必须在柱壁上设置排气孔以防止火警时在管壁芯混凝中形成蒸汽压力，在每层高度的柱顶及柱底在钢管直径的相对位置设置两个ϕ12mm的孔洞，同时注意，孔洞的位置应设于任何楼面板标高之外，(即排气孔务必在楼板的厚度之外)。又在管柱底板之上务必设置排水孔，以防在安装过程中雨水等的积聚。这孔也可作为排气孔之用。注意，在开始浇灌钢管中芯混凝土之前，须将主要的承重结构的部件，如牛腿等先行焊在钢管柱外壁，相对小的附件在浇灌芯混凝土之后再焊上是许可的。

评：排气孔是必须设置的，它虽未注明不管钢管混凝土柱是否涂刷防火油漆，或其他耐热保护层，排气孔照设无误。但规定条文上语气是肯定的。这点我们赞成，因为即使防火涂料可耐3小时的火灾，但在涂料的内侧与钢管贴连处在火灾中其温度是否保持在50℃以下，恐怕火烧到2小时以后其钢壁的温度都超过80℃并很快接近并超过100℃。这样管内的蒸汽压力将会使钢管爆裂而把钢管混凝土柱折断。这里需提醒的是不设排气孔是不行的，因为有些钢管混凝土柱自以为有防火涂料而不设孔的。

至于相对小的附件在浇灌芯混凝土之后可以再焊上，这点我们不赞成。因为在使用钢板预埋件整浇在钢筋混凝土梁、柱等结构物上，等吊装完毕时再焊外接钢板时，就发现在该预埋件背面的混凝土局部已被烧成焦黄色，且该处的混凝土强度已大为削弱。幸好预埋钢件背面早已焊妥锚筋，可以和内部的混凝土连成一体，仍可受力。但该处的混凝土终究受损了。因为电焊时焊缝中心的温度约为1200℃左右，而距离焊缝中心线20mm处至少达到600℃以上，而钢管混凝土柱的壁厚一般均在5～16mm之间通常最厚的不过20mm，可见只要是进行焊接，不管其部位的大小，钢管壁内侧面处的温度将达500～600℃之间。该处的混凝土岂不烧焦，而其中的结晶水或游离水都将汽化而把局部混凝土芯破坏。总之，在浇灌混凝土之后，尽量不要再焊为好。

2. 钢管混凝土柱法兰接头，见图4-9。

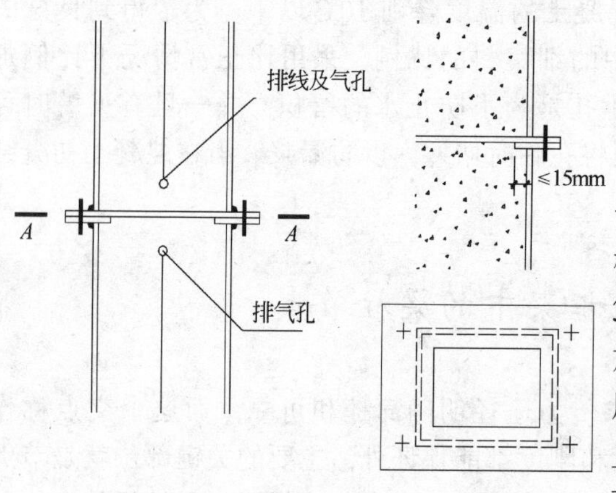

图4-9　柱顶板及法兰接头　　A-A

评：这种法兰接头存在几个问题：

(*a*) 上、下柱轴线无法对齐，施工偏差即使很小也会留有偏心距。

(*b*) 尽管下层钢管混凝土柱需有一孔用于吊装上柱后再填压砂浆。因为通常在大钢柱柱脚底板下与钢筋混凝土基础顶面预留30～50mm厚的间隙，然后再填灌细石混凝土加膨胀剂。而钢管柱仅留一小孔是无法使下层钢管中芯混凝土全面均匀的贴紧受力。况且芯混凝土灌浇后初凝期间还将固结收缩。可见整根柱芯混凝土无连续性。

(*c*) 上、下管柱连接处还有弯矩，如遇地震或台风时，这两个连接螺栓必须同钢管柱壁等强度匹配才行，试以400mm×300mm×8mm钢管为例，柱壁的拉力至少达40.8t，那么采用2M24 10.9级的高强螺栓$0.8P\times2=36$t也不够，如再加上水平冲击剪力就更差远了。

3. 梁、柱连接铰接节点，见图4-10、4-11。

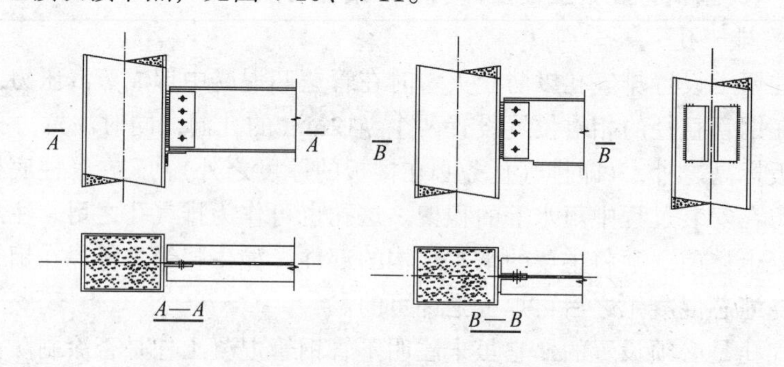

图4-10　与矩形钢管混凝土柱连接的铰接节点

评：这种铰接节点实质上不是铰接。众所周知，所谓铰接节点即梁端支撑处可以在平面内自由转动，而不传递梁端弯矩。现在这些节点都在梁端腹板上设了4个或3个垂直于上、下弦的螺栓。当梁端要转动时，那么这些螺栓就自行地形成固端弯矩，梁端的转动受到限制。而这最上层的螺栓除了梁的垂直支撑力外，还要承受水平向的拉力。若垂直剪切力与水平拉力的合成应力超过允许值时，将发生破坏。此外，如图 4-12 中，当框架柱立好后，该横梁要插进去，稍有公差就装不上，施工困难。至于国内某住宅楼的梁柱铰接节点则设在柱外侧较远处。同样，它不是铰，也不是刚。而且最上层的螺栓必然是受垂直和水平的双向剪力。因为梁端的支撑反力通过连接板传到钢管柱上的短悬臂梁时，必然是剪力加一附加力矩，螺栓应力将集中，形成薄弱点。再者，即使是简支梁，那么梁端必然要转动，可是梁顶面的钢筋混凝土楼板是一直通到柱根并围捣起来。若活荷载上去时，梁要再转动时，不是把楼板拉裂，就是形成半刚接而将螺栓拉断。这种自相矛盾的节点，将会使工程质量无法保证。

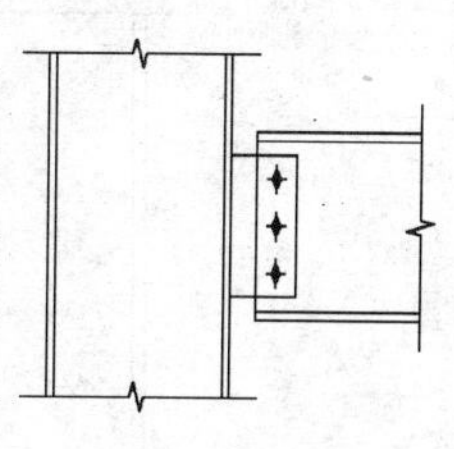

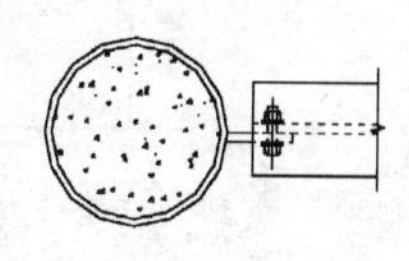

图 4-11 钢管柱与梁铰接节点

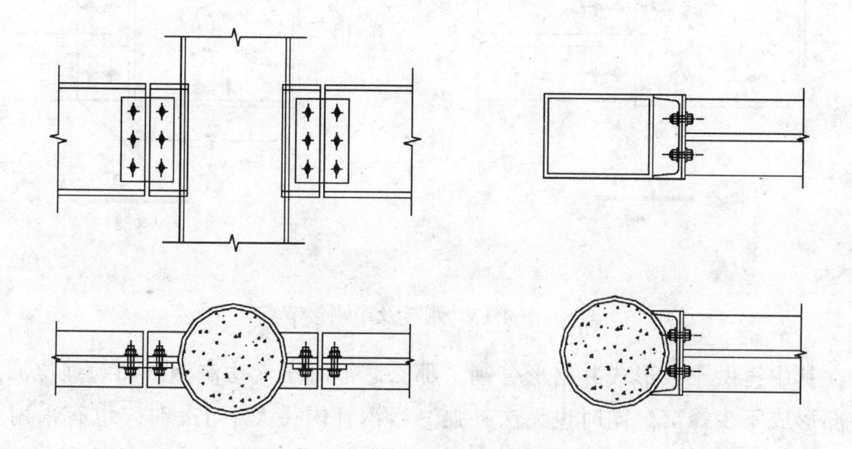

图 4-12 钢管柱与钢梁铰接节点

4. 梁柱的刚接及半刚接节点（图 4-13、图 4-14）

评：刚接节点是必须传递弯矩的，所以在梁上翼缘根部受拉侧需有额外的刚度，于是增设插口节点板从两旁夹住框架柱，但在梁端下翼根部是受压的，可以直接由框柱本身承受传递。这是 BS5400 及 TD296 上的标准节点，在只有垂直荷载下的框架梁、柱节点还是可行的。不过，在遇大风或地震时，框架将会左、右或前、后往复摇晃，此时梁端下翼根部并非始终受压，将出现时拉时压的来回振动。可见，若梁端下翼根部不设加强水平节点的板是不行的。此其一。BS5400 第 5 部分又规定，如在钢管壳与芯混凝土交接面上的剪应力（由设计极限荷载产生的）超过 $0.4N/mm^2$ 时则需设剪力键。又当遇到火灾时，梁、柱节点需提供一个把梁上的荷载直接传至芯混凝土中去的通道。此其二。而现在这些节点都无法适应。但如真的想在钢管内侧设剪力键，由于钢管直径或边长都在 300～400mm 左右，简直无法施工。若将节点区段的钢管壁上沿纵轴向铣槽；再把钢板插入穿过，充做剪力键，也不行。因为框架梁与柱连接至少为两个方向，也有三个方向，在中间则为四个方向。所以一个方向可穿过，而另一个方向的钢板则穿不过。且也无法与已穿过的钢板做十字形或 T 字形焊接。这样就“浮”在芯混凝土中，无法生根。再者框柱的断面尺寸已很

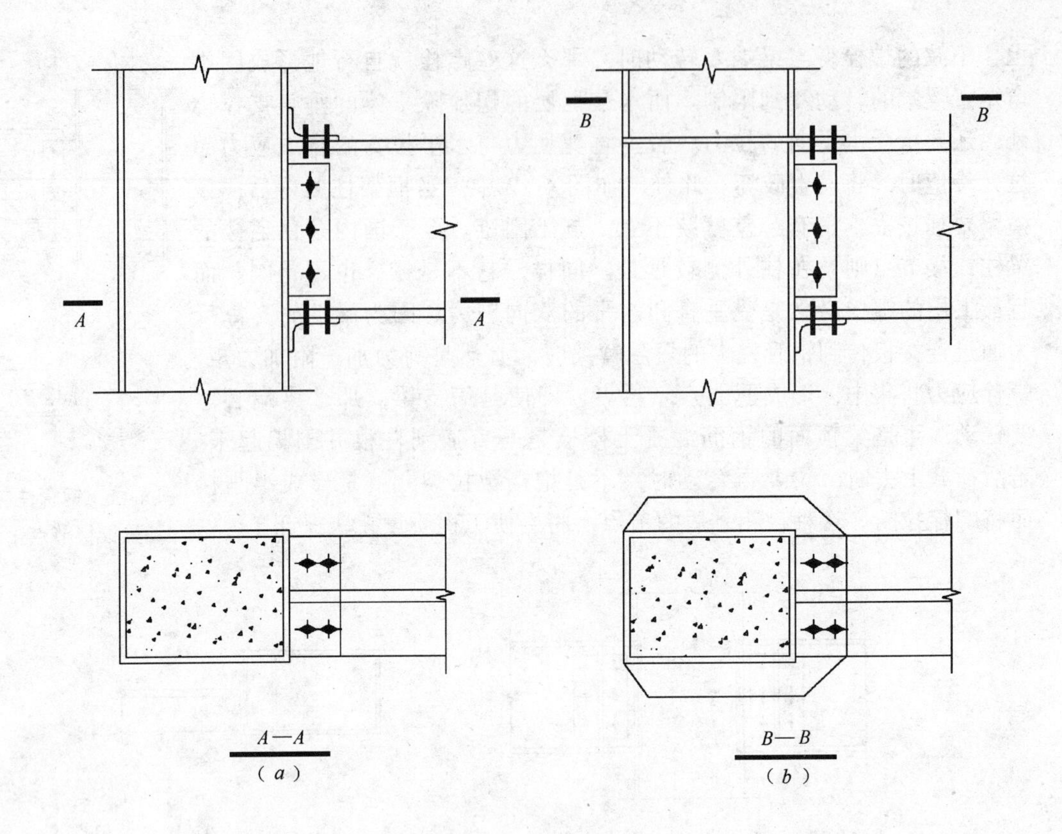

图 4-13　刚接及半刚接节点

小，若在其中再做十字形或井格形分割，那么芯混凝土无法浇灌，如勉强浇灌，必然在此节点内部形成不少蜂窝，同时也无法补强。当钢管内径大于 1m 时，也有采用内环和十字刚接节点的，如图 4-16 这种节点内外劲板对不齐，浇混凝土难以密实，梁上、下翼板焊缝需通过管壁传力，等于造成层裂，易脆断。由此可见，目前世界各国已建成的高层钢管混凝土框架结构，其梁、柱节点是非常不理想的，既经不住地震的考验，也无法在火灾中安全过关。再如图 4-13 在钢管柱吊装后，若上、下支撑角钢是先焊在钢管柱上的，则框架梁只好横向嵌进去，稍有偏差就装不拢。若上边支承角钢先装，下边支承角钢用螺栓先栓好在梁上，一起吊装，在就位后再将其直接焊在钢柱侧面。还有梁端的腹板用竖肋先焊在钢管壁上，再用螺栓把腹板连牢。这个方法在简支节点都采用。这种焊接与柱壁是垂直的，受力时就将柱壁拉出，且柱壁内侧又无锚筋，这样钢管壁会被拉而外突，同时产生钢板的层裂，非常不利，此其三。

在纵论国内外的高层钢管混凝土框架结构的梁柱节点之后，兹将自己开发的由矩形钢管混凝土柱与帽形钢混凝土梁组成的“钢包（外钢包）混凝土结构体系”的梁、柱节点介绍如下。首先高层建筑框架的梁、柱节点无法做到理论上的铰接节点。所谓铰接最好采用滚轴支承，可让它在梁受力平面内自由转动。这种节点看似简单，实质真正做到也是费时费料。况且在抗震时无保障，如果一幢十多层的大楼，梁、柱都用这种滚轴节点别说在地震时会倒塌，就是在台风中也会散架的，这种商品房保证一间也出售不了。而现在市场上所谓的铰接节点已如上述，根本铰不起来。而且在抗震中没有第二道防

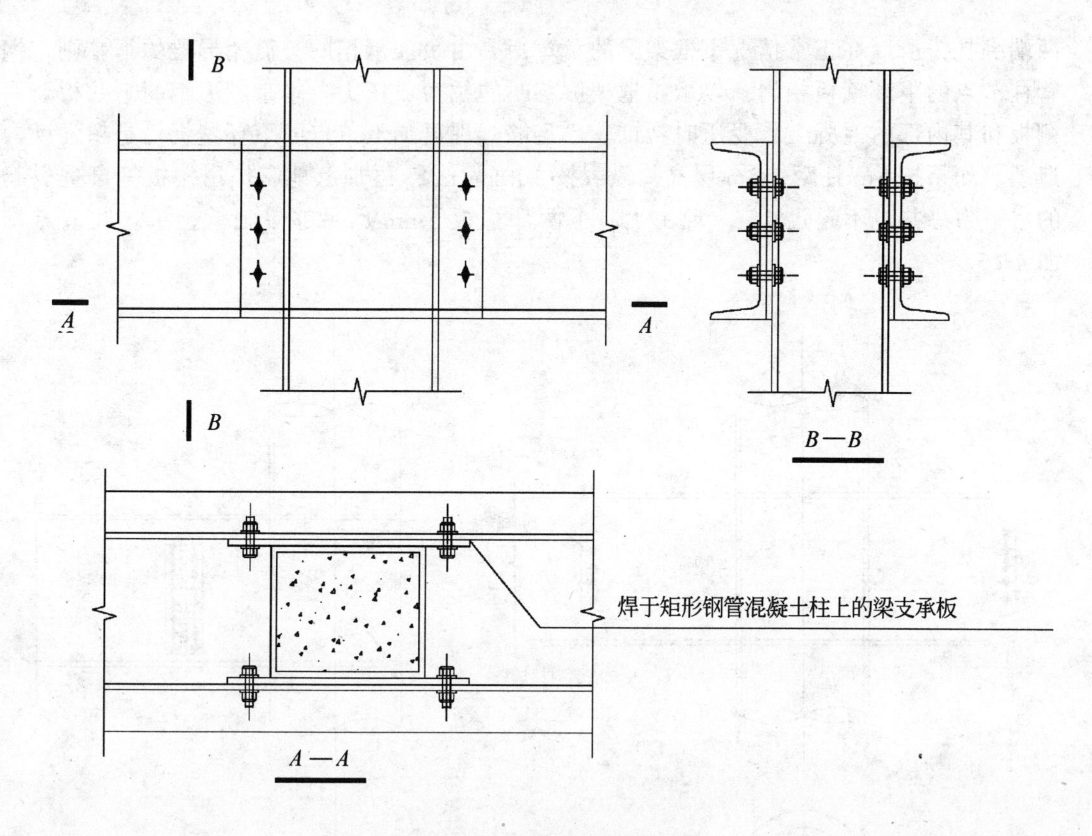

图 4-14　连续梁的连接节点

线，很不理想。有鉴于此，我们认为像高层结构无论在受力合理上讲，抑或在抗震有利上讲，都应采用刚接节点为好。因为刚接框架在超载时如遇地震时，可以产生塑性铰，使梁柱应力重分布，可以防止某一构件因超载而突然断裂。这就是抗震的第二道防线，同时，考虑到在安装过程中，钢管柱都是“薄壁”的而帽形钢梁也是薄壁的，易于失稳，所以必须层层都加隔板以抗扭，并提高柱的长度向稳定。由于钢管尺寸较小，无法在内环加内横隔板，只好套上外环隔板（当然可分块焊连），再将这上、下两个外环箍沿梁方向伸长，与帽形钢梁的上、下翼缘焊接，这样就成为可以传递弯矩的刚接节点。于是在安装过程中，确保钢管与帽形钢梁形成的钢框架的刚度。此时只需考虑每个分段上梁、柱（包括新浇的钢筋混凝土楼板）的自重。无需考虑风荷载或地震作用。安装是分段进行的，根据建筑平面分成若干段，每段高度为 3～4 层，在现场组装，按段整体吊装，待装完一个层面的各段时，这下层各段内钢包（外包钢）内的混凝土已达到了 50％左右的强度，即有十多天之久。完全可以和钢管及帽形钢梁共同起作用。而此时的荷载也仅是这几层的构架楼板的自重。而这个节点是与钢管柱先行在金属结构厂焊妥，并检查好的，保证刚接的质量，至于帽形钢梁是接在这节点短伸臂梁端的，而这个分界点则在梁弯矩反弯点附近，由于此处应力很小，所以只用几个高强螺栓将该两段帽形钢梁的两侧腹板及底板栓联，待楼板混凝土浇进该处节点时凝固后，这些伸入梁中的螺栓就自动形成剪力键了。安装简单，且可适当调整。至于梁的负弯矩是由钢筋承受的，通常是 2ϕ25 对穿钢管柱，在吊装中插好的短筋，而梁顶上的架立钢筋则与此负筋两端绑扎，所以在正常情况下框架梁的负弯矩是由负筋承担的，而帽形梁的下弦则与钢管柱节点的下环箍板相焊，以承担框架侧移时的拉力或压力。本来帽形钢的下弦板及两侧板和其内部的混凝土（受压时帮忙）已足够，现再加上节点的下环箍板已是超强度构造了。如果按 8m 柱距，3m 层高，风载按 100kg/m^2，再加上地震作用楼板等自重引起的水平力总共也不超过 15t，现由上、下两环箍板 5mm 已足够单独承担了。此节点见图 4-15。

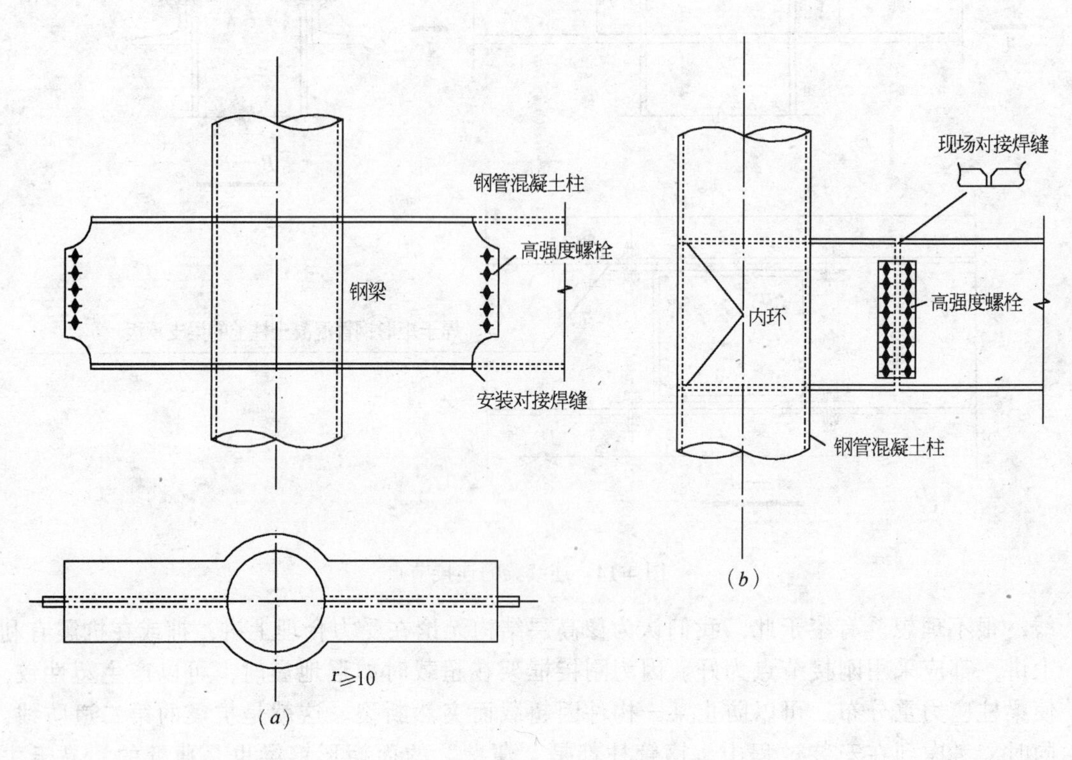

图 4-15　钢梁与柱刚接节点

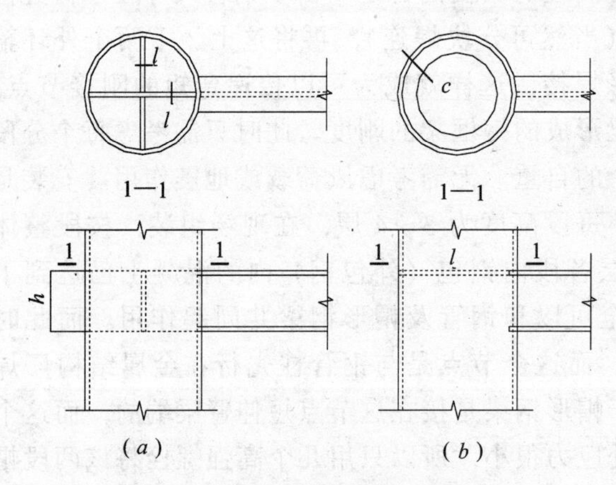

图 4-16　内环和十字板刚接节点

此外，尚有上海及西安几位教授专家提出的一个与 JDW 不同的节点是它不设下环节点板，并且改用柱内节点内插板，穿过矩形钢管柱。而将内插板伸出钢柱边处焊连。据该 JDL 节点提出者利用 ANSYS 软件对上述两个节点进行应力分析，结果是 JDW 焊接应力复杂，应力集中，而 JDL 节点则施工方便，应力“匀称”。上海现代房地产实业有限公司当即用型材制成实验节点，委托西安建筑科技大学钢结构研究所进行梁、柱节点在低周循环荷载作用下的滞回性能实验。节点的滞回曲线见图 4-17 和图 4-18。

1. JDL1 节点的滞回曲线（图 4-17）

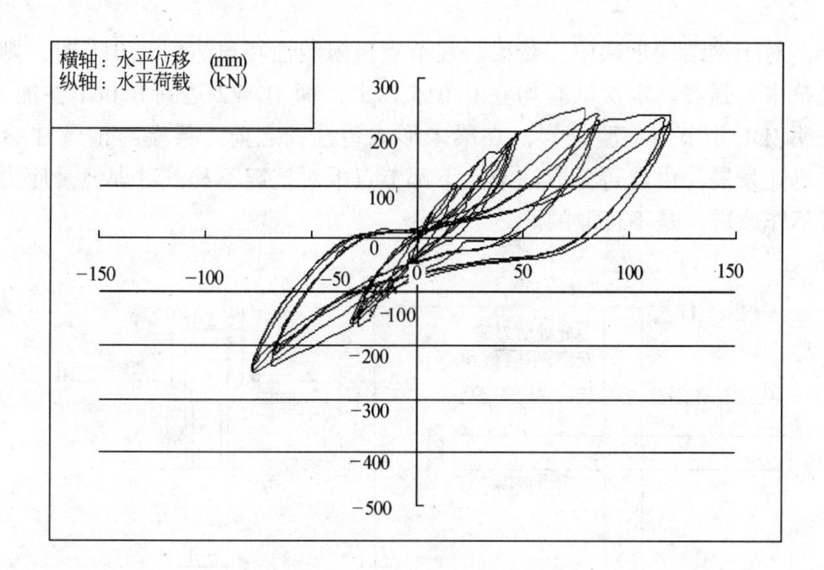

图 4-17　节点 JDL1 滞回曲线

2. JDW1 节点的滞回曲线（图 4-18）

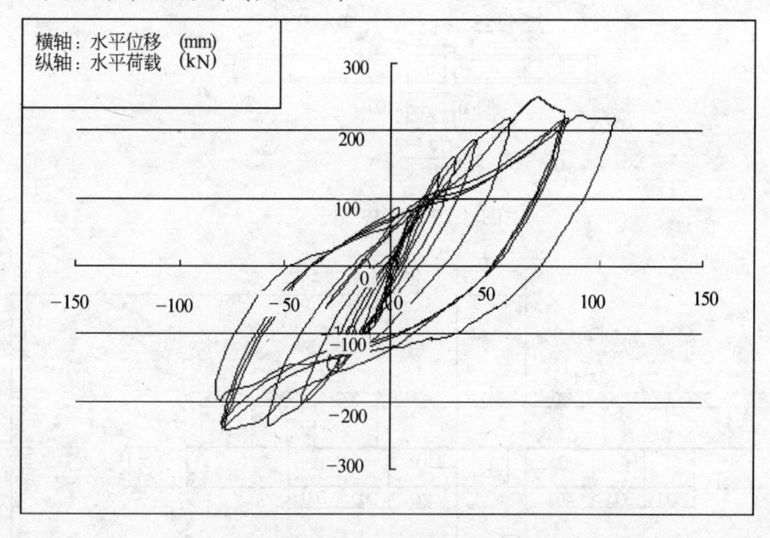

图 4-18　节点 JDW1 滞回曲线

结论：

(1) 本次实验 4 个节点在轴压比相同的情况下，JDW 节点（见图 4-19）的滞回曲线比 JDL 节点（见图 4-20）相对饱满，滞回环的面积较大，耗能能力大。

(2) 这两节点的等效黏滞阻尼系数为 0.24～0.34，而钢筋混凝土梁柱节点的等效黏滞阻尼系数为 0.1 左右，可见钢包混凝土结构的优越性大。

(3) 节点的位移延性系数 μ_1 均大于 4，都满足抗震要求不小于 3 的指标。若考虑楼板共同工作时，则都提高约 25%左右。

(4) 梁柱节点极限塑性转角也是衡量节点的延性变形能力的主要指标。据《钢与混凝土组合结构手册》中，外包钢柱反复荷载下转角试验值为：$\theta_u = 0.02 \sim 0.03$，本次节点实验结果为 JDL2 时 $\theta_u = 0.049$，JDW2 的 $\theta_u = 0.061$ 均优于手册指标。又据美国 E.P.Popov

教授等指出，对于钢结构框架中，若梁、柱节点极限塑性转角达到 0.015 时，则可认为该结构足以抵抗中、强震。本次试验均在 0.015 以上，而 JDW2 达到 0.061 性能十分良好。这里尚须说明 JDL 型节点实验证实，在梁未形成塑性铰之前，梁端与钢管柱的连接焊缝首先开裂并迅速发展，由此可见取消节点下部节点板对抗震不利，对焊缝是应力集中。故 JDL 节点若不作改进，是不可取的。

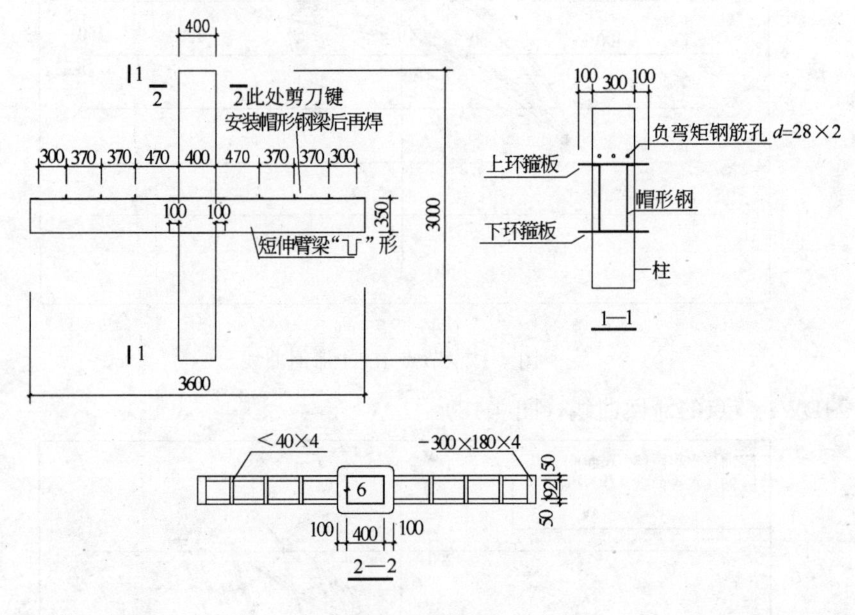

图 4-19　JDW 型节点

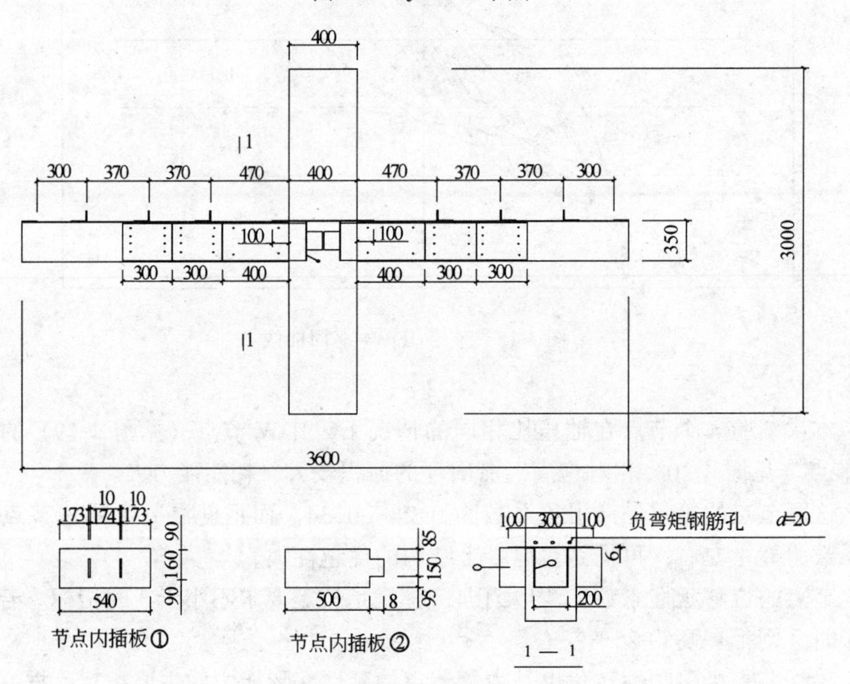

图 4-20　JDL 型节点

除上述诸优点外，JDW2节点的特点是上、下环箍节点板把钢管柱截面整个包牢，避免了抗震时梁的腹板会把钢管壁拉出造成层裂现象，在中柱，边柱以及角柱处都需环箍，尤其在与梁相连的外伸节点板要求在平面内联成一体可相互支持，这就要求主框梁与联系梁采用同高，看似浪费，实质上把楼板和纵横框架完全设在同一层空间中，形成整体“井式楼盖”，其水平及抗扭刚度大增。所以下环箍板无需再加厚。在任何情况下（包括罕遇地震）钢包混凝土结构体系决不会开裂，并在抗震和防火中更为优良。

4.3　钢包混凝土框架的防火性能

过去消防方面的主管和有关专家全都认为高层建筑的防火标准在底层或底下4、5层，其框架柱需耐火3h，主梁为2h，楼板为1.5h。同时一致认同钢筋混凝土结构耐火性能最好，完全能满足上述防火标准。至于钢结构根本不能耐火，因为当温度超过300℃时开始强度下降，到700℃时，钢材就丧失强度。所以对于全钢结构的高层建筑必须厚涂耐火涂料或外包很厚的隔热材料，务使其能达到与钢筋混凝土结构同等的标准。其实这两种观点都是误区。首先，国外的高层建筑框架柱耐火只需1.5h，主梁1h，楼板1h。因国外是以消为主。其次对钢筋混凝土结构耐火性能估价过高，其实只要认真地考察承载条件下的耐火试验数据，就会发现并非如此。现举一实例来说明。1995年秋在上海外高桥一幢26层东华金融大厦的办公大楼，采用框筒钢筋混凝土结构，核芯筒内设电梯井筒，消防楼梯及辅助设备房，四周为钢筋混凝土框柱。当时已建到第16层，而在第12层，因拆下的塑壳模板，大量堆积，由于拆模时将吊筋气割后丢下，估计剩下断筋温度仍在600℃以上，并乱丢到塑壳模板堆中，发生火灾，前后烧了约1.5h左右。因施工高层现场既无灭火器又无消防水源，且外墙未砌，四周空旷，正巧遇有六级风，火势猛烈，把核芯筒体的厚400mm的剪力墙外侧混凝土大面积烧爆裂，并较大范围有剥落现象，且呈灰白和浅黄色。烧深厚度约有60～80mm之多。筒壁外侧纵、横粗钢筋全都裸露出来。而筒壁内侧由于没有直接被火熏烧，还算正常。如果两侧都直接火烧，那么其破损程度至少达160mm的厚度，占400mm壁厚的40%未烧透部分也因受高温而疏松，不可用了。如果再烧1.5h，(这就是防火标准防火墙或主柱要耐火3h）岂非破损厚度大于320mm，占400壁厚的80%，试问这个结构还会挺住不倒吗?！如果一幢18层大楼的钢筋混凝土主框柱断面为800mm×800mm，现在四周都烧进160mm深，其中芯素混凝土面积只剩原柱的36%，且主筋全部软化，不能受力，试问这样的主柱还能承受17层的荷重吗？再假设一侧火势猛，另侧火势小，那么烧成偏心受压，且钢筋软化，能不坍吗？根据实际火灾情况，可以推断钢筋混凝土结构是无法耐火3h的。所以不要迷信钢筋混凝土结构是惟一的耐火结构，它的耐火时间最多也不过2h。更不要认为其他的结构凡用于高层建筑者都应一律达到3h的耐火标准，而这个标准在国外早已被改进了。

当然高层建筑一旦发生火灾，会造成严重的伤亡事故和经济损失，有的还造成严重政治影响。如1980年美国26层的米高梅旅馆，有4600m^{2}的大赌场，1200个座位的剧场及可供11000人同时就餐有80个餐厅以及百货商场等，火灾历时2个多小时，84人烧死，679人烧伤。火灾因为吊顶上部空间电线短路，隐燃了数小时后才扩展成大火。1988年元旦，泰国曼谷第一酒店发生火灾，大火延烧了3h，烧死13人，烧伤81人，经济损失十分惨重。1971年韩国汉城22层的大然阁旅馆火灾烧了约9h，由于二楼咖啡馆液化石油气瓶爆炸起火，死163人，伤60人，经济损失严重。国内的如1985年哈尔滨市天鹅饭店第11层发生火灾，烧毁6间客房，烧坏12间，死10人，伤7人，经济损失25万元。1990年新疆奎屯市商贸大厦发生火灾，大火燃烧了6h，经济损失达700万元。特别是高层建筑，当10m高处风速为5m/s，在30m高处（相当于10层）风速为8.7m/s，在60m高处（相当于20层）风速为12.3m/s，在90m高处（相当于30层）风速为15.0m/s，由于风速大增，将会加速火势的蔓延扩大。所以对消防应慎之又慎。首先必须从建筑布局上做好各竖向井道的分隔或防火处理，阻断它成为火势蔓延的途径，对电线的短路严加防范，对液化石油气瓶不准使用或贮藏，对可燃物如窗帘、地毯等不用高分子化纤织物等，换言之，首先将火灾的苗子全部根除，才是上策。

讲到高层建筑的承重构件，自然应按GB 50045—95高层民用建筑设计防火规范执行。不过，对规范中的耐火极限优先采用钢筋混凝土梁、柱的承重结构一点值得商榷与探讨。关于混凝土当温度高于300℃时，强度随温度升高明显降低，当温度为600℃时，强度约降低50%，达800℃时约降低80%，只剩下20%。同时其弹性模量也随着下降，在600℃时，基本丧失。还有在火灾初期，混凝土构件受热表面跟着发生爆裂脱落，立刻使钢筋暴露于裂火之中，于是钢筋受高温而伸长且强度大幅度地下降。这样恶性循环下去，其耐火极限也高不了多少。例如规范所给钢筋混凝土柱当截面为300mm×300mm其耐火3h。但通过分析计算，所得数值约为2h（实加荷载为设计荷载的70%），而天津消防科研所曾对4根截面为305mm×305mm，两端固定的钢筋混凝土柱进行试验，主筋保护层为48mm。（通常设计规范中规定为25mm，施工图中都这样做的）施加荷载1180kN，柱设计荷载为1634kN，加载比率为0.72，其耐火极限分别为97min、164min、109min、175min，平均为136min。在实例中，1993年5月，南昌万寿宫商城火灾中，柱截面为350mm×450mm，有效荷载为设计荷载的80%，按规范所列数值应远大于3h（规范推荐370mm×370mm柱耐火极限为5h），但在火灾轰燃后2h，柱子失效，引起建筑物整体倒塌。足见当前的防火规范中要求过高，并偏爱钢筋混凝土结构以至迷信的程度。如果不是迷信，那么在试验中数据只有2h耐火，而在实例中也只有2h，根本未满足3h规范的要求。为什么在新设计工程中仍推荐钢筋混凝土结构仍给以一级耐火极限3h的标准；明知达不到3h的要求，为什么我国的已建高层以至超高层建筑的钢筋混凝土构件还不作防火加固处理?! 这不是明摆着的有两种思想：一是要求耐火极限为3h钢筋混凝土构件做不到；只好混过去了事；另一种是耐火极限3h规定太高，实际上没有必要。于是也不作加强防火处理了。

这里再介绍一下钢包混凝土框架的防火性能，在室温下钢管和芯混凝土相互约束而一起变形，因此钢管和芯混凝土的纵向应变是相等的。相应地，各材料的应力与两种材料的弹性模量成正比。火灾时，钢管比芯混凝土膨胀得快并因此承担更大部分荷载。同时，钢的屈服应力和弹性模量便开始减少，最终钢管把荷载分卸给芯混凝土。当大量的热被钢管吸收并传导给芯混凝土时，芯混凝土中的游离水及结晶水便开始吸热汽化，这就带走了钢管壁上的温度，使它仍保持原有的强度和弹性模量，延长了钢管的耐火时间。当然钢管壁上、下端必须设通气孔，以便蒸汽逸出。而钢管围住芯混凝土柱，可防止其直接受火焰侵蚀以防爆裂、剥落且推迟芯混凝土柱强度的下降。根据多种钢管混凝土柱的测试结果，其无充填混凝土时受火达 0.5h，即维持原有强度不变。若从耐火性能考虑，若冷弯薄壁钢管（高频焊成型）采用高强度芯混凝土来填充可得最有效的耐火性能。当柱的外形尺寸增加时，芯混凝土的截面积会比钢管的截面积增加得更多，将会更有效，较薄的钢管比厚度大的钢管更能耐火，因为其芯混凝土所占面积更大，承载也更大，且薄钢管传热更快。为了加强芯混凝土可以在钢管内加入常规的钢筋骨架也可在芯混凝土中加入钢纤维。钢管内加入了钢筋笼，将增加耗钢量，且浇捣困难，而加入 $\phi0.5$mm 长度不大于 38mm 两头带钩的钢纤维，加入量约为加水前混凝土各组干容重总和的 5% 左右。则其效果最佳，且成本提高也很少。图 4-21 示出了仅有轴向荷载时，钢管内分别灌浇素混凝土，钢纤混凝土和钢筋混凝土芯后的耐火时间与单一时间有关的比值（荷载比值）之间的关系。

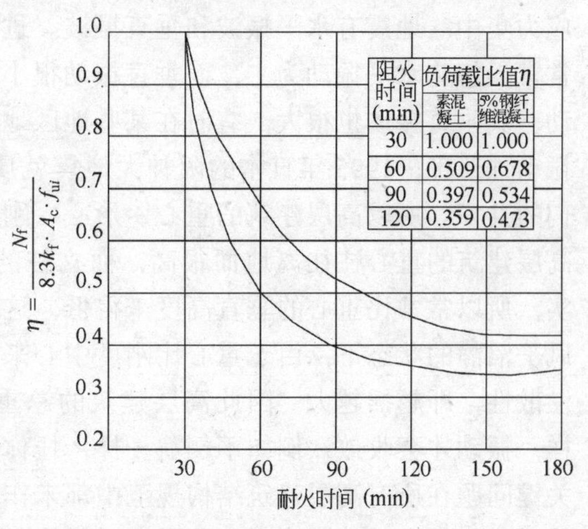

阻火时间(min)	负荷载比值η	
	素混凝土	5%钢纤维混凝土
30	1.000	1.000
60	0.509	0.678
90	0.397	0.534
120	0.359	0.473

图 4-21　耐火时间（min）

对短柱（有效长度≤12 倍芯尺寸）而言，混凝土芯稳定系数 K_f 可计作 1.0，当有效长度更长时，则需修正 K_f，可从 BS5400 第五部分查得。此外，钢管小于 200mm 方以下者不宜使用钢筋笼。

至于楼板采用压型钢板（0.8mm 厚）上灌钢筋（负钢筋）混凝土的耐火极限为 2h，大于防火规范 1.5h 的规定。至于帽形框架梁，由于其内芯及顶板都是钢筋混凝土，耐火性能基本上和压型钢板钢筋混凝土楼板相同，其耐火极限也为 2h。

此外，在梁、柱节点中曾提到过的，当遇火灾时，该节点需提供一个把梁上的荷载直接传至芯混凝土中去的通道。现在帽形钢混凝土梁约有 2-4ϕ25 的负弯矩钢筋，只取 2ϕ25 负筋直接穿过钢管而成为邻跨框梁上的负筋，而在该节点中（若中柱）则有 4 根 ϕ25 成井字形穿搁在芯混凝土中。这既不妨碍芯混土的浇捣，又可成为梁柱之间的剪力键。2ϕ25 负筋的截面积为 9.82cm^2，若按 8m 跨梁 4m 柱距的楼板在梁端的剪力估算约有 1/2 × 32 × 500kg/m^2 = 0.5 × 16000kg = 8000kg，则钢筋上的剪切应力为 815kg/cm^2，＜1750kg/cm^{2}允许值。

综上所述，无被覆的钢包混凝土框架结构的楼板及帽形钢混凝土梁的耐火极限都已满足防火要求。至于钢管混凝土柱本身已具 120min 的耐火能力，若按二级耐火标准也只需 2.5h，那么只需外包 1.5h 的防火保护层即可，如果像国外一样，只需 1.5h 的耐火极限，那就很方便地解决防火护层，且价格也将大大降低。

4.4　高层钢包（外包钢）混凝土结构体系的支撑设置

高层建筑的振源大致可分两大类，第一种是风载振动，第二种是地震波冲击。其他振源还有设备振动，如水泵、通风机以及冷冻机等，而设备振动首先可将设备进行动平衡处理，然后再用隔振处理，由于其振动能量相对于风振和地震来说是极其微小的，且设备本身安装时都带有避振器，所以对于建筑结构的影响很小，这里姑且不作讨论。至于风振是有阵发和突发性的。阵发性风载时指常遇风载，如五、六级大风，突发性风载如台风、龙卷风等。这些风载离地面越高就越大，所以高层建筑的体形最好对称和规则，以免风载的应力集中。地震有水平振波和垂直振波。过去往往认为地震常使建筑大幅度地摇晃，所以常常误解为水平振动为主，而垂直振动很小可以忽略，不过近代碰到的地震不单是水平振动，其垂直振动也很大，有时在某些地区地震时的垂直振动加速度超过其同时发生的水平振动加速度，1995 年日本的阪神大地震就属这类。地震对高层建筑的破坏更大，这是人们的共识。所以高层建筑的重心、形心、刚度中心力求重合，这在平面投影上如此。可是高层建筑的重心往往离地面很高，而立柱的刚度中心由于下段柱都比上段柱来得粗壮结实，所以常常比重心的垂直高度来得低，这就迫使振动时漂浮不停，并易于倾斜。即使在风平浪静的状态下，由于重心比刚度中心来得高，其自振振幅也将不易收敛，弄不好就成发散性，即越摇越大。因此高层建筑的总重心必须落到其刚度中心的高度下边，惟有这样，振动才会收敛，例如不倒翁一样，任你怎样摇，它总会慢慢停下来并直立不倒。这一关键问题在所有高层建筑结构规范中都未作规定，也是所有高层建筑有关振动的文献中未曾讨论和提出过的。这个问题同样对风振亦需关注和适用。因此高层建筑的造型及平面布局都应力求简洁、对称，切忌将核心筒体（即电梯及楼梯间筒体）全靠在北侧，这点特别对高层更为重要因为这种布局其重心和刚度中心偏离较大，一旦振动，就必然出现扭振，同时还出现耦合振动。这将使整个建筑骨架“散架”，非常危险。

为了确保高层建筑的框柱和梁板紧固地组合在一起，防止“散架”的危险，这就需设柱间支撑体系来解决。通常认为柱间支撑体系只是为了抵抗水平力的，如果设了纵、横的剪力墙已完全能抵抗水平力了，就无需柱间支撑，这亦是一种误解。因为框架体系再加上层层都有楼板，在理论上讲仍是一个四联机构，仍旧可以作侧移变形，特别在扭振中，剪力墙将无所作为。所以合理地布置柱间支撑是势在必行的。高层建筑中四个角柱距刚度中心最远，在扭振中，其扭转角及扭振振幅也很大，所以将柱间支撑从顶布到低层，将可有效地限制扭振振幅，也即大大地提高抗扭刚度。同时在每层楼板靠侧墙边的板带中以对角设置的钢筋平排交叉支撑将大楼道道环箍，它是设在钢筋混凝土楼板上、下两层受力钢筋网中间的，按构造设置，只需 5ϕ12mm 平排斜放，钢筋间距为 50mm。这是借鉴单层工业厂房钢屋架下弦横向及纵向交叉支撑选用∟ 63mm×5mm 已可承受 $L_k=34$m，中级工作制 2 台 75/20t 桥式吊车的纵横水平冲击力了。

至于每层中的柱间支撑，可选用□150mm×100mm×3mm，或□150mm×100mm×4mm 的矩形断面冷弯高频焊管，它是在外侧墙平面中，一端焊在上层楼板帽形钢梁的下弦，另一端则焊在下层楼板帽形钢梁的上弦，且均离框柱约 1.0～1.5 帽形钢梁的高度处。以偏心支撑出现较好。有人认为偏心支撑不好，因为国内外高层钢结构文献中介绍：高层框架的偏心支撑耗能大，最合理，不过在强震中会使框架梁出现塑性铰才行。而现在在钢包（外包钢）混凝土结构体系的框架梁因梁内灌混凝土了，刚度很大，将不可能在梁端出现塑性铰，于是不能耗能了。所以支撑还是用节点板直接焊在钢管柱和帽形钢框梁上，使之成为中心柱间支撑。据说这是规范中规定的。这里首先要问，钢框梁上能否出现塑性铰？尽管文献上是如是介绍的，可实际上完全不可能做到的。即使全钢结构的高层框架，在框架梁上仍是满铺钢筋混凝土楼板的。而工字钢大梁与楼板结成一体后，其刚度也同样是很大的，况且斜撑在钢梁的端部使力，不在梁中央受压，那么可想而知钢梁在梁端无法下挠，也即无法成为塑性铰，况且偏心斜撑的断面远不及钢框梁大，其作用力也是不太大的。还有偏心斜撑的断面较小，因它与帽形钢框梁相接，故宽仅150mm，而钢管柱宽至少要250mm，有时更大，为300mm以至400mm，这时支撑节点板岂非直接焊在钢柱的侧面腹板中，将来受拉时，将立刻把钢框柱的侧板拉鼓破坏了吗？况且梁柱节点处既有上、下环箍板，又有负钢筋穿过，在构造上也无从设置。所以中心柱间支撑是不适用于高层钢包混凝土框架结构的。至于我们设计的偏心斜支撑，是断面远小于帽形钢梁的，仅50%左右，在帽形钢梁浇捣混凝土后其刚度更大，而支撑内是空心的，根本不浇灌混凝土。这样在强震时，斜支撑将会失稳变形，这个塑性铰就会产生在斜支撑本身，不是照样能收到耗能效果吗？还有根据强柱弱梁的原则，梁与支撑同样也应前强后弱，才能适应。一旦大震破坏时，可首先出现在斜向偏心支撑的杆体上。这样可确保主框架梁、柱不损坏。这就是电路中的保险丝的作用，换一根很方便。若全部都刚度强，那就等于是不设保险丝的电路，将来破坏不知出现在何部位，岂非更危险，更糟糕了吗？这在大地震后首先检查斜撑，若它很好，那就一切都好。

这里再来讨论高层钢包混凝土结构体系中的纯钢筋混凝土核心筒，框架柱和柱间支撑的相互关系及其作用。有人认为纯钢筋混凝土筒体做得越厚越好，这样可以节约柱间支撑甚至不设。其实不然，仅仅加强核心筒体而不设柱间支撑是不行的，前面已作了阐述。此外在一个结构的体系中，最好所有构件和部分都参加工作，那就是真正的“铜墙铁壁”，而这样做，成本最轻，收效最大。要知道核心筒体在整个高层建筑中所占面积仅为1/8左右，甚至更小。如果强行增大刚度，那么其他框柱和大梁都将自行退出工作，不起共同作用。结果是应力集中，使筒体破坏。因此，不必强调加强核心筒体来抗水平力，否则会适得其反。

4.5 钢包（外钢包）混凝土结构的抗大气腐蚀

从铁器时代以来，人类对钢材在大气中的腐蚀始终处于被动地位。到了20世纪，随着钢结构的发展和推广，大气腐蚀危害也越来越严重。据统计全世界每年约有年产量30%～40%的钢铁因腐蚀而失效，除废钢铁回收外，净损失达10%，因此防腐蚀对节约钢材确有重大意义。表4-1给出了日本有关低碳钢的挂片试验结果。

不涂防护层的低碳钢年腐蚀情况　　表4-1

地区大气条件	钢材每年平均锈蚀厚度（mm）
空气洁净的田园和土地	0.01～0.03
一般市区和轻工业区	0.03～0.06
沿海地区和重工业区	0.06～0.12

如按表 4-1 中沿海地区和重工业区的年腐蚀速度推算，最短在 8.4 年，最长在 16.8 年的时间内就将锈蚀 1mm 厚的钢板。据美国的挂片试验介绍，不刷涂层的两面外露钢材在大气中的腐蚀，以重量计，每年每平方米锈蚀 250～450g，经推算也相当于 8.5 年锈蚀钢材 1mm 厚。特别时在 20 世纪中叶以来，各种污染也加剧了钢材的锈蚀。过去人们仅用油漆等涂料来保护钢结构，后来也有以镀锌、喷铝等方法来抗腐蚀的。总之是想把钢材与大气隔绝起来，避免潮湿空气与钢材表面直接接触，以防止大气对钢材的腐蚀。这样不仅增加了钢结构的成本和保养费用，遗憾的是成效也不大。随着科学技术的迅速发展，对钢结构的防腐蚀问题，已从消极的采用涂层办法转向积极的提高钢材本身的抗腐蚀能力。通常可在低碳钢冶炼时加入适量的磷、铜、铬和镍等合金元素，使之和钢材表面的大气化合成致密的防锈层，起到隔离大气的覆盖层作用。它不像油漆涂料，在日照下会老化或遇到碰撞和摩擦时有脱落之虞，效果良好，一劳永逸，既无日后保养之麻烦，更无类似涂料的老化和脱落的缺点，这是目前国外抗腐蚀研究总的发展趋势。

关于耐腐蚀钢之所以能抵御大气的腐蚀，其机理至今仍有争论。一般认为，钢结构之所以生锈，是钢材中的铁（Fe）和大气中的水分形成氢氧化铁［$Fe(OH)_2$］这种化合物借助大气中的氧而变为三阶的铁氧化合物［即为（FeOH）和（Fe_3O_4）］，沉积于钢的表面上，并继续往纵深发展。

这里再介绍加入磷、铜、铬、镍的合金元素，对钢材抗腐蚀所起的作用，如下：

加入低合金元素后低碳钢的抗大气腐蚀性能 表 4-2

使用地区	钢　种	碳（C%）	磷（P%）	铜（Cu%）	其　他	每年损失厚度（mm）
工业区	低碳钢	0.20	0.02	0.03		0.20
	含铜钢	0.20	0.02	0.30		0.11
	低铬钢	0.09	0.20	0.40	1Cr	0.048
	低镍钢	0.20	0.10	0.70	1.5Ni	0.051
温带海岸区	低碳钢	0.20	0.02	0.03		0.24
	含铜钢	0.20	0.01	0.02		0.15
	低铬钢	0.10	0.14	0.40	1Cr	0.069
	低镍钢	0.10	0.10	0.70	1.5Ni	0.076
热带海岸区	低碳钢	0.25	0.08	0.02		0.52
	含铜钢	0.20	0.04	0.24		0.45
	低铬钢	0.07	0.08	0.10	3.2Cr	0.23
	低镍钢	0.20	0.40	0.60	2.1Ni	0.19

可见钢中添加适量的合金元素就可使它的抗腐蚀性大幅度地提高。美国的 Copson 和 Larrabem 通过长期的大气暴露试验，系统研究了合金元素的影响，发现铜的影响比磷要好得多。美国最初试验成功耐大气腐蚀的低合金高强度钢（CORTEN），并进一步形成

铜、磷、铬、镍耐腐蚀的低合金钢系列，其后日本、德、英、前苏联等都相继仿制，且各有特色。

早在1996年，有人曾问起这种钢包混凝土结构体系中，框架梁采用帽形钢梁内灌混凝土其壁厚也只有4.0mm，还有钢包混凝土矩形柱在顶上3、4层其钢管壁厚也只有4.0mm，像这样薄的构件其使用年限大概多久？当时我们立即回答，至少可安全使用百年以上。理由是这种钢管构件，内部全是混凝土芯，与大气隔绝，保证不会腐蚀，仅外侧暴露在大气中，换言之，钢包混凝土构件是闭合构件，与常规钢结构相比，其腐蚀接触面积只有一半，所以钢包混凝土构件的抗大气腐蚀能力要比传统钢结构构件大一倍以上。就拿上海市苏州河上的外白渡桥钢结构桁架式大桥为例，此桥建于1906年，使用迄今已近百年了。该桥的缀条及一些次要构件壁厚都是6mm，况且该桥为露天结构，常常经受太阳曝晒，和台风雨猛袭，只是每隔2、3年就需要油漆一次加以保养，还有该桥为动荷载，应力相对集中还经常伴有强烈的振动。可以对比我们的钢包混凝土构件是室内工作的，气候环境好得多，而且还是静荷载，且只有外侧暴露，虽然其某些构件壁厚只取4mm，这已相当于四周暴露外白渡桥钢构件壁厚为8mm，岂非比原桥壁厚的构件还厚33%吗？若再考虑露天与室内的因素，其抗腐蚀的能力岂非提高一倍多了吗？所以外白渡桥的使用寿命既可达到百年以上，这种钢包混凝土构件难道还达不到百年大计的标准吗？正如钢包混凝土构件为满足防火规范的要求，其外侧还需要涂以防火涂料，这将对防腐蚀也起到很好的效果。更何况在我们的全部钢包混凝土构件中所采用的钢种为上海宝钢的耐热耐候钢，其抗腐蚀性能要比普通Q235钢好上四、五倍呢。如果Q235钢为了抗腐蚀需要隔2、3年油漆一次，比较麻烦，那么宝钢的耐候钢完全可以每隔10～15年油漆一次，甚或到20年才保养维修一次。可见钢包混凝土结构比传统的钢筋混凝土结构有更好的抗腐蚀性能，因为钢筋混凝土结构是会开裂的，特别是受弯构件，其受拉区总时存在不少微裂缝的，对比之下，钢包混凝土结构既不会开裂，更没有什么微裂缝的存在。这对于维修保养带来更好的性能和条件。这肯定会受到业主、物业管理、施工单位及房地产开发商们的热烈欢迎和衷心接受的。

4.6 钢管混凝土柱脚节点

在高层建筑钢结构设计规范中分埋入式、外包式和外露式3种，都按刚接柱脚设计。对于埋入式和外包式柱脚都需传递柱的轴力、剪力和弯矩，因此，在柱翼缘上需设栓钉，且钢柱的埋入深度 D 对于工字形柱不得小于柱截面高度的2倍，对箱形柱不得小于柱截面高度的2.5倍。而外露式柱脚的弯矩和轴力由钢柱底板直接传递到基础，弯矩由锚栓承受，柱脚处的剪力应由底板和基础间的摩擦力承担，摩擦系数可取0.4，当剪力超过摩擦力时应设抗剪键或改为包脚式柱脚，不得用锚栓承担剪力，最终还是按埋入式处理。这种柱脚都需焊上好多栓钉，认为这样才可抗拔，结果栓钉的长度至少需50～70mm，这使杯口的宽度更放大，将来在灌浇杯口中的细石混凝土时由于栓钉的阻碍，无法使细石混凝土灌捣密实，再者杯口越大灌入的细石混凝土收缩也越大，这就影响了握裹力，并且耗钢多，施工难，质量难保证。至于锚栓更不理想，在1995年的日本阪神大地震中都被震裂断开，只有埋入式柱脚才安全可靠。

其实采用杯口式基础和柱插入的办法，早在20世纪50年代在单层厂房预制钢筋混凝土柱中已广泛推广，我们从5t吊车 $L_K=13.5$m 轨高为6m的车间开始，到20世纪60年代在单层厂房中的30t、50t以至100t吊车 L_K 为22.5～34m；轨高有10m、12m、14m等都相继采用，直到上海重型机械厂的万吨水压机车间重级工作制吊车起重250t，$L_K=$31m 轨高20m，亦均采用这个杯口基础和预制钢筋混凝土柱。它们的轴力虽大，但由吊车横向冲击力产生的弯矩加上风载弯矩更大，属大偏心柱。而这些预制钢筋混凝土大框柱脚是全光洁的并无什么栓钉之类的附件，其中杯口插入深度为1.0h（h 为柱根断面的长边）为常用，最大也不过1.2h。经过十几年的使用考验证实这样措施是完全安全的。至于纯钢柱的杯口插入基础在1983年上海锅炉厂，全国最大退火炉车间式塑性钢框架，屋檐高为+13m及+23m两种，跨度为15m，屋盖为轻钢彩板也是采用杯口基础；最近在1998年建成的上海通用汽车公司油漆车间跨度为30m，内设50t吊车，轨高约25m，中段还有两层悬挂全跨度的大楼板，为全钢结构，主框柱为1100mm×800mm的工字形柱，也是采用杯口插入基础，插入深度为1500mm，近约1.3h 左右，当然也不设什么栓钉等附件。在吊装时美国、德国等专家大加赞赏，当场录像并摄影作为资料。试问单层厂房的柱根弯矩大还是高层建筑柱根的弯矩大？至于柱轴力单层厂房倒并不太大，基本上最大的约为1000t左右，而18层大厦的中柱也在这个数量级上，可见单层厂房的杯口插入已无需栓钉，难道高层框柱的弯矩与轴力比单层厂房还大得多吗？通常，高层建筑框架柱属小偏心所以更无必要放栓钉之类的措施。

至于我们提出的钢管混凝土柱，其柱脚底板比柱脚外围尺寸还大一圈，约四周放出15～20mm宽的边以便焊接。而正是这圈边也产生力锚固作用，它的锚固强度远比栓钉来得大，并且是生根于柱脚的。请问栓钉是焊在钢管的外壁，又不伸进管内，当受弯矩时岂非将钢壁拉出一个大洞，还有何用？因此，高层钢结构规范的柱脚措施不适用高层建筑钢管混凝土柱脚，况且其杯口深度太大，而钢管混凝土柱插入杯口的深度一般只需1.0h，如进一步保守，则顶多采用1.2h～1.5h。这种既安全又节省又利于施工及保证工程质量的杯口插入节点才是值得推广的节点。

见图：1. 高层建筑钢结构设计规范中“埋入式柱脚”节点图4-22（a）；

2. 本设计的杯口插入柱脚节点图4-22（b）。

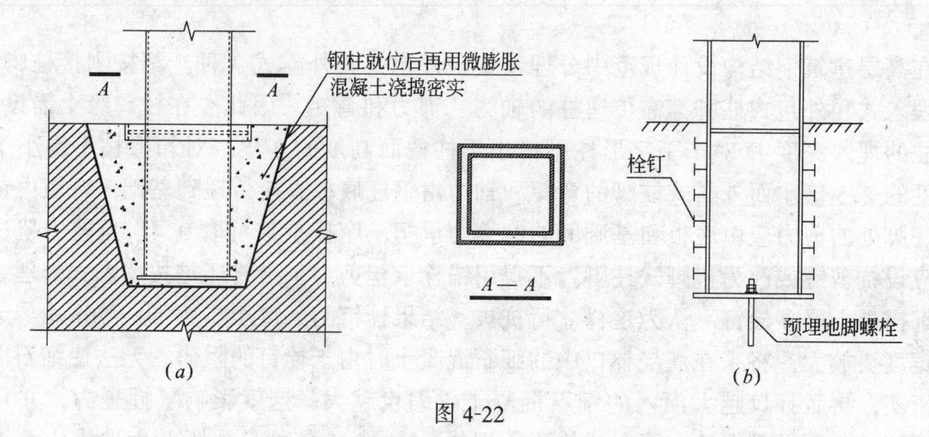

图4-22

（a）MB体系钢管混凝土柱脚节点详图；（b）高层钢结构规范中柱脚详图

4.7 MB-2 工程设计计算举例

1. 上海浦东杨南小区某18层住宅楼

该18层住宅楼（南立面见图4-24）位于上海浦东新区，采用MB-2轻钢轻板体系。钢材采用高强耐候钢。以矩形钢管混凝土柱作为竖向承重构件，截面为300mm×400mm的矩形钢管，壁厚6～8mm，用耐候钢板高频焊制成，内部浇筑C50混凝土，具有承载能力高、延性好、抗震性能好，施工速度快，构件尺寸小等优点。

楼盖采用帽型钢迭合梁的现浇钢筋混凝土结构。帽型钢迭合梁刚度大，整体性好。

结构平面布置见图4-23。在一些柱间布置薄壁方管交叉式偏交支撑（110mm×180mm×5mm），与梁柱一起形成竖向桁架，使结构具有较好的侧向刚度，以抵抗风荷载与地震作用。

内力与位移计算

用PKPM系列软件输入数据，SATWE程序作位移、内力计算。由于PM无法直接输入矩形钢管混凝土构件，故以EI_X、EI_Y相等的原则将300mm×400mm矩形钢管混凝土柱340mm×440mm混凝土柱输入（计算书见附件）。斜支撑直接输入110mm×180mm壁厚5mm的钢箱形杆。帽形钢叠合梁以180mm×460mm的矩形钢筋混凝土梁输入。

按19层计算（地上18及一层地下室），3个单元的总重量12142t，每平方米建筑面积的重量在0.9t左右，较普通钢筋混凝土结构轻1/3左右。

周期：

X向　$T_1=2.6391$（s）　$T_2=0.8087$（s）　$T_3=0.4303$（s）　$T_4=0.2853$（s）
　　$T_5=0.2107$（s）　$T_6=0.1653$（s）

Y向　$T_1=2.2549$（s）　$T_2=0.6512$（s）　$T_3=0.3347$（s）　$T_4=0.2223$（s）
　　$T_5=0.1654$（s）　$T_6=0.1309$（s）

在地震、风荷载作用下的层间位移及顶端位移如表4-3：

表4-3

	地震作用				风荷载作用			
	Δ（mm）	Δ/H	Δ（mm）	δ_{mas}/h	Δ（mm）	Δ/H	Δ（mm）	δ_{mas}/h
X向	89.59	1/636	5.69	1/527	23.75	1/2079	1.84	1/632
Y向	81.83	1/697	4.82	1/623	69.08	1/825	4.21	1/712

从变形来看，刚度是恰当的。

结论：用MB-2轻钢轻板房屋体系，在上海地区建18层住宅，能满足现行规范要求，结构上是可行的。

基础选型

采用沉降控制复合桩基，设置一层地下室，地下室底板兼作承台筏板，桩采用预制方桩。

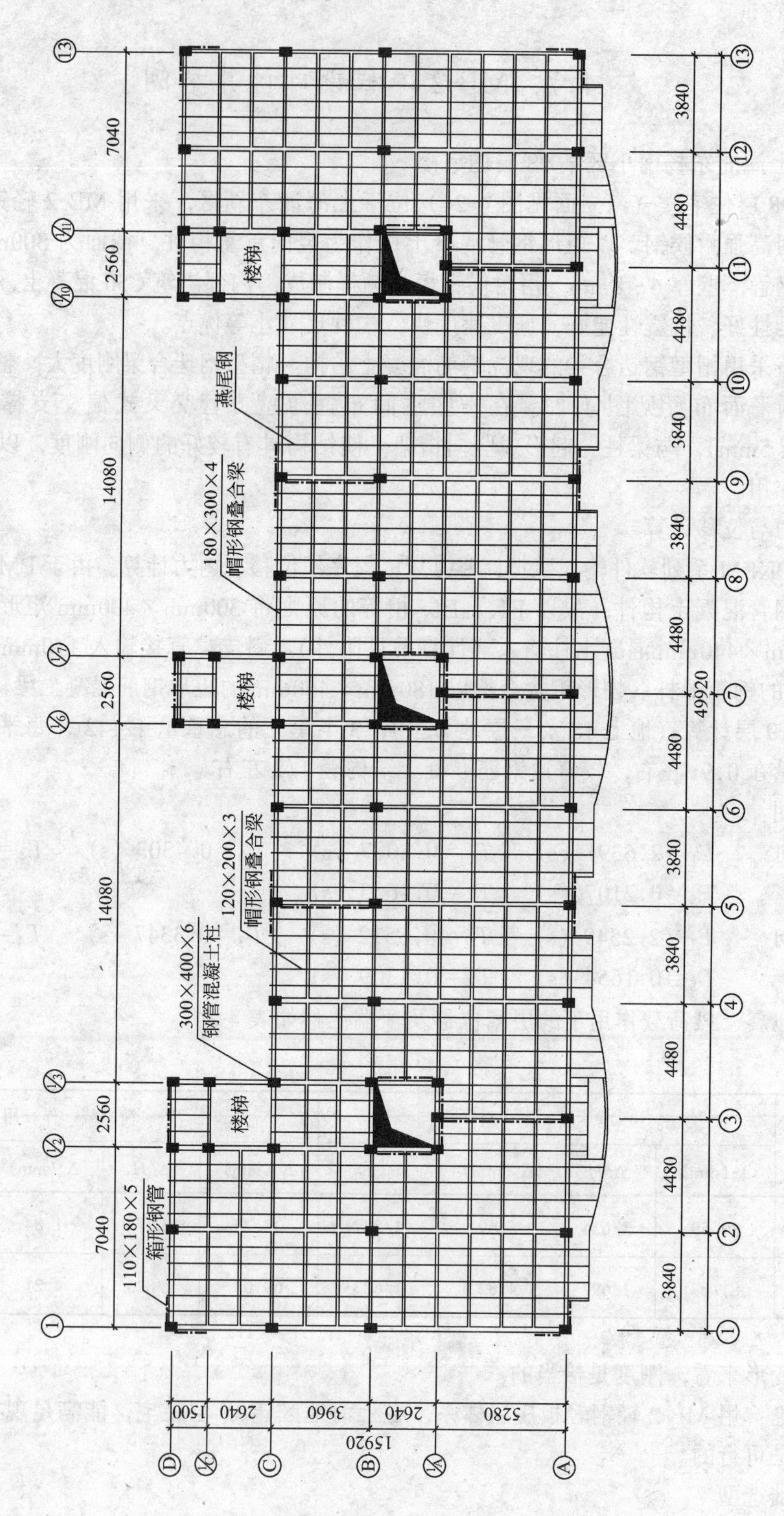

图 4-23　标准层结构平面布置图 1∶200

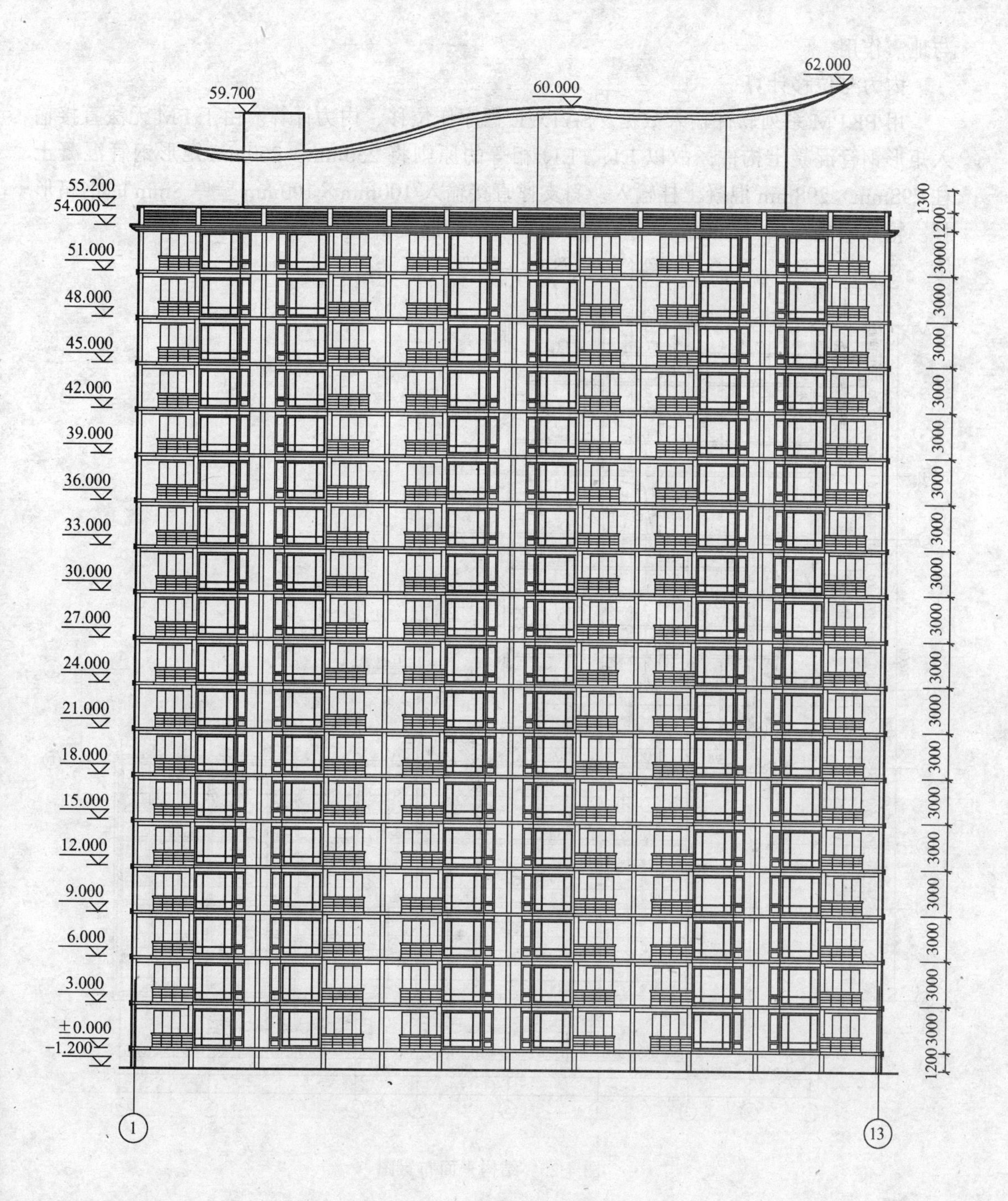

图 4-24　南立面图　1:300

2. 成都 12 层住宅楼

该 12 层住宅楼位于成都，采用 MB-2 轻钢轻板体系。钢材采用高强耐候钢，以矩形钢管混凝土柱作为竖向承重构件，截面为 250mm×250mm 的矩形钢管，壁厚 6mm，用耐候钢板高频焊制成，内部浇筑 C60 混凝土。

结构平面布置见图 4-25。在一些柱间布置薄壁方管交叉式偏交支撑（100mm×100mm×8mm），与梁柱一起形成竖向桁架，使结构具有较好的侧向刚度，以抵抗风荷载与地震作用。

内力与位移计算

用 PKPM 系列软件输入数据，SATWE 程序作位移、内力计算。由于 PM 无法直接输入矩形钢管混凝土构件，故以 EI_X、EI_Y 相等的原则将 250mm×250mm 矩形钢管混凝土柱 298mm×298mm 混凝土柱输入。斜支撑直接输入 100mm×100mm 壁厚 8mm 的钢箱形杆。帽形钢叠合梁以 200mm×360mm 的矩形钢筋混凝土梁输入。

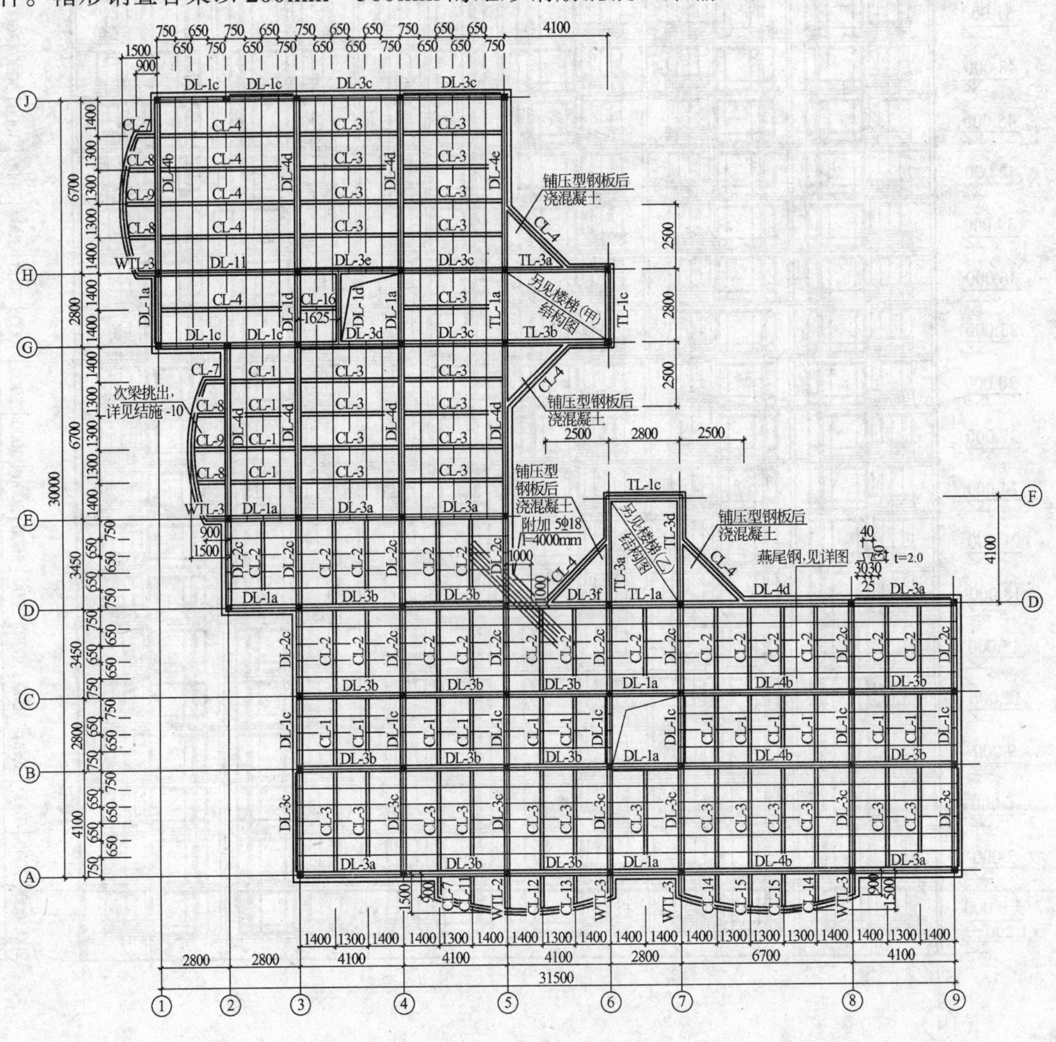

图 4-25 结构平面布置图

按 13 层计算（地上 12 及一层地下室），总重量 6302t，每平方米建筑面积的重量在 0.9t 左右。

周期：

$T_1=1.9963$（s） $T_2=1.8068$（s） $T_3=1.5133$（s） $T_4=0.5957$（s）

$T_5=0.5418$（s） $T_6=0.4289$（s）

在地震、风荷载作用下的层间位移及顶端位移如表 4-4：

表 4-4

	地震作用				风荷载作用			
	Δ（mm）	Δ/H	Δ（mm）	δ_{mas}/h	Δ（mm）	Δ/H	Δ（mm）	δ_{mas}/h
X向	26.11	1/1811	2.68	1/1118	26.74	1/1084	3.1	1/968
Y向	33.44	1/1704	3.36	1/889	31.81	1/1205	2.92	1/1028

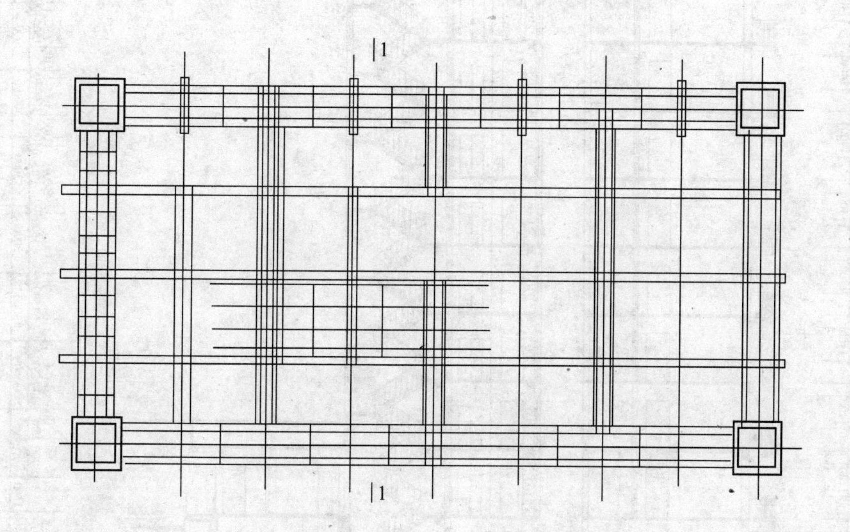

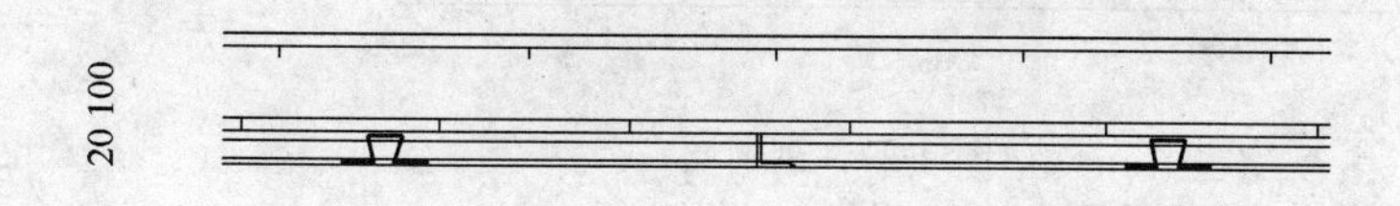

1—1

图 4-26 楼板构造图

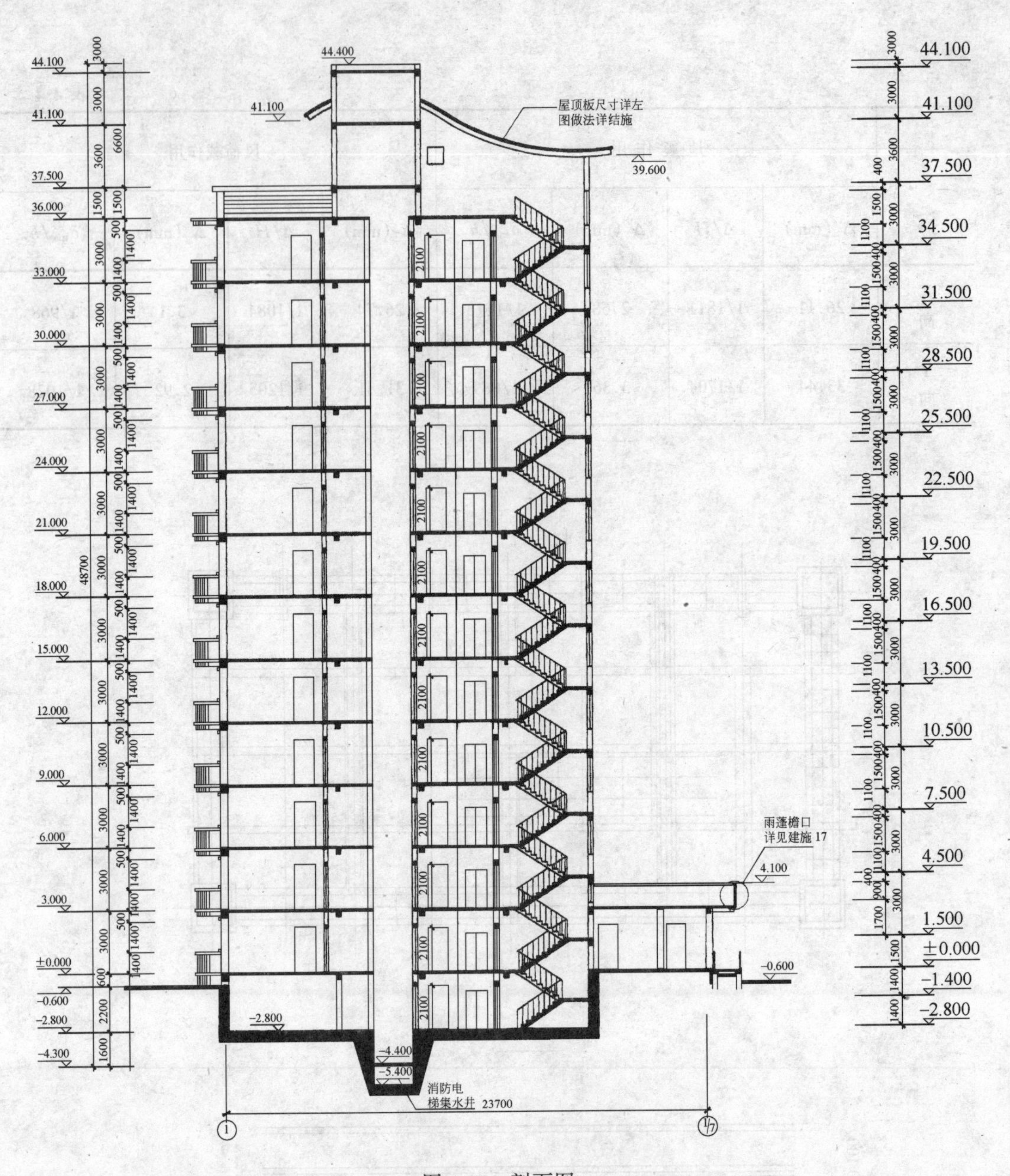

图 4-27　剖面图

3. 上海闸北区某住宅楼（见图 4-27～图 4-31）

本设计采用 SATWE 结构设计程序对结构进行了强度及变形验算。

顶端最大位移值：

在地震作用下：

纵向：79.76mm　$D_{max}/H_{max}=1/732$

横向：87.76mm　$D_{max}/H_{max}=1/665$

风荷载作用下：

纵向：26.26mm　$D_{max}/H_{max}=1/2224$

横向：64.99mm　$D_{max}/H_{max}=1/899$

层间最大位移值：

在地震作用下：

$$纵向：5.30\text{mm} \quad D_{max}/H_{max}=1/529$$

$$横向：5.01\text{mm} \quad D_{max}/H_{max}=1/559$$

风荷载作用下：

$$纵向：1.70\text{mm} \quad D_{max}/H_{max}=1/1646$$

$$横向：4.16\text{mm} \quad D_{max}/H_{max}=1/963$$

结构自振周期（在第一振型下）：

$$T_x=1.870\text{s} \qquad T_y=1.970\text{s}$$

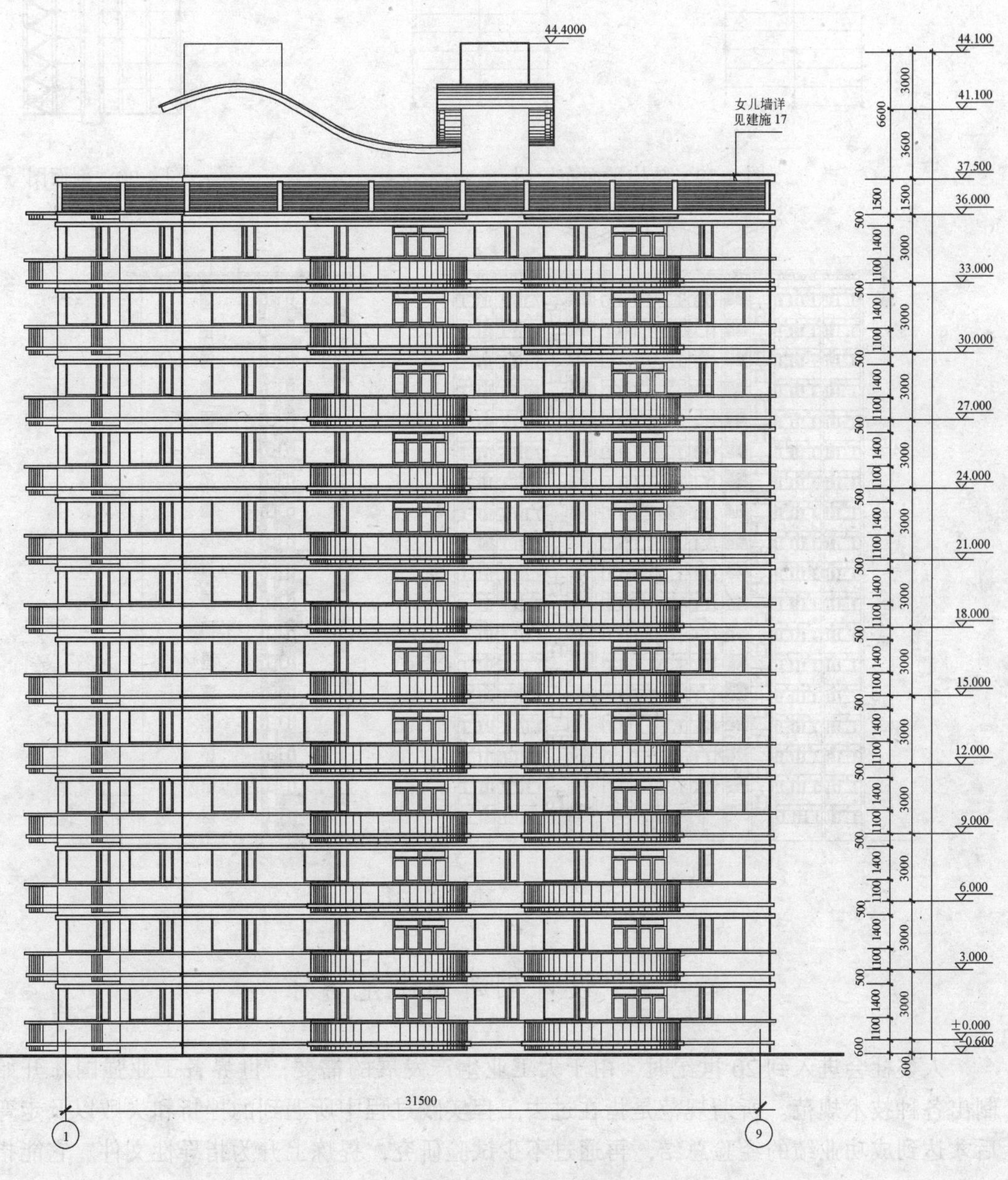

图 4-28 建筑立面图

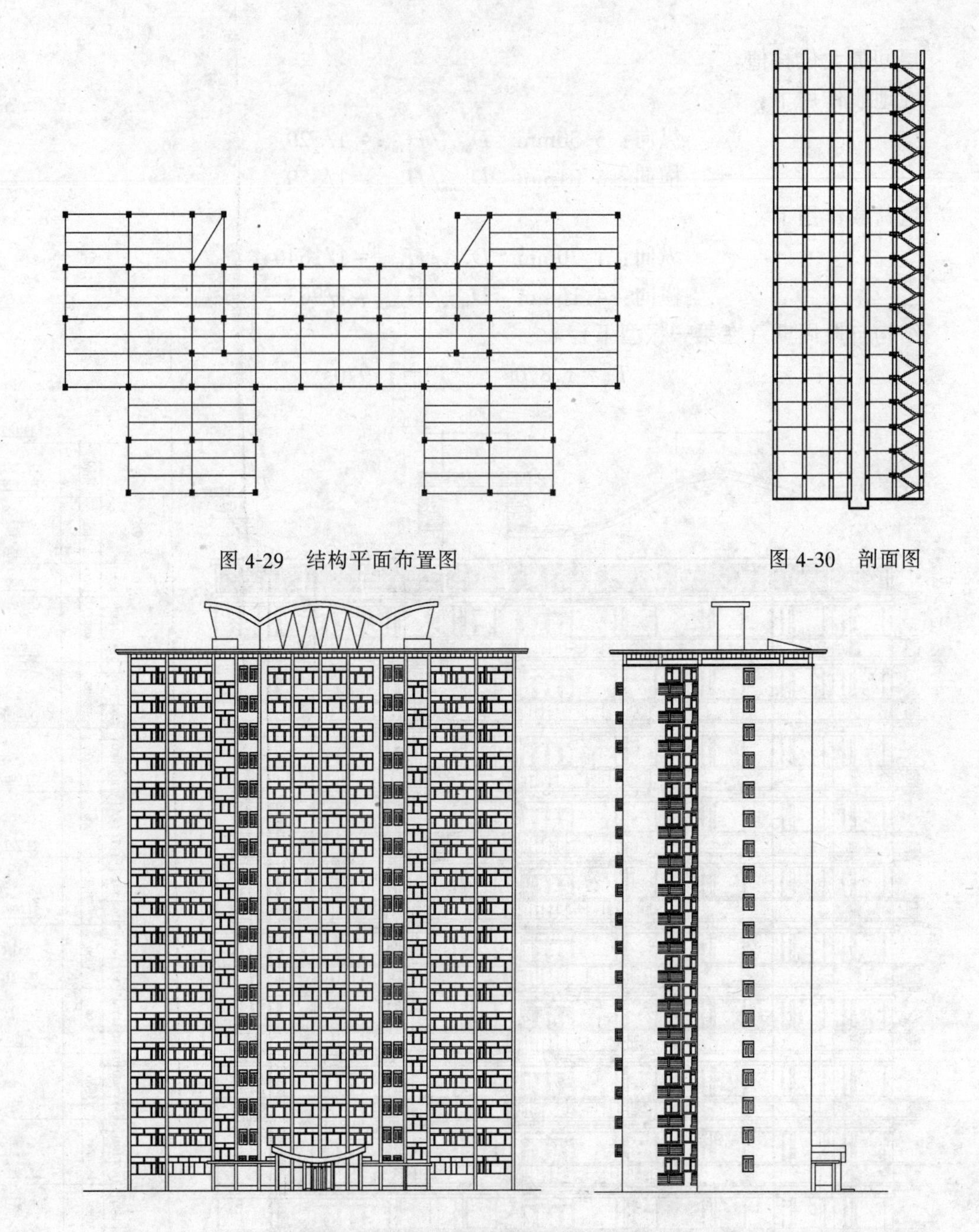

图 4-29　结构平面布置图

图 4-30　剖面图

图 4-31　建筑立面图

4.8　设计创新与规范遵守

人类社会进入到 20 世纪时，由于大工业生产发展的需要，世界各工业强国才开始编制出各种技术规范。所谓规范是指在过去工程实践过程中所遇到的挫折和失败以及走弯路后才达到成功业绩的经验总结，再通过不少试验研究，提炼上升为指导性文件。它能指导和帮助中、低级工程技术人员在设计、施工过程中有章可循，统一认识、统一标准，以保证工程质量。规范对于高级工程技术人员则起到备忘录的作用，支持他们在指导或审查过程中起到准则作用。不过规范并非是十全十美的、无所不包的，更不是绝对正确的，随着科技的发明创新，社会形势的发展需要，通常规范在10年左右就得淘汰旧的，不适用的条文，补充、修改或增加新的内容。所以规范不是一成不变、至高无上的。这就要提醒技术主管领导和高级技术人员，正确认识规范，在正常情况下尽可能遵守规范，以利于工程进行顺利，保证质量，节省资金；而遇到特殊情况时，不要以为没有规范就不准设计和施工，不照规范就勒令停工或返工。而应该深入了解研究新情况，针对该创新设计的理论性、可靠性、可行性以及经济性进行探讨，必须在短期内做出正确的判断，以利于创新和发展；切忌以老规范压人，也不可无原则地起哄，打倒规范。

1958年大跃进时期，指规范为“洋拐棍”和“框框”要抛弃和打破，当时上海某著名设计院设计上钢三厂第三转炉车间时，取消柱间支撑以节省钢材。当年上海市建委大为表扬，要全市设计系统向他们学习。不久建成试车，该车间轨高12m，50t重级工作制吊车空载行驶即发生强烈振动。于是在1959年会审后补设柱间支撑，但加固措施不顶事，车间仍旧摇晃。到1962年全国工程质量大检查中又添加了屋架下弦纵向支撑，同时在柱子腰部另增水平长柱支撑系统。耗钢量之多与费用之贵与新建一个同样规模的全钢结构车间相差无几。可使用不久，柱子还是摇晃，最后不得已，在1973年把该车间全部拆除，原地重建。这就是不遵守规范上正确条文的结果，给国家带来巨大的损失。同时指出当时的设计没有经过仔细的计算，更没有取代柱间支撑的具体措施。

反过来说，没有规范能否设计，能否创新设计？或者现行规范与形势需要不适应时可否突破？试举例说明。建于1937年的美国旧金山金门大桥，桥净跨1200m，是二十世纪桥梁工程的一颗明珠。该大桥采用悬索结构，当时尚无这种结构规范，鉴于无法采用桁架式和拱架式结构，但业主要求必须净跨1200m，中间不设桥墩，向全球桥梁专家邀请委托，无人能胜任，最后瑞士工程师O.Ammann大胆地提出悬索结构，经过深思熟虑，设计出整个悬索钢桥梁的施工图。这是他的灵感及几十年对大桥设计、实践及教授的扎实基础理论的结晶。随着该桥的建成使用后，才有相应的悬索桥结构规范。再如，咱们中国也有类似情况，从北京去张家口的铁道，由于居庸关处，山坡很陡，国际上的铁路规范认为列车无法转弯行驶，曾请欧洲诸国铁路专家会审，结论是根据规范无法修建铁路。可是我国詹天佑工程师敢想敢为，不管规范的挡拦，经过深思熟虑提出了，以两个火车头，一在前拉，一在后推，拖着列车按“人”字形路线先到山顶，然后扳过道岔再向另一侧往下行驶，顺利解决力必需走圆弧式的难题，这两位都是世界上一流的专家工程师，所以，都在工程地点被人们立了铜像以示纪念。由此可见，没有规范也是可以创新设计的，不要被规范所束缚。老实说，先有实践，然后再有规范。试问我国不是几千年前就造了好多房子，古埃及的金字塔等工程是否都按照当时什么规范进行设计和施工的呢？所以设计创新与规范遵守是相辅相成的，不能偏废。只有这样人类的发展才能阔步前进，永无止境。

第5章　冷弯型钢构件设计几个特殊问题

MB-1轻型房屋钢结构的主要承重构件采用的是冷弯型钢构件。关于冷弯型钢生产工艺前面已经作了详细介绍，本章主要介绍冷弯型钢构件的设计特点。

MB-1房屋体系采用轻型的冷弯型钢作为其承重构件，采用轻质的轻板作为其围护构件。因此，MB-1房屋体系又称之为轻钢轻板房屋体系。结构外载轻，结构自重轻是MB-1房屋体系的最突出的特点。

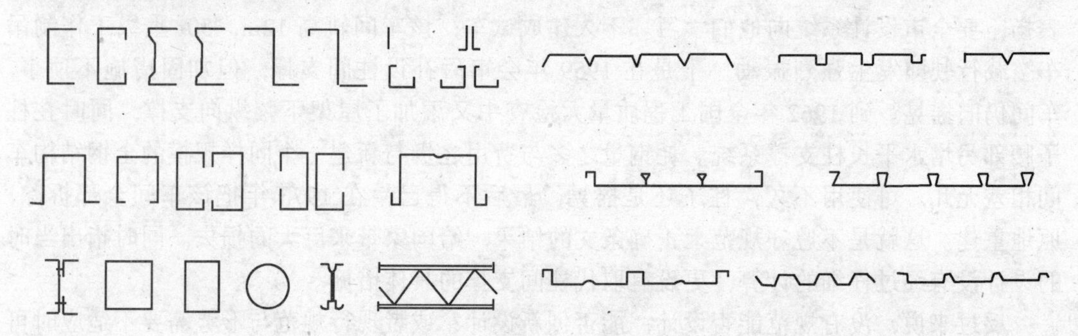

图5-1　冷弯型钢截面形式

如前所述，冷弯型钢截面生产比热轧型钢方便、灵活，因此冷弯型钢截面型式国内外多达千万种。但在MB-1、MB-2体系和其他房屋建筑中常用的截面型式（如图5-1所示）。图5-1所示的为冷弯型钢和冷弯型板两种类型。前者常用作梁、柱等承重构件，后者可用作屋面、墙面和楼面等围护构件。

冷弯型钢截面特性一般要优于热轧型钢截面，因为冷弯型钢截面的材料分布一般远离截面主轴，截面抗弯系数相对较大，冷弯型钢构件用相对较少的材料承受相对较大的外载，它不是用增大截面面积的方法，而是通过改变截面形状达到提高承载能力（如图5-2）。所以，原冶金工业部将冷弯型钢定为一种高效截面的型钢。

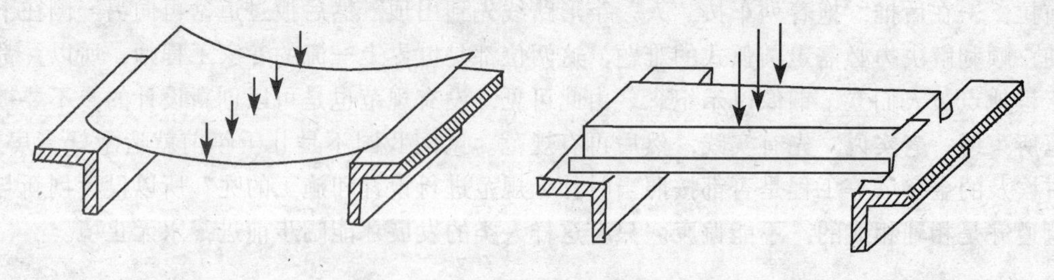

图5-2　冷弯型钢截面承载比较示意图

冷弯型钢截面与热轧型钢相比，其主要差别和特点有以下3点：

（1）冷弯型钢是在室温下冷弯成型的，因此，冷弯型钢截面，尤其是在弯角部位出现材料的冷弯效应，即强度提高、塑性降低。

(2) 冷弯型钢截面壁厚较薄，一般 0.6～3.0mm，因此，组成截面的板件宽厚比 b/t 较大，板件在压应力作用下，容易发生局部屈曲。板件局部屈曲并不意味承载能力丧失，应还有超屈曲强度，并用有效宽度方法计算。

(3) 冷弯型钢截面除少量闭口截面外，大部分为开口截面，且有的为单轴对称的开口截面，这类截面抗扭性能较弱。

以上 3 点，在设计冷弯型钢构件时，应予以足够重视，以下将深入讨论上述冷弯型钢截面几个特点，并着重介绍在轻钢房屋设计中是如何处理及设计的。

5.1 冷 弯 效 应

5.1.1 冷弯效应的概念

冷弯型钢是由薄板或板带在常温下冷弯成型的，截面转角部位的材料，由于冷加工而出现冷弯硬化，及强度提高，塑性下降，这种现象称之为冷弯效应。一般而言，冷弯效应使材料的屈服强度比极限强度要高得多，如果是辊轧成型的截面，则其平板部位材料的强度也略有提高，但比转角部位要低得多（图 5-3）。

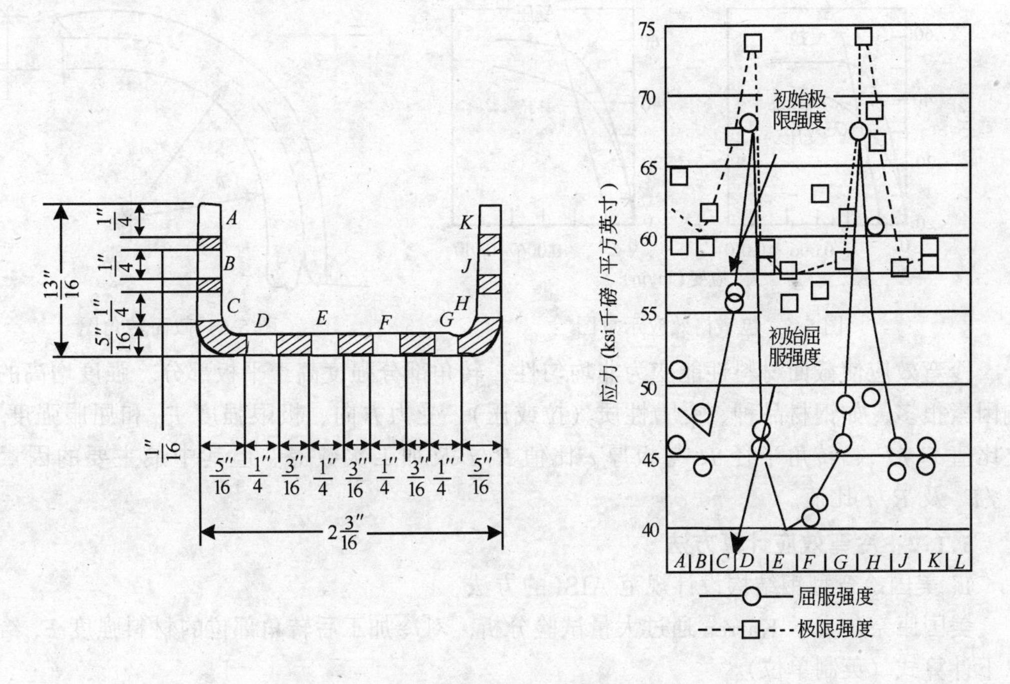

图 5-3　冷弯效应示意图

冷弯效应现象主要是由于加工时部分材料发生塑性变形，以至造成材料结构变化，出现应变硬化（strain hardening）和应变时效（strain aging）(图 5-4)。

有人提出冷弯效应现象也由于钢材的包辛格效应（bauschinger effect）引起的，所谓包辛格效应是：纵向拉伸塑性变形后的钢板，如再在纵向变形方向受力，则其受拉强度高于受压强度，此称之为正向包辛格效应。若再在横向方向受力，情况则相反，其受压强度

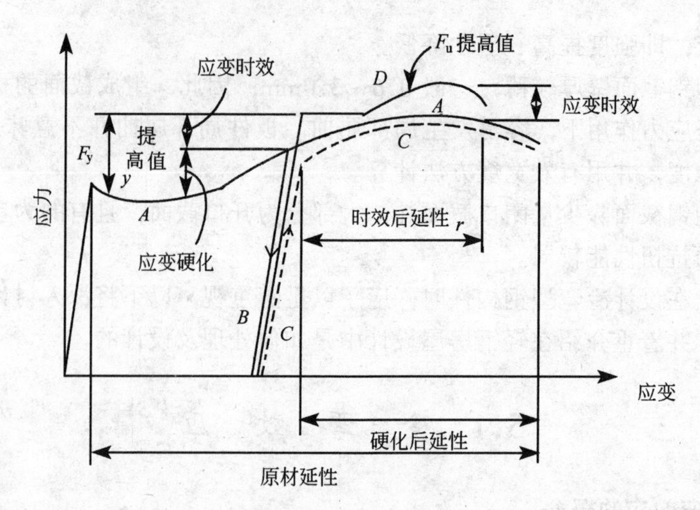

图 5-4　应力-应变图

高于受拉强度，此称之为反向包辛格效应（图 5-5）。由于冷弯型钢构件受力方向与冷加工时材料塑性变形的方向正好相垂直，并且在截面转角部分中线以内材料压缩，中线以外材料拉伸（图 5-6），所以其效应对消，包辛格效应对冷弯效应应该说没有影响。

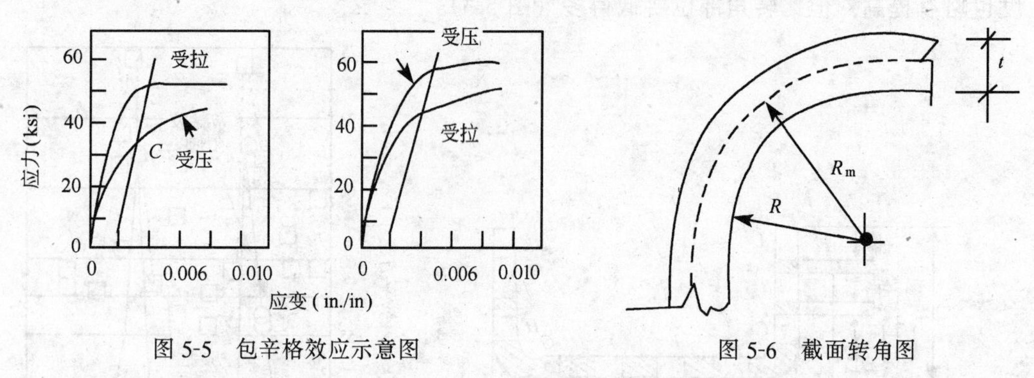

图 5-5　包辛格效应示意图　　　　图 5-6　截面转角图

冷弯效应使截面材料性能变为非均匀性，转角部分强度高于平板部分。强度增高的影响因素很多，如钢材品种、受力性质（拉或压）、受力方向、极限强度 F_u 和屈服强度 F_y 之比值 F_u/F_y、转角半径 R 与板厚 t 比值 R/t 及加工次数等。但其中最主要的因素为 F_u/F_y 及 R/t 比值。

5.1.2　冷弯效应计算方法

1. 美国冷弯型钢结构设计规范 AISI 的方法

美国康奈尔大学 Karren 通过大量试验分析，对冷加工后转角部位的材料强度 F_{yc} 给出以下计算式（英制单位）。

$$F_{yc}=\frac{B_c}{(R/t)^m}\cdot F_y \tag{5-1}$$

式中　$B_c=3.69\dfrac{F_u}{F_y}-0.819\left(\dfrac{F_u}{F_y}\right)^2-1.79$

$m=0.192\dfrac{F_u}{F_y}-0.068$

F_{yc}——转角处材料的屈服强度；

F_y——原材料的屈服强度；

F_u——原材料的极限强度；

R——弯角的内半径；

t——板厚。

整个截面的平均抗拉屈服强度 F_{ya} 由截面面积加权平均确定。即：

$$F_{ya} = CF_{yc} + (1-C)F_{yf}$$

式中 F_{ya}——全截面的平均抗拉屈服强度；

F_{yc}——转角处平均屈服强度 $F_{yc} = B_c F_y / (R/t)^m$；

F_{yf}——平板部分的平均屈服强度；

C——转角面积与全截面的面积之比值。

上列公式适用条件为 $F_u/F_y \geqslant 1.2$ 及 $R/t \leqslant 7$。上式即是现行美国设计规范 AISI (1996) 冷弯效应的计算公式。

2. 中国《冷弯薄壁型钢结构技术规范》GB 50018 计算方法 2002 考虑冷弯效应后，规范直接给出截面强度设计值 f' 为：

$$f' = \left[1 + \frac{\eta(12\gamma - 10)t}{L}\sum_{i=1}^{n}\frac{\theta_i}{2\pi}\right]\cdot f \tag{5-2}$$

式中 η——成型方式系数，冷弯高频焊圆变方矩管 $\eta = 1.7$，其他取 $\eta = 1.0$；

γ——F_u/F_y，Q235，$\gamma = 1.58$；Q345，$\gamma = 1.48$；

n——截面弯角数；

θ_i——第 I 个弯角对应圆周角（弧度单位）；

L——截面中线全长；

t——板厚；

f——钢材强度设计值（N/mm^2）。

[例] 4 个 90°弯角方管截面，$t/L = 1/80$，$\eta = 1.7$，Q235，$\gamma = 1.58$

$$f' = \left[1 + \frac{1.7(12 \times 1.58 - 10) \times 1.0}{80}\cdot\frac{2\pi}{2\pi}\right]\cdot f = 1.19f$$

冷弯效应提高设计强度 19%。

3. 欧洲钢结构规范计算方法：(Eurocode 3) 1996

$$F_{ya} = F_y + (F_u - F_y)Knt^2/A \qquad \text{且 } F_{ya} \leqslant (F_u + F_y)/2 \tag{5-3}$$

式中 F_{ya}——冷弯后截面平均屈服强度（N/mm^2）；

F_y——原材料的屈服强度；

F_u——原材料的极限强度；

K——成型方式系数，冷辊压 $K = 7.0$，其他 $K = 5.0$；

n——截面弯角内径 $r \leqslant 5t$ 的 90 度弯角的总数或截面弯角总和除 90 度；

t——板厚；

A——截面毛面积。

4. 英国规范计算方法：(BS5950 Part5) 1987

计算公式同欧洲规范，差别仅为：

$$K=5.0;\ F_{ya}\leqslant 1.25F_y \tag{5-4}$$

5. 加拿大规范计算方法：(CAN3-S136-M84) 1984

$$F_{ya}=F_y+5n\ (F_u-F_y)\ /W \tag{5-5}$$

式中 F_{ya}——冷弯后截面平均屈服强度（拉、压构件）；

冷弯后翼缘平均屈服强度（受弯构件）；

F_uF_y——原材料的极限强度和屈服强度；

n——截面 90 度弯角的总数，其他角度可将截面所有角度总和除 90 度（拉压构件），翼缘 90 度弯角的总数（受弯构件）；

W——截面中线总长与板厚 t 的比值（拉、压构件）；

翼缘中线长度与板厚 t 的比值（受弯构件）。

5.1.3 计算冷弯效应时应注意的问题

以上所列世界各国关于冷弯效应的计算方法。应用这些公式时，尚应注意以下几点：

（1）在设计中若要利用冷弯效应后截面提高的平均屈服强度 f_{ya}或强度设计 f'（中国规范），其必要条件是所设计的截面必须是全截面有效，即不出现局部屈曲现象；

（2）构件冷弯后，凡经过退火（580°C 以上经历 1h）或其他各种形式的热处理（如焊接、热镀锌等）的构件均不能利用冷弯效应后的强度值；

（3）冷弯效应各国规范都规定可用于受拉、受压和受弯构件设计中。当用于轴心拉、压构件，则计算公式的弯角数 n 或截面中线长 L 截面积 A 等均取整个截面的；当用于受弯构件，则弯角数 n 或截面中线长 L 截面积 A 等均取翼缘板截面部分；

（4）转角要求各国规范基本类同，其弯曲内径 $r\leqslant 5t$，当然 90°弯角时，可将弯角总和除 90°得到计算公式中的 90°弯角数 n 值。

（5）英国规范用于受压板件时还有附加要求，当受压板件为加劲板，且板件宽厚比 $b/t\leqslant 24\sqrt{\frac{280}{F_y}}$时，可采用计算公式得到的 F_{ya}；若 $b/t\geqslant 48\sqrt{\frac{280}{F_y}}$时，则 $F_{ya}=F_y$(即不利用冷弯效应)。

当受压板件为非加劲板且板件宽厚比 $b/t\leqslant 8\sqrt{\frac{280}{F_y}}$时，可采用计算公式得到的 F_{ya}，若 $b/t\geqslant 16\sqrt{\frac{280}{F_y}}$时，则 $F_{ya}=F_y$（即不利用冷弯效应）。

规范还指出，当 b/t 在所列范围之间时，可线形插入求得 F_{ya}值。

（6）除中国规范外，各国冷弯效应计算式均得出的是截面平均抗拉屈服强度 F_{ya}，若按极限状态法设计，强度设计值还应将 F_{ya}除以抗力分项系数。

（7）前面所列各国冷弯效应计算方法，多半是半经验、半理论公式。各国规范也指出，冷弯效应后的截面平均屈服强度 F_{ya}也可通过短柱试验求得。

冷弯效应是冷弯型钢截面中客观存在的现象，若设计者不计冷弯效应，设计仍按原材料强度取值。此时冷弯效应成为构件的强度储备，这当然也是可以的。

5.2 板件的局部屈曲，超临界强度和有效宽度的计算

5.2.1 板件的局部屈曲

冷弯型钢构件的截面是由板件组成的，在压力作用下，构件整体保持稳定，而组成构

件的板件，由于宽厚比较大，发生板面微小波曲，这种现象称“板件的局部屈曲或局部失稳”(图 5-7)。

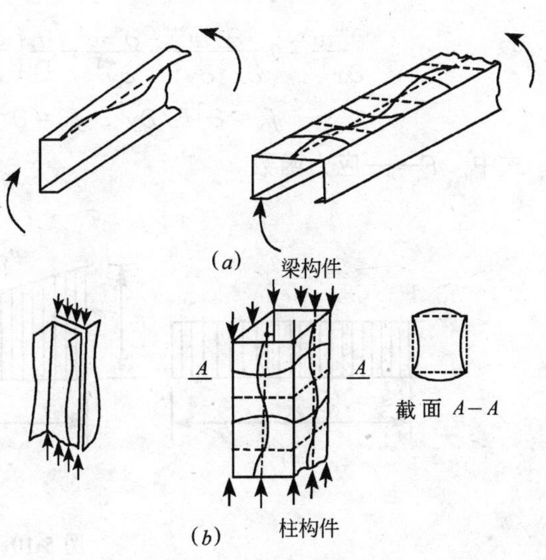

图 5-7　板件局部屈曲

组成截面的各板件，根据其支承条件分为：一边支承、一边自由板件（亦称未加劲板）；二边支承条件（加劲板件）；一边支承、一边卷边板件（部分加劲板）和中间加劲板件等（图 5-8)。在美国规范中，只要卷边满足规定的最小刚度要求，这类板件也视作二边支承板。

根据薄板小变形弹性理论，板件局部屈曲时的临界应力 f_{cr}为：

$$f_{cr}=\frac{k\pi^2E}{12(1-\mu^2)(w/t)^2} \qquad (5\text{-}6)$$

式中　k——板件的稳定系数，二边支承板 $k=4.0$，一边支承、一边自由板 $k=0.425$；

μ——泊松比，取 $\mu\approx0.3$；

w/t——板件的宽厚比。

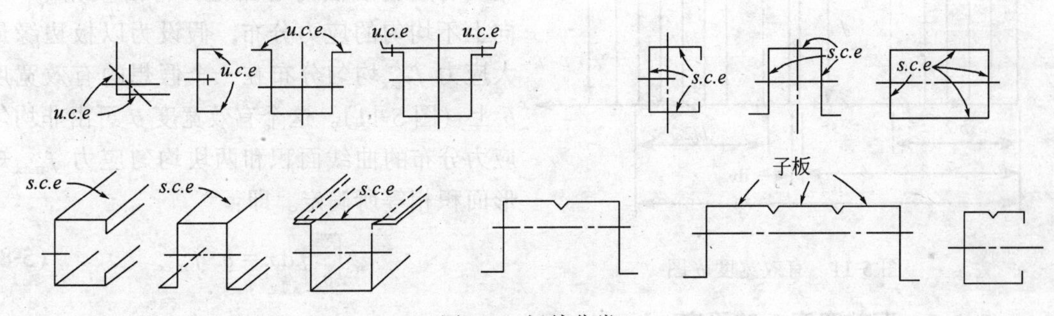

图 5-8　板件分类

由上式可见，板件局部屈曲的临界应力 f_{cr}主要取决于板的宽厚比 w/t，并与它平方成反比。

5.2.2　板件的超临界强度（post-buckling strength）和有效宽度（effective width）

板件达到临界应力 f_{cr}后，板面出现波曲，但并不破坏，它可继续承受外载，这种现象称之板件的超临界强度或屈曲后强度。板件的超临界强度主要由于板件的横向薄膜效应形成的，板件的横向如同一系列横杆，限制着板的变形发展（图 5-9)。板件的宽厚比 w/t 越大，其超临界强度也越大。

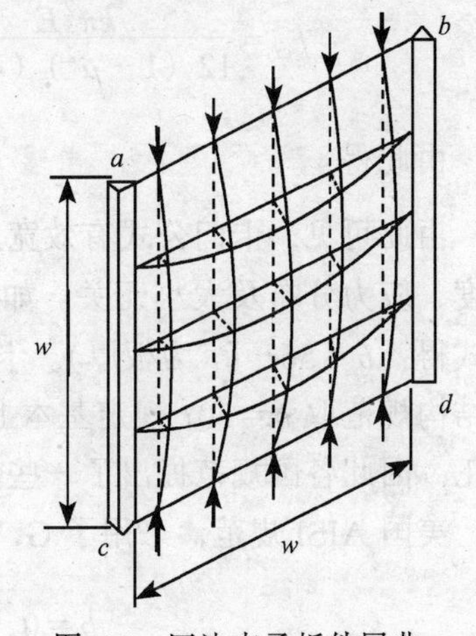

图 5-9　四边支承板件屈曲

板件在临界应力之前 $f\leqslant f_{cr}$，应力分布是均匀的，当 $f>f_{cr}$后，应力发生重分布，二边大、中间小，直到边缘应力达到屈服强度 $f=f_y$ 后，板件达到极限值而破坏(图 5-10)。板件的超临界强度理论分析要应用板的大变形理论，其微分方程式为：

$$\frac{\partial^4 w}{\partial x^4}+2\frac{\partial^4 w}{\partial x^2\partial y^2}+\frac{\partial^4 w}{\partial y^4}=\frac{t}{D}\left(\frac{\partial^2 F\partial^2 w}{\partial y^2\partial^2 x}-2\frac{\partial^2 F}{\partial x\partial y}\frac{\partial^2 w}{\partial x\partial y}+\frac{\partial^2 F\partial^2 w}{\partial x^2\partial y^2}\right) \tag{5-7}$$

$$f_x=\partial^2 F/\partial y^2,\ f_y=\partial^2 F/\partial x^2,\ \tau_{xy}=-\partial^2 F/\partial x\partial y$$

式中　F——应力函数。

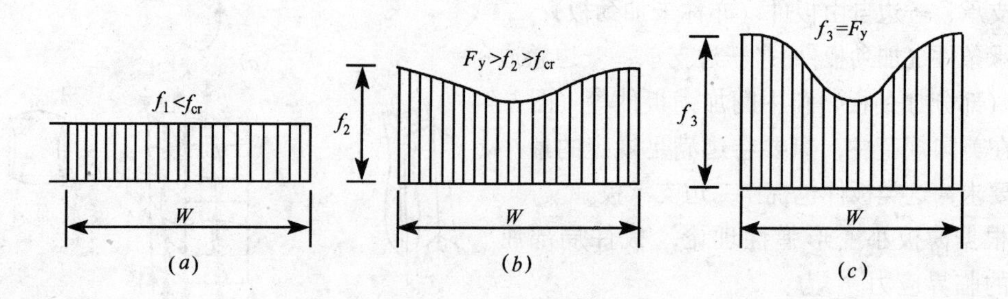

图 5-10　应力分布图

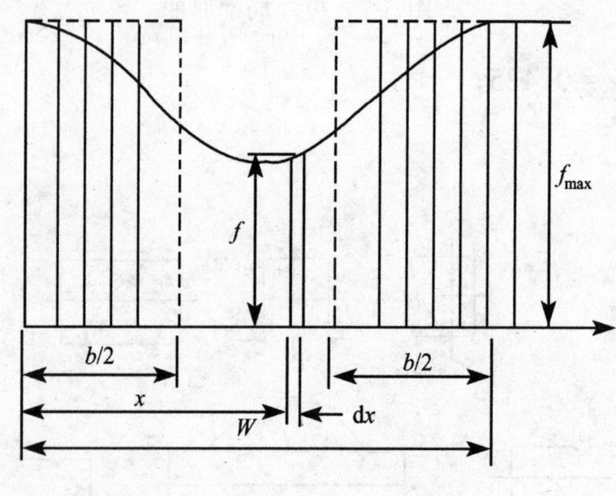

图 5-11　有效宽度 b 图

在实际设计中，并不采用大变形理论分析板的超临界强度。一种半理论、半经验方法称之为有效宽度法，被各国设计规范所采用。有效宽度法的思路是：将沿板宽 W 方向上不均匀的应力分布，假设为以板边缘最大应力 f_{max}均匀分布在一个假想的有效宽度 b 上（图 5-11)。这个有效宽度 b 可由非均匀应力分布的曲线面积和两块均匀应力 f_{max}矩形面积相等所确定。即：

$$\int_0^w f\mathrm{d}x=b\cdot f_{max} \tag{5-8}$$

5.2.3　有效宽度 b 的确定

卡门（Karman）公式：卡门假设板的有效宽度为一个特定的值，即板的临界应力达到屈服点时的宽度为有效宽度 b。即：

$$f_{cr}=\frac{k\pi^2 E}{12\ (1-\mu^2)\ (b/t)^2}=F_y,\ k=4.0,\ (\text{二边支承铰})\ \mu=0.3$$

由此得：

$$b=1.9t\ \sqrt{\frac{E}{F_y}} \tag{5-9}$$

由此可见，卡门公式有效宽度 b 是一个特定常数，它与材料性能有关，与板的实际宽度、应力分布及大小无关。如 Q235 钢，$F_y=235\text{N/mm}^2$，$E=2.06\times105\text{N/mm}^2$ 代入上式得：$b=56t$（t 为板厚)。卡门公式于 1932 年提出后，在航空结构中广泛应用。日本钢结构规范取 $b=50t$ 规定基本上依据卡门公式的概念。在建筑结构中，卡门公式需要做修正，因此各国规范提出了一些修正卡门公式的计算式。

美国 AISI 规范，采用了 G. Winter 有效宽度 b 公式，即：

$$b=0.95t\ \sqrt{\frac{kE}{f_{max}}}\left[1-0.208\frac{t}{w}\sqrt{\frac{kE}{f_{max}}}\right] \tag{5-10}$$

k 为板的稳定系数，二边支承板 $k=4.0$ 代入上式得：

$$b=1.9t\sqrt{\frac{E}{f_{\max}}}\left[1-0.415\frac{t}{w}\sqrt{\frac{E}{f_{\max}}}\right] \tag{5-11}$$

式中 $f_{\max}$——板边缘最大应力；

w——板的实际宽度。

由上式可知，Winter 公式是卡门修正公式，修正后的有效宽度 b 计算式与板的实际宽度 w 和板的实际应力 $f_{\max}$ 有关。Winter 公式用于冷弯型钢结构中比较合适。Winter 公式自 1946 年起一直沿用至今，其间 1968 年修订规范时，将其中系数 0.475 改为 0.415。

5.2.4 美国规范 AISI 统一法则有效宽度计算方法

美国 AISI 规范自 1986 年修正版起，T. Pekoi 教授等将 G. Winter 有效宽度 b（式 5-12）作一些变换后，用一个统一的有效宽度计算公式代入要计算板件相应的屈曲系数 k。具体变换概述如下：

由 Winter 公式（5-10）得：

$$b=0.95t\sqrt{\frac{kE}{f_{\max}}}\left[1-0.208\frac{t}{w}\sqrt{\frac{kE}{f_{\max}}}\right] \tag{5-12}$$

由板件弹性临界应力 f_{cr} 为：

$$f_{cr}=\frac{\pi^2Ek}{12(1-\mu^2)(w/t)^2}w=0.95t\sqrt{\frac{kE}{f_{cr}}} \tag{5-13}$$

由式（5-12）及式（5-13）得：

$$\frac{b}{w}=\sqrt{\frac{f_{cr}}{f_{nax}}}\left[1-0.22\sqrt{\frac{f_{cr}}{f_{\max}}}\right] \tag{5-14}$$

令
$$\lambda=\sqrt{\frac{f_{nax}}{f_{cr}}}$$

λ——板的刚度系数。

$$\frac{b}{w}=\frac{1}{\lambda}\left[1-0.22\frac{1}{\lambda}\right] \tag{5-15}$$

令
$$P=\left[1-\frac{0.22}{\lambda}\right]\frac{1}{\lambda}$$

P——折减系数。

则式（5-15）为：

$$b=Pw \tag{5-16}$$

$b=\overline{w}$，即 $P=1.0$ 代入计算式即为：

$$\frac{1}{\lambda}\left[1-\frac{0.22}{\lambda}\right]=1.0，\text{得：}\lambda=0.673$$

由此得到美国 AISI 规范表达式为：

当 $\lambda\leqslant0.673$，$P=1.0$，$b=w$，全截面有效 (5-17)

$\lambda>0.67$，$P=\frac{1}{\lambda}\left[1-\frac{0.22}{\lambda}\right]$，$b=Pw$，部分截面有效 (5-18)

由上分析可知，板件有效宽度是板的刚度系数 λ 的函数

$$\lambda=\sqrt{\frac{f_{\max}}{f_{cr}}} \tag{5-19}$$

将 f_{cr}表达式（5-13）代入整理得：

$$\lambda=\frac{1.052(w/t)}{\sqrt{k}}\sqrt{\frac{f_{max}}{E}}$$

式中 f_{max}为板边缘应力，取 $f_{max}=f_y$ 代入上式得

$$\lambda=1.052(w/t)\sqrt{\frac{f_y}{kE}}=\frac{w/t}{28.4\varepsilon\sqrt{k}}$$

式中 $$\varepsilon=\sqrt{\frac{235}{f_y}} \tag{5-20}$$

综上所述，求板件有效宽度的步骤归纳如下：

第一步：板件实际宽厚比 w/t，材料屈服强度 f_y 和屈服系数 k，由式（5-20）求得板刚度系数 λ；

第二步：由式（5-17）或（5-18）代入 λ，求板折减系数 P；

第三步：由 P 求得板的有效宽度 $b=Pw$

在以上计算中，板件屈曲系数 k 是一个待定变化的系数，系数 k 与板件支承（边界）条件和受力状态等因数有关。美国统一法则就是将上面的 Winter 公式推导的结果，适用于任何类型的板件，只需将此板件相应的屈曲系数 k 代入前面的公式，即可求得其有效宽度 b，这就是所谓的有效宽度统一法则。用一个公式代入不同 k 值而求得其有效宽度 b，方法简单、实用，目前，澳大利亚及欧洲规范均系用美国 AISI 统一法则的方法。确定板有效宽度的统一法则关键是先要确定板件的屈曲系数 k。

5.2.5 全截面为有效（$b=w$）板件宽厚比限值（w/t）确定

由式（5-17）得：$\lambda\leqslant0.637$　　$\rho=0$　　$b=w$

因此，将 $\lambda\leqslant0.673$ 带入式（5-20）得全截面有效的限值$(w/t)_{lim}$

$$(w/t)_{lim}\leqslant19.3\sqrt{k}\cdot\sqrt{\frac{235}{f_y}} \tag{5-21}$$

对二边支承加劲板件，均压时，$k=4.0$ 得

$$(w/t)_{lim}\leqslant38.6\sqrt{\frac{235}{f_y}}$$

对二边支承加劲板件，纯弯曲时，$k=23.9$ 得

$$(w/t)_{lim}\leqslant94.4\sqrt{\frac{235}{f_y}}$$

对二边支承加劲板件，均压时，$k=0.425$ 得

$$(w/t)_{lim}\leqslant12.6\sqrt{\frac{235}{f_y}}$$

5.2.6 不均匀受压下的加劲板件屈曲系数 k 计算

偏心受压或压弯构件的腹板，通常作用不均匀应力状态。现令应力 Ψ 表示应力变化。

$$\Psi=\frac{\sigma_2}{\sigma_1} \tag{5-22}$$

式中　σ_1——板件边缘最大压应力（压为正）；

σ_2——板件另一边缘应力（压为正，拉为负）。

均压：$\Psi=1.0$

纯弯：$\Psi=-1.0$

偏压：$-1.0<\Psi<+1.0$

对加劲板件（二边支承板），J.Rondol 等给出不均匀受力加劲板对屈曲系数表达式 k 为：

$$k=\frac{16}{[(1-\Psi)^2+0.112(1-\Psi)^2]^{0.5}+(1+\Psi)}\quad -1.0\leqslant\Psi\leqslant+1.0 \tag{5-23}$$

或

$$0\leqslant\Psi<1.0,\ k=\frac{8.2}{1.05+\Psi} \tag{5-24}$$

$$-1.0\leqslant\Psi<0,\ k=7.81-6.29\Psi+9.78\Psi^2 \tag{5-25}$$

5.2.7 不均匀受力下非加劲板件屈曲系数 k

对非加劲板，最大压力出现在支承边和自由板其屈曲性能是不同的。最大压力出现在自由边应是最不利情况。因此，两种情况应分别给出其相应对屈曲系数。

（1）最大压力在支承边

$$0\leqslant\Psi<1.0,\ k=\frac{0.578}{\Psi+0.34} \tag{5-26}$$

$$-1.0\leqslant\Psi<0,\ k=1.70-5\Psi+17.1\Psi^2 \tag{5-27}$$

（2）最大压力在自由边

$$-1.0\leqslant\Psi<1.0,\ k=0.57-0.21\Psi+0.074\Psi^2 \tag{5-28}$$

求得 k 后代入前面统一法则有效宽度公式即为求得其相应对 b 值。

5.2.8 边缘加劲板（部分加劲板）**件对屈曲系数 k 计算**

卷边槽钢翼缘为边缘加劲板件。

假定认为卷边翼缘一纵边与腹板相连接为简支边（实际并非简支，腹板与翼缘存在屈曲的相关作用）。卷边翼缘屈曲性能比其他板件要复杂得多。因为这类板件屈曲模式与边缘加劲对刚度有很大关系。

按边缘加劲刚度不同，卷边翼缘屈曲有以下几种情况。

（1）卷边刚度足够（即相当腹板简支支承），
此时，屈曲面局部屈曲模式
屈曲系数可取 $k=4.0$

（2）卷边刚度过大，即 d 过大。则卷边在压应力作用下，本事先于翼缘屈曲，从而带动翼缘提前屈曲，屈曲仍为局部屈曲模式。此时，卷边翼缘对屈曲系数 $k\leqslant 4.0$（具体待后分析）

（3）卷边刚度过小，即 d 太小，则卷边在压应力作用下，卷边如同一根连续受翼缘弹性支承的压杆失稳，卷边翼缘屈曲称之为畸变屈曲（distortional buckling）。此时，卷边翼缘屈曲系数为 $k\leqslant4.0$（具体待后分析）

由上可知，卷边加劲板（部分加劲板）与卷边刚度相关。实际还与腹板、翼缘尺寸等有关。由于屈曲模式不同，理论分析十分复杂。由于篇幅所限，忽略理论分析过程，下面仅将其结果简述如下：

首先确定出卷边加劲足够条件 $(I_s)_{ad}$：

卷边对刚度 I_s 按卷边自身平行于翼缘轴计算，所以 $I_s=\frac{1}{2}td^3$

经分析，卷边能作为足够加劲刚度 $(I_s)_{ad}$为：

$$(I_s)_{ad}=399t^4\left[\frac{b/t}{s}-0.33\right]^3 \tag{5-29}$$

式中
$$s=1.28\sqrt{E/f_y} \tag{5-30}$$

根据被卷边加劲对翼缘宽厚比不同，分为以下 3 种情况。

情况 1，$b/t\leqslant s/3$，则不需要边缘加劲，即翼缘作为加劲板可全截面有效。

情况 2，$s/3<b/t<s$，

若 $I_s\geqslant(I_s)_{ad}$，且 $d/b\leqslant0.25$，则卷边翼缘如加劲板件可全截面有效。当然，板屈曲系数 $k=0.4$；

若 $I_s<(I_s)_{ad}$，或 $d/b>0.25$

上述条件，前者加劲不足，后者加劲过长，此时卷边翼缘屈曲系数按下式计算当 $0.8\geqslant d/b>0.25$

$$k=[4.82-5(d/b)][I_s/(I_s)_{ad}]^{0.5}+0.43 \tag{5-31}$$

且 $k\leqslant5.25-5(d/b)$

当 $d/b\leqslant0.25$

$$k=3.57[I_s/(I_s)_{ad}]^{0.5}+0.43\leqslant4.0 \tag{5-32}$$

情况 3，$b/t>s$

此时，
$$(I_s)_{ad}=t^4\{[115(b/t)/s]+5\} \tag{5-33}$$

若 $I_s\geqslant(I_s)_{ad}$，且 $d/b<0.25$，$k=0.4$（由于 $b/t>s$，由于这种情况总是部分截面有效）

若 $I_s<(I_s)_{ad}$，或 $d/b>0.25$

当 $0.8\geqslant d/b>0.25$

$$k=[4.82-5(d/b)][I_s/(I_s)_{ad}]^{\frac{1}{3}}+0.43 \tag{5-34}$$

且 $k\leqslant5.25-5(d/b)$

当 $d/b\leqslant0.25$

$$k=3.57[I_s/(I_s)_{ad}]^{\frac{1}{3}}+0.43\leqslant4.0 \tag{5-35}$$

由上述各式求得的 k，代入统一法则有效宽度公式，即可求得卷边翼缘有效宽度 b。以上仅给出卷边翼缘均匀受压屈曲系数 k 的计算方法。非均匀受力条件，美国规范 AISI 还无计算方法。

5.2.9 中国规范 GB 50018 有效宽度 b_e 计算方法

最近修订对《冷弯薄壁型钢结构技术规范》GB 50018 对板件有效宽度计算方法作了较大的改进。由原来查表方法改为如 AISI 规范类同对统一法则公式计算。GB 50018 规范除了计算公式与美国 AISI Winter 公式不同外，最大的差别，公式中板件屈曲系数还参考截面板组的相关影响。

1. 有效宽度 b_e 计算

根据我国过去试验研究结果和多年实践经验，GB 50018 规范对加劲板，部分加劲板

（边缘加劲板）和非加劲板件的有效宽度均按以下公式计算，但公式分 3 段，即：

当 $$b/t \leqslant 182p \text{ 时，} b_e/t = b_c/t \tag{5-36}$$

当 $$182p < b/t < 382p \text{ 时，} b_e/t = \left[\left(\frac{21.82p}{b/t}\right)^{0.5} - 0.1\right] b_c/t \tag{5-37}$$

当 $$b/t \geqslant 382p \text{ 时，} b_e/t = \frac{252p}{b/t} b_c/t \tag{5-38}$$

式中 b，t——分别为板件实际宽度和厚度；

α——计算系数，$\alpha = 1.15 - 0.15\Psi$，当 $\Psi < 0$ 时，$\alpha = 1.15$；

Ψ——应力分布不均匀系数，$\Psi = \dfrac{\sigma_{min}}{\sigma_{max}}$；

σ_{max}——受压板件边缘最大压应力（N/mm^2），压力取正值；

σ_{mix}——受压板件另一边缘最大压应力（N/mm^2），压力为正，拉为负；

b_c——板件受压区对宽度，当 $\Psi > 0$ 时 $b_c = b$（全截面受压）当 $\Psi \leqslant 0$ 时，$b_c = \dfrac{b}{1-\Psi}$（部分截面受压，都分截面受拉）；

p——计算系数，$p = \sqrt{\dfrac{205k_1k}{\sigma_1}}$，$\sigma_1$＝构件板件最大设计应力；

k——板件（单板）的稳定系数；

k_1——板组约束系数，若上述公式计算时不考虑板组约束影响，则 $k_1 = 1.0$。

2. 构件设计应力 σ_1 确定

（a）轴心受压构件

按毛截面首先，求得的最大长细比 λ_{max}，然后由 λ_{max}求得构件稳定系数 φ，

$$\sigma_1 = \varphi f;$$

（b）压弯构件

按构件受力 M，V 由毛截面算出板件二边缘对应力和不均匀系数 Ψ，将最大边缘应力 σ_1 取作钢材强度设计值 f，即 $\sigma_1 = f$，然后由前面毛截面算得的 Ψ 代入 $\sigma_1 = f$，算得板件另一边对应力 σ_2。

（c）受弯、拉弯构件

由板件受力 M 或M，N 按毛截面求得最大压应力σ_1 和相应的 Ψ。

3. 单板的受压稳定系数 k 计算

（a）加劲板件

当 $$1 \geqslant \Psi > 0 \text{ 时，} k = 7.8 - 8.15\Psi + 4.35\Psi^2 \tag{5-39}$$

$$0 \geqslant \Psi > -1 \text{ 时，} k = 7.8 - 6.29\Psi + 9.78\Psi^2 \tag{5-40}$$

（b）部分加劲板件（边缘加劲板）

当最大压应力在支承边时，

$$\Psi \geqslant -1,\ k = 5.89 - 11.59\Psi + 6.68\Psi^2 \tag{5-41}$$

当最大压应力在加劲边时，

$$\Psi \geqslant -1,\ k = 11.5 - 0.22\Psi + 0.045\Psi^2 \tag{5-42}$$

（c）非加劲板件

当最大压应力在支承边

$$1 \geqslant \Psi > 0, \; k = 1.70 - 3.025\Psi + 1.75\Psi^2 \tag{5-43}$$

$$0 \geqslant \Psi > -0.4, \; k = 1.70 - 1.75\Psi + 55\Psi^2 \tag{5-44}$$

$$0.4 \geqslant \Psi > -1, \; k = 6.07 - 9.51\Psi + 8.33\Psi^2 \tag{5-45}$$

当最大压力作用自由边时

$$\Psi \geqslant -1, \; k = 6.07 - 9.51\Psi + 8.33\Psi^2 \tag{5-46}$$

上述公式中，当 $\Psi < -1$ 时，以上各式 k 均按 $\Psi = -1$ 代入计算。

4. 板件约束系数 k_1 计算

冷弯型钢构件截面是由各板件组成的，由于各板件受力大小不同和各自宽厚比支承条件不同，在压力作用下，临界应力较小的板件，必然先要发生屈曲趋势，此时与其相邻临界压力较大不发生屈曲对板件必然会对屈曲的板件提供约束，由于没有提供失稳板约束作用，其本身对临界应力比其算板时要减小，反之，被约束的失稳板临界应力则提高。这种约束作用直到失稳板与约束板临界应力相等为止。均匀受压对方形管，各板件临界应力相等，互不提供约束，同时屈曲。

按上述失稳板与约束相关作用板的临界应力相等条件得到二板件屈曲系数相关关系为：

$$k_1\left(\frac{t}{b_1}\right)^2 = k_2\left(\frac{t}{b_2}\right)^2$$

$$k_1 = k_2\left(\frac{b_1}{b_2}\right)^2 \quad \text{或} \quad k_2 = k_1\left(\frac{b_2}{b_1}\right)^2 \tag{5-47}$$

式中　k_1，k_2——分别为 b_1，b_2 板的稳定系数；

b_1，b_2——分别为翼缘和腹板宽度；

t——板厚。

令　板 1 的约束系数为 η_1，则 $k_1 = \eta_1 k_{b1}$

板 2 的约束系数为 η_2，则 $k_2 = \eta_2 k_{b2}$

式中　k_{b1}，k_{b2}——分别为 b_1 板，b_2 板的稳定系数。单板时对屈曲系数值代入式（5-47）得

$$\eta_1 k_{b1} = \eta_2 k_{b2}\left(\frac{b_1}{b_2}\right)^2$$

$$\frac{\eta_1}{\eta_2} = \frac{k_{b2}}{k_{b1}}\left(\frac{b_1}{b_2}\right)^2 \tag{5-48}$$

式（5-48）表示二板约束系数之间关系式：

令 $\xi^2 = \dfrac{\eta_1}{\eta_2}$　则

$$\xi = \frac{b_1}{b_2}\sqrt{\frac{k_{b1}}{k_{b2}}} \tag{5-49}$$

GB 50018 规范中板件约束系数 k_1 是根据上述相关关系并经试验数据调整，有效宽度公式中约束系数 k_1，规范给出如下式计算：

当 $\xi \leqslant 1.1$ 时
$$k_1 = \frac{1}{\sqrt{\xi}} \tag{5-50}$$

$\xi > 1.1$ 时
$$k_1 = 0.11 + \frac{0.93}{(\xi - 0.05)^2} \tag{5-51}$$

$$\xi = \frac{c}{b}\sqrt{\frac{k}{k_c}} \tag{5-52}$$

式中 b——为计算板件的宽度；

c——与计算板件相邻接板宽度。如计算板件两边有邻接板时，则取压应力较大一边的邻接半空宽度；

k——计算板件（单板）的受压屈曲系数（由上述3节计算）；

k_c——相邻板件（单板）对受压屈曲系数（由上述3节计算）。

规范还规定，对加劲板件，当按式（5-50），（5-51）算得对 $k_1>1.7$ 时，k_1 取1.7；对部分加劲板件，算得 $k_1>3.0$ 时 k_1 取3.0。

5.2.10 有效截面的分布

按照前面所述方法，计算出板屈曲系数 k，k_1 后代入有效宽度公式可得 b_e，求得各板件的有效宽度 b_e 后，还存在一个在板件上如何将 b_e 在板上分配的问题。有效宽度 b_e 的分布根据板件类型和受力情况按下述方法分配：

（1）加劲板件

当 $\Psi \geqslant 0$ 时 $b_{e1} = \dfrac{2b_e}{5-\Psi}$，$b_{e2} = b_e - b_{e1}$

当 $\Psi < 0$ 时 $b_{e1} = 4b_e$，$b_{e2} = 0.6b_e$

（2）部分加劲及非加劲板件

$$b_{e1} = 4b_e,\ b_{e2} = 0.6b_e$$

应该指出的是：受拉部分的板件均是全部有效。算出对 b_e 仅在板件的受压截面上分配。以上介绍的分布方法是我国规范GB 50018所规定的方法。基本上与国外规范雷同。

5.2.11 有效宽度计算应注意的问题

1. 冷弯型钢截面板件宽厚比较大，容易发生局部屈曲，冷弯型钢设计规范规定允许构件失去局部稳定，对整个构件而言，其刚度必然会下降，因此应采用部分截面有效（有效截面）作为整个构件的承载能力设计截面。有效截面是经过试验验证行之有效的一种人为的设计方法，是用它来计算构件承载能力在失去局部稳定并利用板件屈曲强度的一种方法，这种方法比较简单，实用，并符合试验结果。因此，世界各国冷弯型钢构件设计基本均采用有效宽度法设计。

2. 有效宽度 b_e 的计算各国公式（包括Winter公式）都是半经验半理论的公式，现在世界各国设计规范基本都采用美国AISI规范统一法则（unified approach）做法，即各类不同板件均取用一个统一的有效宽度 b_e 计算公式，仅在公式中代入所求板件相应的屈曲系数 k 就可得到其板件的有效宽度 b_e。所以，问题的关键是正确确定计算板件受压屈曲系数 k。

3. 本文前面将美国和中国规范各类板件屈曲系数 k 计算公式均给出了。对照两国规范，单板的屈曲系数 k 计算结果基本差不多。惟部分加劲板件（边缘加劲板）两国规范计算结果相差较大。按中国规范GB 50018，均压作用下部分加劲板件 $k \approx 0.978$，而美国规范 $k \approx 3.0$ 左右。因为，部分加劲板件屈曲模式有畸变屈曲模式，问题比较复杂，中国规范GB 50018计算方法偏于保守。对此板件屈曲性能尚待深入研究。

4. 对照中、美两国设计规范，中国规范 b_e 计算式中，增加了约束系数 k_1，经构件受力分析，考虑板组相关关系，计入约束系数似更合理。中国规范GB 50018给出了 k_1 计算公式，但由于一个公式适用各种截面形式，在 k_1 计算的精度上还有待深入研究。我国规范的 k_1 计算公式对绝大部分截面偏安全的，但也有偏不安全的，对此问题也有待深入研究。

5. 在美国 AISI 规范有效宽度 b_e 计算中，有一个受压应力 f_{max} 问题，有效宽度 b_e 与板件应力 f_{max} 有关，而应力 f_{max} 又与有效截面相关。因此，精确的做法应采用迭代法 2～3 次才能完成。保守的做法，取构件可能出现的最大应力代替 f_{max} 的做法，偏于安全又简化计算。如我国规范在轴压构件采用 φf（f 材料强度设计值），欧洲有的国家在公式推导中有时采用 f_y（材料屈服强度）代替 f_{max}，这算得更保守。

6. 冷弯型钢构件的设计公式中，都是采用有效截面进行设计的，所以构件设计时，首先应按上述方法计算出截面构件有效截面积，然后按有效面积计算出截面特性。这里还应注意一个问题，算出一块板件的有效宽度 b_e 后，按 5.10 规定对它分布进行分配。一般情况，均为受力加劲板件，将算得的 b_e 平均对称分在二边的支承边附近。其他情况如非均匀受力，按前述规范规定按比值进行分布后，可能出现原来对称截面变成非对称截面的有效截面，此时，需要重新确定有效截面中和轴，然后再计算其有效截面的特性。

5.3 冷弯型钢构件的抗扭性能

冷弯型钢构件的截面多数为开口薄壁截面，由于截面扭转刚度 GJ 与厚度 t 立方成正比，因 t 较小，所以 GJ 比较低。G = 剪切模量 = 78000N/m^2，J = 截面自由扭转常数，对于由几块矩形板件组成的开口截面，$J=\frac{1}{3}\ (L_1t_1^3+L_2t_2^3+\Lambda+L_nt_n^3)$，$L$ 为各板件中线长度，t 为各板件厚度。

对于形心和剪心不重合的冷弯型钢开口截面，当外载通过截面形心主轴作用时，由于外载不通过剪心，梁构件就会出现扭转；对于受压构件会发生柱的弯扭屈曲。因此，采用开口冷弯型钢构件时，必须十分注意其扭转性能的问题。

5.3.1 什么是剪力中心

如图 5-12 所示的梁截面，若将垂直荷载 P 由右向左移动，当 P 通过截面内的某一特定点 S（y，z）时，梁仅产生弯曲，不发生扭转。对于给定的截面必定只有一点存在，这一特定的点 S 称之为截面的剪力中心。若横向荷载不通过剪心，则梁将发生弯曲同时产生扭转。对于双轴对称的截面，剪心和截面形心必将重合；对于单轴对称截面，剪心必落在对称轴上，但并不与截面形心重合；对于板件汇交于一点的截面，其交点必为剪力中心（图 5-13）。

5.3.2 梁在扭矩作用下的计算和防止梁扭转的措施

如上所述，若梁的横向荷载不通过剪心时，梁要发生扭转。如果梁的端部连接使梁的扭转翘曲变形受到约束，则称之为约束扭转，根据力学分析，约束扭转的梁，其正应力为弯曲应力 σ_1 和翘曲应力 σ_ω 之和，其剪应力为弯曲引起的剪应力 τ_1、自由扭转剪应力 τ_t 和翘曲剪应力 τ_w 之和。叠加时注意所取截面点处各应力的方向。

荷载不通过剪心的梁，其强度和稳定性应按下式计算

强度：
$$\sigma=\sigma_1+\sigma_\omega=\frac{M}{W_{enx}}+\frac{B}{W_\omega}\leqslant f \tag{5-53}$$

稳定：
$$\frac{M}{\phi bxW_{ex}}+\frac{B}{W_\omega}\leqslant f \tag{5-54}$$

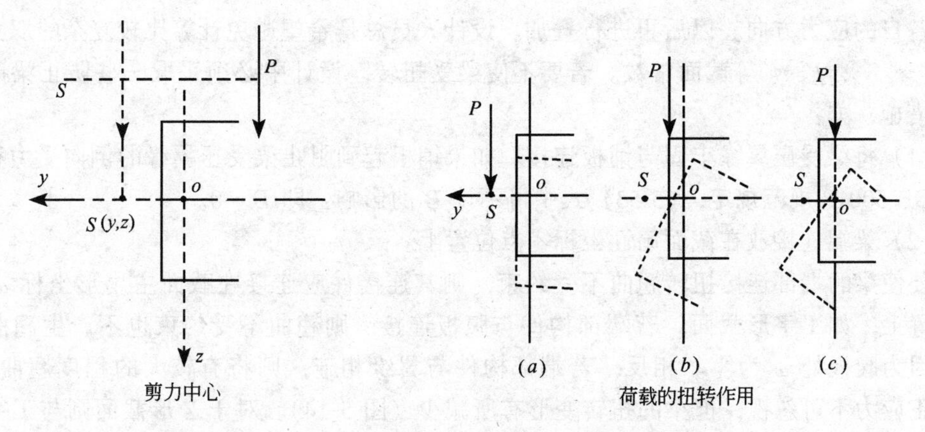

图 5-12 梁的扭转与剪力中心

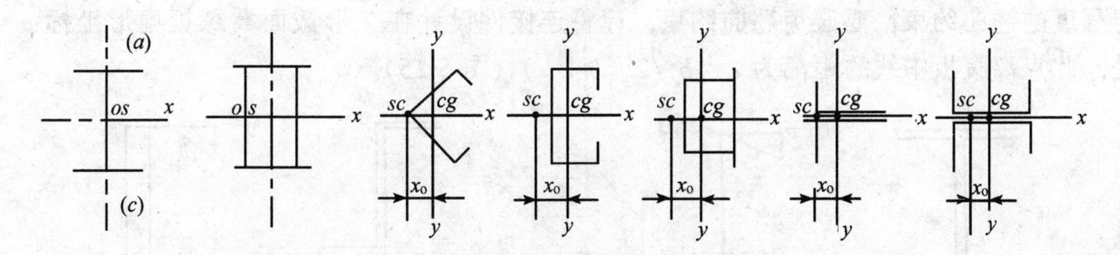

图 5-13 各类截面剪心、形心示意图

式中 M——计算弯矩（一般取弯矩较大截面验算）；

B——与所取弯矩同一截面处的双弯矩；

W_{enx}——有效净截面模量；

W_{ex}——有效截面模量；

W_{ω}——与弯矩引起的应力同一验算点处的毛截面扇形模量，双力矩 B 和扇形模量 W_{ω} 的具体计算方法可参考力学教材或设计手册，它比一般弯矩和弯曲截面模量 W 计算要麻烦一些。

剪应力 τ 的计算由于扭矩存在，其截面上剪力 τ 为：

$$\tau=\tau_1+\tau_t+\tau_{\omega}=\frac{V_{max}S}{It}\pm\frac{M_t t}{J}\pm\frac{ES_{\omega}\phi''}{t} \tag{5-55}$$

式中 V——梁上最大剪力；

I——梁毛截面惯矩；

S——计算剪应力处的上面面积对中和轴的面积矩；

M_t——与计算剪力 V 同一截面处的扭矩；

J——梁自由扭矩截面常数（聚维自由常数）；

S_{ω}——翘曲静矩 $S_{\omega}=\int_0^5\omega_n t\,ds$；

ϕ''——扭矩角的三阶导数；

T——板厚度。

由于扭矩出现自由扭转剪应力 τ_t 和翘曲剪应力 τ_{ω} 不太大，在冷弯型钢梁中，一般只计（5-55）式中的第一项剪应力 τ_1。若 3 种剪应力均需计算时，一定要十分注意验算点处它们各自的应力方向。以后再进行叠加。设计人员总是希望避免计算比较复杂的双力矩 B 及 W_{ω}、S_{ω}、J、ϕ''等截面常数。若要不使梁受扭转，设计中必须采取一些防止梁产生扭转的措施，如：

(1) 将梁受压翼缘牢固与铺板连接。如果铺板起到阻止梁受压翼缘的倒向受力和扭转时，GB 50018 规范规定，(5-53) 式中可不计 B 的影响：即 $B=0$。

(2) 梁端连接放在截面扇性坐标零点位置上。

要使梁的端部连接扭转翘曲不受约束，则其连接件应连接在截面主扇形坐标 ω 为零的位置上，如工字形截面，若端部构件与腹板连接，则翘曲不受约束也不产生翘曲正应力，因为腹板处 ω 为零。相反，若端部构件与翼缘相连，则将有较大的程度翘曲约束，翘曲正应力不可忽视，但梁的扭转变形有所减少（图 5-14）。对于 Z 形截面则与工字形截面不同，腹板各点的扇形坐标 ω 均不为零，因此，若端部构件与腹板连接，则将产生一定程度的翘曲约束，要避免翘曲约束，应将连接件设计在 Z 形截面翼缘板扇形坐标 $\omega=0$ 处，此点离腹板中线的距离为 $e=b^2/2(b+h)$（图 5-15）。

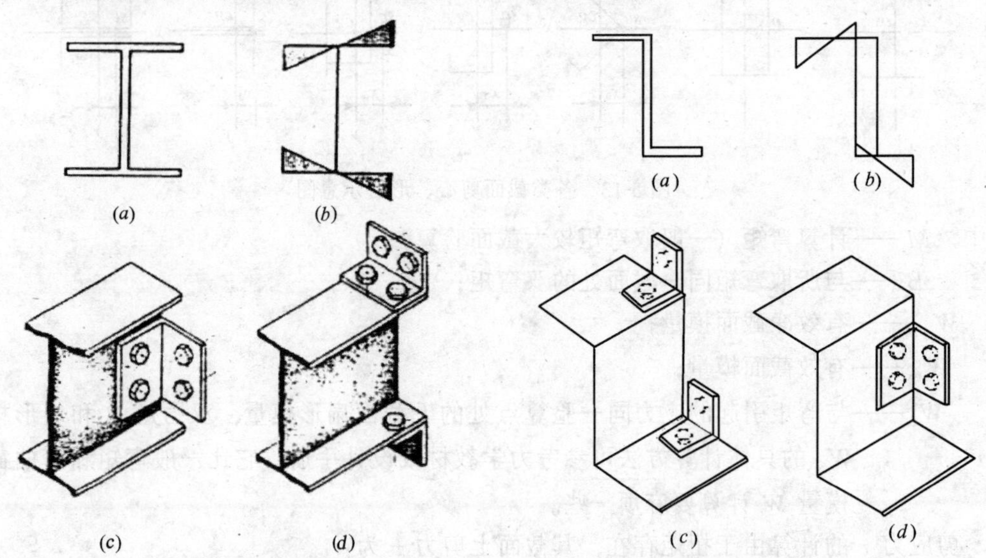

图 5-14　工字形截面端板连接示意图　　图 5-15　Z 字形截面端板连接示意图

5.3.3　调整截面尺寸比例，使荷载作用线通过剪心

轻钢房屋常采用槽形 Z 形冷弯型钢作檩条。当檩条置于斜坡面上时，也要注意外载作用线与截面剪心关系，尽能使外载作用线通过或靠近剪心，以减少截面的扭转变形，因此截面翼缘朝向必须指向屋脊（图 5-16）。此外，两种檩条置于斜坡面上时，外载作用线一般不与截面主轴重合，因此，外载在两个主轴方向均有分力，檩条为双向弯曲构件。在选取檩条截面尺寸时应尽量减少分力影响。对于 Z 形檩条两根主轴 $x—x$、$y—y$ 是斜向截面的，它与平行于翼缘和腹板的 2 根轴线 $x_1—x_1$、$y_1—y_1$ 有一个夹角 θ，若选取的 Z 形檩条尺寸，其 θ 角与屋面坡角 α 相等，则外载与截面主轴 $y—y$ 重合，因为此时截面弱轴 Y 向无分力，而且 Z 形截面的剪心与形心重合，外载也通过剪心不产生扭转（图 5-16）。目前，轻钢屋面采用压型钢板后，屋面坡度较平缓 $i=1/10\sim1/12$，坡角约 $\alpha\approx8$ 度左右，过去屋面坡度较大 $i=1/2.5\sim1/3$，坡角 $\alpha\approx18\sim20$ 度左右。为了适应平坡屋面

的Z形檩条，冷弯型钢制造厂应生产一些其截面夹角 $\alpha\approx 8^{\circ}$左右的型钢。从受力分析，Z形檩条比槽钢檩条要省材，所以建议推广Z形檩条，为了运输堆垛方便，Z形檩条的翼缘卷边还宜作成45度倾斜的卷边。

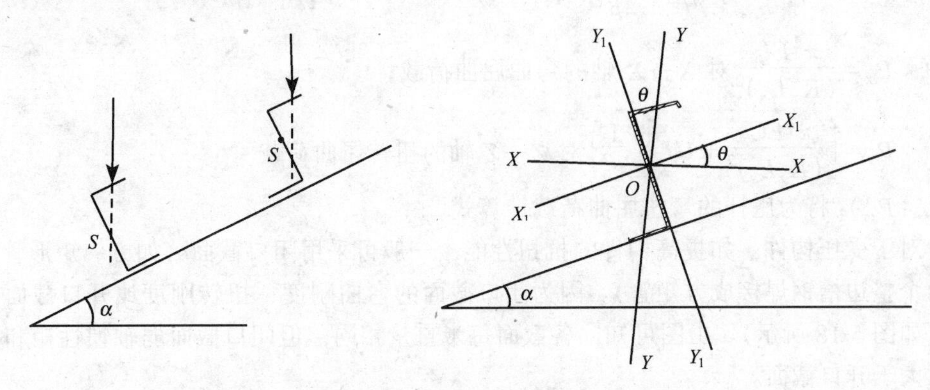

图 5-16　斜坡面上的檩条布置

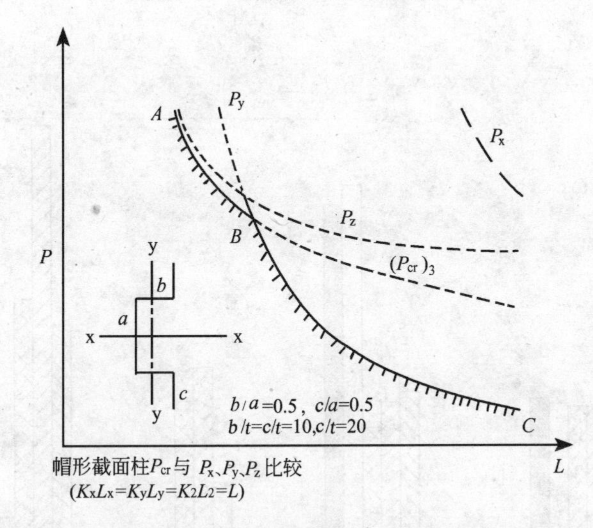

图 5-17　帽形截面的压杆屈曲荷载比较

5.3.4 冷弯型钢受压构件弯扭屈曲计算

当采用单轴对称的冷弯型钢构件作受压构件时（如MB-1房屋体系中的墙主柱为整边槽钢截面），在压力作用下（如图5-17截面尺寸 P）由于冷弯型钢截面的弯心和剪心不重合，根据压杆的长度和截面尺寸等条件，构件有时会出现弯扭失稳。通常当杆的长度较短时，弯扭失稳起控制（图5-17）所示的单轴对称截面的冷弯型钢压杆，其整体屈曲的特征方程为：

$$(P_{cr}-P_{y})[r_{0}^{2}(P_{cr}-P_{x})(P_{cr}-P_{z})-(P_{cr}X_{o})^{2}]=0 \tag{5-56}$$

由此得：压杆弯曲屈曲的临界荷载 $(P_{cr})_1=P_y=\dfrac{\pi^2 EI_y}{(K_yL_y)^2}$　(5-57)

并由　$r_0^2\ (P_{cr}-P_x)\ (P_{cr}-P_z)\ -\ (P_{cr}X_o)^2=0$

可得压杆弯扭屈曲的临界荷载：

令 $\beta=1-\ (x_0/r_0)^2$

$$(P_{cr})_2 = \frac{1}{2\beta}\left[(P_x + P_z) + \sqrt{(P_x + P_z)^2 - 4\beta P_x P_z}\right] \tag{5-58}$$

$$(P_{cr})_3 = \frac{1}{2\beta}\left[(P_x + P_z) - \sqrt{(P_x + P_z)^2 - 4\beta P_x P_z}\right] \tag{5-59}$$

式中　$P_x = \frac{\pi^2 EI_x}{(K_x L_x)^2}$对 $X—X$ 轴的弯曲屈曲荷载；

$P_z = \left[\frac{\pi^2 EC_w}{(K_z L_z)^2} + GJ\right]\left(\frac{1}{r_0^2}\right)$对 $Z—Z$ 轴的扭转屈曲荷载

可见（P_{cr}）$_3$ 将为压杆的弯扭屈曲荷载计算式。

对于受压构件，如提高构件的抗扭性能，一般可采用闭口截面（如方、矩形管，也可用两个整边槽钢焊接成方矩管）。因为闭口截面的弯曲刚度、扭转刚度比开口截面要大得多（如图 5-18 所示）。由图可知，各截面每米重量相同，但闭口截面弱轴惯性矩和扭转刚度远大于开口截面。

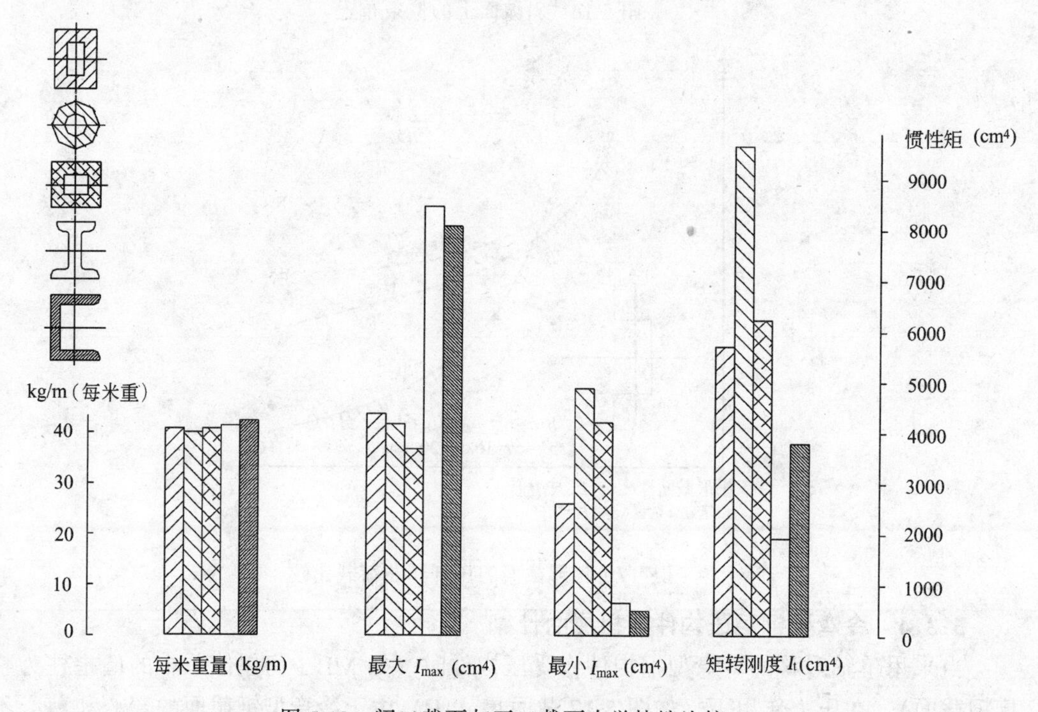

图 5-18　闭口截面与开口截面力学特性比较

5.4　冷弯型钢梁的腹板压折及宽翼缘梁的剪力滞后和翼缘卷曲问题

5.4.1　冷弯型钢梁的腹板压折（web crippling）：

冷弯型钢梁壁厚较薄，因此在集中荷载作用下，梁的腹板与翼缘相接处，由于集中力分布宽度小，加上偏心 e 的影响，可能出现腹板被局部压折。热轧型钢由于翼缘与腹板弯角处材料加厚，集中力下腹板被压折的情况要比冷弯型钢好得多（图 5-19）。因此，在设计冷弯型钢构件时要特别注意这一个特殊问题。冷弯型钢梁支座处通常不设置加劲肋，在支座反力作用下，腹板可能发生压折破坏，两块腹板分开的帽形截面要比工字形截面更为严重（图 5-20）。

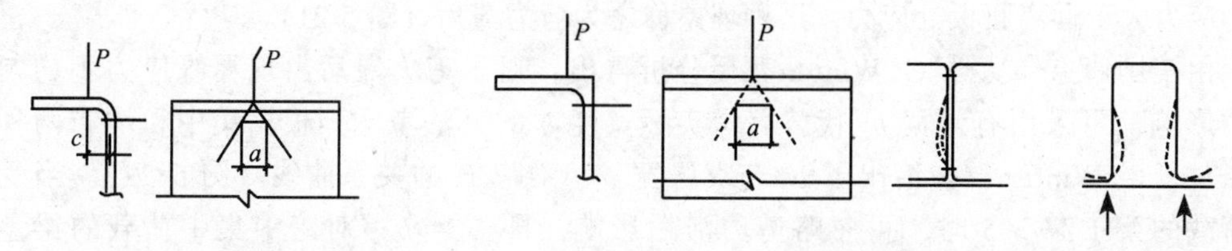

图 5-19 冷弯型钢与热轧型钢腹板压折比较

图 5-20 冷弯型钢截面支座腹板压折

腹板压折是一个很复杂的问题，涉及因素很多，如应力分布不均匀；力作用处腹板材料局部屈服；板件初始缺陷；邻近板件约束和腹板弹性和非弹性屈曲等。因此，精确分析十分困难，国外通过大量试验资料分析，给出一块腹板承受压折力 P 的计算式为：

我国规范 GB 50018 对压型钢板作受弯构件时，在支座处一块腹板可承受的局部承压的压折力 P_{ω} 为：

$$P_{\omega}=\alpha t^2\sqrt{fE}\left(0.5+\sqrt{0.02lc/t}\right)\left[2.4+(\theta/90^{\circ})^2\right] \tag{5-60}$$

式中 P_{ω}——一块压型钢（相当帽形截面）腹板局部受压后的压杆力设计法；

α——系数，中间支座 $\alpha=0.12$，端部支座 $\alpha=0.06$；

t——腹板厚；

lc——支座处的支承长度 10mm＜lc＜20mm 端支座 lc 取 10mm；

θ——腹板夹角，$45^{\circ}\leqslant\theta\leqslant 90^{\circ}$。

设计时实际反力 $P\leqslant P_{\omega}$ (5-61)

在美国冷弯型钢设计规范 AISI 中，给出了各种截面，各种集中力作用位置的 P_{ω} 计算公式。这些公式大部分是试验得出的，下面仅给出部分截面的 P_{ω} 计算式。

对双槽钢组合成的工字形截面：

$$P_{\omega}=t^2F_yC_7\left(5.0+0.63\sqrt{a/t}\right),\ C_7=1+\frac{h/t}{750}\leqslant 1.2 \tag{5-62}$$

对帽形截面，翼缘带卷边：

$$P_{\omega}=t^2\frac{F_y}{227}C_3C_4[179-0.33(h/t)][1+0.01(a/t)] \tag{5-63}$$

$$C_3=1.33-0.33\frac{F_y}{227};\ C_4=(1.15-0.15r/t)\leqslant 1.0\ (\text{但不小于 }0.5)$$

对帽形截面，翼缘不带卷边：

$$P_{\omega}=t^2\frac{F_y}{227}C_3C_4\ [117-0.15\ (h/t)]\ [1+0.01\ (a/t)] \tag{5-64}$$

式中 h——翼缘间的净距（mm）；

t——腹板厚度（mm）；

a——集中力承压长度（mm）；

r——转角内径（mm）；

F_y——钢材屈服点（N/mm^2）。

5.4.2 宽翼缘钢梁的剪切滞后（shear lag）：

对于翼缘宽度相对于梁跨较大时，翼缘的剪切变形将影响翼缘法向应力分布，靠近腹板的应力大于远离腹板处应力，这种现象称之为剪力滞后（图 5-21）。

由美国康奈尔大学 G. Winter 教授分析得出：对于剪力滞后出现翼缘应力不均匀分布的影响，可采用有效宽 b_e 代替翼缘实际宽度 b 的办法考虑。根据集中和均布两种外载条件，G. Winter 教授给出了 b_e 与翼缘宽 b、梁跨 L 的关系曲线（图 5-22）。当受均布荷载的梁 $L/b>5$ 时，可忽略剪力滞后影响，即 $b_e=b$；对跨中集中荷载的梁，一般应取 b_e 代替 b，b_e 由图 5-22 曲线查得。当 $L/b\geqslant 15$ 时，均不计剪力滞后影响，$b_e=b$。

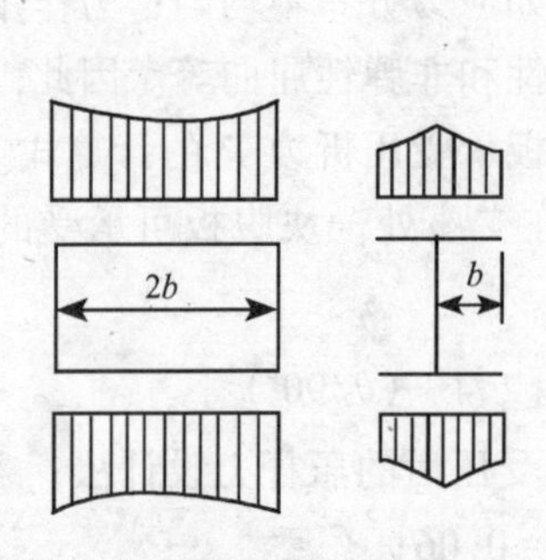

图 5-21 剪力滞后

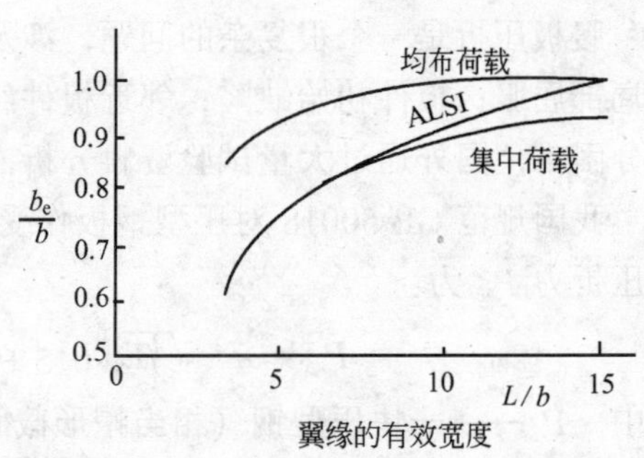

图 5-22 剪力滞后的有效宽度 b_e 与 b 关系

宽翼缘梁的翼缘卷曲（flange curling）

翼缘较宽的梁在弯曲变形时，翼缘会出现朝中和轴方向的卷曲变形（图 5-23）。这是由于梁弯曲变形后，翼缘内力出现竖向分力 q 引起的。翼缘单位宽度上的竖向分力 q 为：

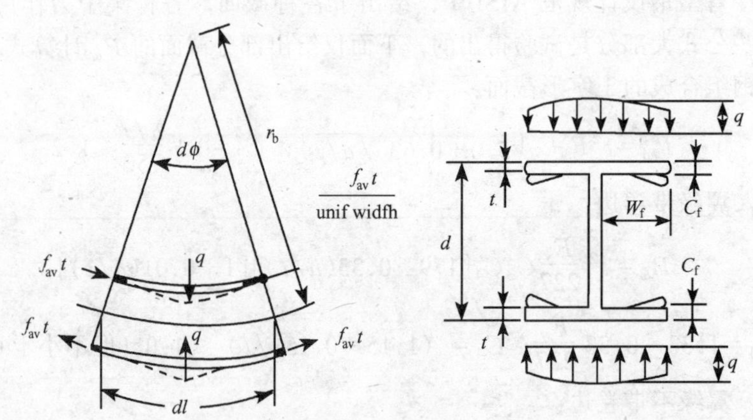

图 5-23 翼缘卷曲

$$q=\frac{f_{av}td\phi}{dl}=\frac{f_{av}t}{r_b}=\frac{f_{av}t}{EI/M}=\frac{2f_{av}^2t}{E_b} \tag{5-65}$$

式中符合见图 5-23。

将翼缘当作一悬臂梁，则其卷曲变形 C_f 为：

$$C_f=\frac{qW_f^4}{8D}=3\left(\frac{f_{av}}{E}\right)^2\left(\frac{W_f^4}{t^2d}\right)\ (1-\mu^2) \tag{5-66}$$

D 为板的弯曲刚度，$D=Et^3/12\ (1-\mu^2)$，在实际应用中，当卷曲变形 C_f 不超过梁的高度 d 的 5%时，卷曲影响可忽略不计。根据 $C_f\leqslant 0.05d$ 代入上式，可求得翼缘宽度与厚度 b_1/t 的限值。即：

$$b_1/t\leqslant 15\sqrt{\frac{124d}{tf_{av}}} \tag{5-67}$$

式中 b_1——腹板至翼缘端部宽度；

t——翼缘厚度；

d——梁的全高；

f_{av}——翼缘平均应力，N/mm^2。

当 $d/t=16$，$f_{av}=124N/mm^2$，由上式求得 $b_1/t\leqslant 60$；当 $b_1/t=36$，$f_{av}=124N/mm^2$，则 $b_1/t\leqslant 90$。由此可见，对于屈服点不高的钢材，卷曲并不控制翼缘的宽厚比。只有当钢材强度很高，且梁又是矮而宽时，才可能出现卷曲影响。

5.5 冷弯型钢构件设计小结

本章对冷弯型钢构件设计中的冷弯效应、局部屈曲、抗扭性能和腹板压折等几个特殊问题作了概要介绍。本节再对这些问题在设计时应注意的问题小结如下。

5.5.1 冷弯型钢构件截面中存在冷弯效应是毋庸置疑的问题，考虑冷弯效应可提高构件材料强度，一般可节约材料 10%左右。有的设计者在设计中仍按原材料对强度设计值 f 进行设计，而将冷弯效应强度提高作为冷弯型钢构件一种强度储备，这当然也是可以的。这种处理冷弯效应的方法是偏安全的。

5.5.2 冷弯型钢截面宽厚比 b/t 比较大，一般情况在构件没有达到材料强度破坏或整体失稳前，构件可能先出现失去局部稳定而出现微小的波曲变形。冷弯型钢与普通钢结构和钢筋混凝土组合结构在局部屈曲问题上最大的不同是容许构件出现局部屈曲。同时还利用它的屈曲层强度（超屈曲强度）。利用构件屈曲强度设计时，必须取用有效截面进行设计。

在冷弯型钢结构设计规范中所有构件的计算公式都是按有效截面进行计算的，这一点设计者必须十分注意。为此，设计者首先要确定构件截面的有效宽度 b_e。当然，如果按前述分析，得出全截面有效宽度即 $b_e=b$，这说明，此时截面构件宽厚比 b/t 不是很大，全截面有效也意味着构件达到材料强度或整体失稳前不可能失去局部稳定性。若经计算后得到 $b_e<b$，这意味着构件在破坏之前，构件早已失去局部稳定，因此，此时设计者必须按有效截面设计。

5.5.3 为了使设计者在构件具体验算之前，能正确计算出有效截面，这里将有效宽度的计算程序作一归纳。

第 1 步：由于在有效宽度 b_e 计算公式中要给出构件实际设计应力 σ，因此首先要定出应力 σ 的数值。对于轴心受压构件，可取 $\sigma=\varphi f$，φ 按毛截面计算的长细比，对于压弯构件，先按毛截面算出截面两边缘纤维应力 σ_1，σ_2，同时算得系数取 $\sigma=\sigma_2/\sigma_1$。然后受压边缘板件取 $\sigma_2=f$ 时此板件进行 b_e 计算。而另一边缘板件的应力 σ_1，取用 $\sigma_1=f/\varphi$，对另一边缘板件进行 b_e 计算。

第 2 步：按第一步对板件应力设计值，用规范给出它的 b_e 计算公式，算出截面板件的有效宽度 b_e。

第 3 步：将求得的 b_e 分别在各自板件进行分布。注意 b_e 分布必须按规范要求，根据受力性质和条件进行分布。

第 4 步：计算有效截面的截面主轴。由于有效宽度有时作为对称分布，可能会出现原来的对称截面变成非对称的有效截面。由于有效截面中和轴与原截面中和轴位置不同，由此可能出现原中心受压板件对有效截面出现偏心受压构件，原偏心受压构件荷载偏心值的有效截面发生变化。现行我国规范设计公式中，虽然截面特性取用有效截面为 A_e，W_e，L_e 等等，但荷载引起的效应中，不考虑有效截面中和轴改变而变化，即仍取毛截面的荷载效应值。此外，在计算所有涉及稳定系数时，如求 φ 的长细比值等均取用毛截面。

第 5 步：计算有效截面的截面特性系数 A_e，W_e，L_e 等。

第 6 步：将有效截面特性和荷载效应代入构件验算公式中进行强度、稳定验算。如验算不合适，重选截面仍按上述步骤进行第 2 次设计。

5.5.4　冷弯型钢截面壁薄且多数为开口薄壁构件，因此其抗扭性能较弱，构件需要计入扭转效应的影响。无论是轴压构件或是受弯构件，计算是比较麻烦的。设计中一般要采取措施防止构件发生扭转。本章也介绍了一些防扭措施与方法。若构件在构造上避免发生扭转，则在设计公式中（如受弯构件双力矩 B）扭转效应一般可忽略不计，往往简化设计。

5.5.5　冷弯型钢构件壁薄，因此其腹板在支座反力或集中荷载作用下折曲破坏应引起注意。尤其对支座反力处反力作用。若所计算腹板可能出现折曲，则应采取措施，施焊加劲肋以防止这类现象的发生。一般情况下，冷弯型钢构件应尽量减少焊接加劲构件。

5.5.6　对跨度大及截面扁宽的受弯构件，应注意可能出现剪力滞后现象及翼缘翘曲的问题，一般构件这两种现象是不太可能出现的。

第6章　我国冷弯型钢生产现状及其应用

近几年来，钢结构建筑在国内迅猛发展，冷弯型钢的需求量日益增大，就我国冷弯型钢的基本生产情况及其特性和应用，作一介绍。

6.1　冷弯型钢的定义

冷弯型钢是众多钢材品种中的一种。它的定义是：一定宽度的钢带，在常温条件下经过一组纵向排列的轧辊，逐步变形，达到符合使用要求的形状尺寸，再经确定尺寸剪切成相应长度，这种产品就是冷弯型钢。当然，还可以采用冲压、折弯或拉拔等变形方法得到冷弯型钢。但是辊弯成形方法适合于大批量的工业化生产，其产品质量、加工成本、生产效率是其他方法不可比的，是当前冷弯型钢的主要生产工艺。如果在机组中配有焊接设备(如高频焊、氩弧焊等）还可生产闭口断面的冷弯型钢。

冷弯型钢与焊接钢管的区别主要是：焊接钢管是用于输送流体，如煤气、自来水、石油、液化气、蒸汽等，要求钢管承受一定的压力。而冷弯型钢是用于制造结构，在承受外力下对型钢的截面、形状、尺寸和力学性能有一定的要求。

6.2　冷弯型钢的分类

6.2.1　冷弯型钢按尺寸规格分类：以产品厚度和展开宽度分为大型、中型、小型、宽幅等4种。

(1) 大型冷弯型钢　产品厚度为6～16mm，产品展开宽度600～2000mm。

(2) 中型冷弯型钢　产品厚度为3～6mm，产品展开宽度200～600mm。

(3) 小型冷弯型钢　产品厚度为0.5～3mm，产品展开宽度30～200mm。

(4) 宽幅冷弯型钢　产品厚度为0.5～4mm，产品展开宽度700～1600mm。

6.2.2　冷弯型钢按形状分类：可分为开口和闭口两类：

(1) 通用开口冷弯型钢有等边与不等边角钢；内卷边与外卷边角钢；等边与不等边槽钢；内卷边或外卷边槽钢；*Z*形钢；卷边*Z*形钢；专用异形开口型钢等。

(2) 闭口冷弯型钢是经过焊接的闭口形断面的冷弯型钢；按形状有圆形、方形、矩形和异形。

6.2.3　冷弯型钢按用途分类：各行业对冷弯型钢有不同的要求，冷弯型钢的生产厂可满足各行业不同的要求，生产各种专用的冷弯型钢。主要可列出下列各项：

(1) 汽车制造用冷弯型钢：小型客车、多数用异形开口型钢，如车窗，雨水槽、座椅机滑轮。大客车多数用闭口的方矩形钢和异形钢，货运汽车多数用开口冷弯型钢；专用车辆如消防车，工程车多数用方矩形和异型冷弯型钢等。

（2）铁路车辆：客车和货运车辆多数用专用异形冷弯型钢；

（3）电梯：升降梯用空心导轨，自动电梯用结构架和其他异形构件；

（4）货架：小型超市货架和大型仓储式超市货架；

（5）输电铁路：正在开发的品种，过去用热轧型钢；

（6）工程机械：起重机升降臂，支撑臂，塔式吊车构架用冷弯型钢；

（7）电气箱柜、电缆桥架用冷弯型钢；

（8）农业机械：拖拉机、犁、耙及收割机用冷弯型钢，农用车梁用冷弯型钢；

（9）建筑行业：钢结构（梁、柱），维护结构、屋面、墙面、门窗、装璜用冷弯型钢；

（10）家具：凳、椅、橱、床等为专用冷弯型钢。

凡是使用钢材的地方均可用到冷弯型钢，不能全部列出。

6.3 制造冷弯型钢的材料

冷弯型钢是以碳钢为主，还有耐候钢，低合金高强度钢，不锈钢。现主要介绍碳钢制造的冷弯型钢。

通常用于制造冷弯型钢的碳钢为 Q235A-B。该钢号是 1988 年修订国家标准以后修改的钢号，与国际标准接轨。Q 代表钢的屈服强度，235 代表屈服强度值，A-B 代表等级；A 级是最基本的就是最低要求；B、C、D 级逐步提高要求；同组钢号还有 Q195、Q215。该组钢号与老钢号 A3、钢 3、尢 3 相对应，与日本钢号 SS400，德国钢号 ST37-2 相近，属同一等级的钢种，如无特殊要求可相互通用。

低合金高强度结构钢也可用于制造冷弯型钢，其代表钢号为 Q345A-B，其屈服强度不低于 345N/mm^2（MPa）相当于钢号 16Mn，现标准号为 GB/T 1591—1994，与日本钢号 SM490A，德国钢号 ST52-3 属同一等级钢号，化学成分和力学性能的指标相近，如无特殊要求可通用。但国内某些钢厂生产的 16Mn 由于冶炼工艺上的不足，裂纹倾向性较大，冷弯时角部易产生裂纹。

高耐候钢也可用于制造冷弯型钢。现行标准的代号为 GB/T 4171—84，该钢种含有少量铜和磷，具有良好的耐大气腐蚀能力。为了改善加工性能及耐候性能加入少量的稀土铼、钒、钛、铌等微量元素。目前已大量用于制造铁路客货车辆、海运集装箱等产品。该标准中的 09CuPCrNi-A、09CuPCrNi-B 是钢中除有少量铜磷外，另加入少量镍、铬元素；耐大气腐蚀能力大为提高，而且力学性能和冷加工的性能也大为改善。

耐海水腐蚀钢，可用于制造海上石油平台的上层结构。宝钢研制的钢号为 Marilog G41A 和 S50A，可以制造冷弯型钢。

耐火钢，“9·11 事件”以后钢结构的耐火性能提到日程上，各大钢厂纷纷研制耐火钢。冷弯型钢也要采用耐火钢。武钢已研制成功耐火钢，其牌号 WGJ510C2，在火灾发生时可保持强度一定时间，为营救受灾人员争取宝贵时间。钢结构建筑上应用耐火耐候性能的冷弯型钢是比较好的选择。

6.4 冷弯型钢的特点

冷弯型钢是一种可以多变形的高效经济钢材，最主要的优点是节省材料，据国外资料冷弯型钢与热轧型钢相比可节约材料30%～50%。

6.4.1 冷弯型钢由于生产工艺方法与热轧型钢不同，可制造更薄更宽的型钢，从截面特性上看钢材用在更需要的地方。

如：一支20号轻钢槽钢腹板厚5.2mm翼缘厚9mm，而冷弯槽钢可生产3mm厚度的冷弯槽钢，还可减薄到2mm以下，所以冷弯型钢可生产更薄的型钢。

同样20号轻型槽钢其翼缘宽76～80mm，而冷弯槽钢可生产大于80mm，可达到或超过200mm，所以冷弯型钢可生产更宽的型钢。冷弯型钢可增加内外卷边，热轧型钢是不可生产内卷边的。卷边起到稳定截面，增加抗弯和抗扭能力的作用。圆、方、矩形等中空截面的型钢，热轧更难以做到的，冷弯则可做到，冷弯型钢还可以满足结构上的要求轧制出异形截面，如卷帘门型钢、空腹钢窗型钢，彩板轧成的钢窗型钢，L形檩条型钢，钢门框和钢门等。

6.4.2 冷弯型钢是冷成型，钢材在冷加工变形过程中提高钢屈服强度。经测试在方矩形管中一般可提高10%～15%，有的可提高20%，在结构设计中应充分的利用，在建筑领域中利用冷加工提高屈服强度的实例还很多，如檩条经张拉后使用，不但长度增加应力也增加，冷拔低碳钢丝，冷轧带筋钢筋，冷轧扭钢筋都是利用冷加工提高屈服强度而提高设计的许用应力。但是冷弯型钢形状和尺寸变化大小，屈服强度提高的程度也不相同，美国轻钢设计规范中就利用这一因素。

6.4.3 冷弯型钢可生产许多有表面防护层的型材，如镀锌、镀铝锌、镀锡，涂塑等材料，解决防锈问题，彩色涂层钢板轧成波纹钢板是做屋面和墙面的理想材料。宝钢生产的以镀锌板为基板再涂树脂材料的彩板，可保证20年寿命。澳大利亚BHP公司利用铝锌合金镀层板为基板的彩板可保证寿命更长。我国也研制成功镀铝锌合金的彩板。

6.4.4 冷弯型钢可以与各种深加工的工艺连接，如冲孔、焊接、涂漆等，为零件的工厂化生产创造条件。新西兰汉斯工厂制造的檩条件专用机组可生产槽钢，内卷边槽钢(C形型钢)、Z形型钢、卷边Z形型钢，不用更换轧辊即可生产各种规格尺寸冷弯型钢并附有冲孔设备，切断设备，直接生产零件。

6.4.5 冷弯型钢宏观综合经济效益比较

	冷弯型钢	热轧型钢
设备投入	低	高
能源消耗	低	高
金属消耗	低	高
定尺率	高	低
原料价格	高	低
结构重量	轻	重
施工工期	短	长

综上所述，宏观综合经济效益比较冷弯型钢优于热轧型钢，如用于建筑结构则重量减轻，基础的投入减少，降低造价，缩短工期。

6.5 目前国内外冷弯型钢生产发展现状

冷弯型钢生产设备不仅在冶金行业中，而且在各行业中均有自备的冷弯机组，产量是以件或米统计。所以难以取得准确的数据。据不完全统计（不包括焊接钢管）。我国冷弯型钢总产量大约在 120 万 t，约占全国钢材的产量的 1.2%，而美、日、俄等工业发展国家，其冷弯型钢的产量约占其钢材总产量的 3%～5%。如果我国冷弯型钢产量达到钢材总产量的 3%，即达到 300 万 t。相比较差距很大，主要是我国钢结构建筑起步发展较迟缓，日本的冷弯型钢 50%以上是用于建筑领域。另外我国过去钢材少，限制了钢结构的应用发展，现在我国钢产量为世界第一位。2002 年钢卷板产量达 3500 万 t，今后 5 年内可达到 5000 万 t，为扩大冷弯型钢生产提供了可靠的原料保证条件。

世界上冷弯型钢生产的大国主要是美国、日本、俄罗斯。仅美国已有 18000 余条生产线，年产冷弯型钢 350 余万 t（20 世纪 80 年代数据）日本也有东芝钢管，九一钢管，日本制管制造株式会社等大型企业，以生产方矩形管和普通开口型钢为主，最大的方矩管可达 400mm×400mm×16mm，圆管最大达 ϕ660mm×19mm，小型企业以高质量复杂截面小批量多种高附加值的产品为主，俄罗斯由于过去计划经济影响仅钢铁联合企业有冷弯型钢专业生产厂，重点开发铁路客货车辆冷弯型钢，客货汽车用冷弯型钢。

国外冷弯型钢品种达 10000 种以上各个领域均可使用，我国经常生产的品种不过 400～500种，在专用品种上还有很大的差距。

冷弯型钢发展的历史已有 100 多年，但快速发展在近 50 年。在 19 世纪俄罗斯的工匠已用弯折方法制造冷弯型钢。由于板带产量少而贵，冷弯型钢生产几乎没有什么发展，到 20 世纪初美国生产了第一台辊式冷弯机组。从此冷弯型钢进入工业化生产的阶段，到 20 世纪 60 年代有了快速发展。

我国在解放前上海的一些弄堂小厂用拉拔方法生产一些冷弯型钢，主要用于装璜。20 世纪 50 年代中期第一汽车厂有自备机组生产汽车专用的封窗和车身冷弯型钢，上钢十厂建设了我国冶金行业的第一台小型冷弯机组，由于钢带质量不好，所产的冷弯型钢不能满足用户要求，不久就停产，20 世纪 60 年代中期为改变我国援外工程中“肥梁胖柱大屋顶”的落后面貌，冶金部在北京、天津、重庆、上海布点生产冷弯型钢。曾为我国第二汽车制造厂全部用冷弯型钢，建设 20 余万 m^2 的厂房。但由于带钢供应不足，价格偏高，没有得到推广。20 世纪 70 年代后期 80 年代初，改革开放的春风吹醒了中华大地，国外的设备、汽车进入中国，看到国外的汽车、设备都用上了冷弯型钢，美观又轻巧，纷纷向冶金行业提出要求，为冷弯型钢的发展打开了广阔空间。而建筑领域还稍晚一些，首先在大型体育馆中少量使用冷弯型钢，如上海体育馆、上海游泳馆；20 世纪 90 年代又在上海东方明珠电视塔的钢结构球体，宝钢三期工程中均大量使用冷弯型钢。目前正在向住宅钢结构建筑中发展和应用。

6.6 我国冷弯型钢国家标准介绍

我国冷弯型钢国家标准是 1986 年发布推行的。于 1992 年修订过，2001 年由中国钢协冷弯型钢协会提出并组织有关企业，在冶金工业信息标准研究院帮助下对现行标准将逐步修改。

现将与建筑行业有关的3项标准，介绍如下：

6.6.1 GB/T 6725—××××冷弯型钢（审定稿）。标准内容包括冷弯型钢的范围、技术要求、检验规则、包装、标志及质量证明书等，它是一份统一冷弯型钢技术条件标准，需要说明有如下几条；

1. 冷弯钢所采用的钢的牌号和化学成分，制造冷弯型钢牌号和钢号，通常有以下几个

GB/T 699—88	优质碳素结构钢	代表钢号 10＃ 20＃ 45＃
GB/T 700—88	碳素结构钢	代表钢号 Q215 Q235
GB/T 1591—94	低合金高强度结构钢	代表钢号 Q345
GB/T 4171—84	高耐候性结构钢	代表钢号 09Cup + xt
GB/T 4239—	不锈钢冷轧钢带	代表钢号 Cr18Ni9

如提出用其他牌号钢号生产冷弯型钢的，可以向生产企业提出，国外也有更高强度钢种制造冷弯型钢，如澳大利亚、新西兰用屈服强度等级在450MPa制造C形型钢和Z形型钢作厂房檩条，厚度仅1.5～2mm，美国用抗拉强度900MPa的钢种制造小轿车的保险杠，我国也在研制这些型材。

2. 关于冷弯型钢的交货状态。标准中规定：冷弯型钢以冷加工状态交货，如有特殊要求由供需方协商确定。一般条件下对冷弯型钢的交货状态没有严格的需求，冷加工状态即可。对一些动态的疲劳负载工作条件，其交货要求较高。有时要求对闭口断面的焊缝进行在线热处理，可消除焊接应力改善焊缝组织。还有些使用要求更加严格，或还需要弯曲冲压等较大变形量的深加工，这就要求对冷弯型钢整体进行消除应力的退火或正火热处理。建筑行业往往要利用冷加工提高屈服强度值，所以不需处理。

3. 冷弯型钢的力学性能：一般不做力学性能试验的。如使用单位提出要求，可在原料钢带中取样，也可在成品型钢未变形的平板部位取样，做力学性能试验。由于冷加工的原因成品取样和原料取样的试验结果不同。成品上屈服强度有所提高，延伸率降低。各种不同规格和材料降低的数值是不同的，许多大钢厂冶炼和热轧的技术水平提高，故延伸率较高，留有较大的余地，经冷弯型钢加工以后仍可保证延伸率不低于标准规定值。在不影响钢结构安全的条件下可由供需双方协商一个考核指标。

4. 对于北方低温条件下工作的钢结构，要求钢材的低温冲击性能，钢的标准中均作相应的规定。如有此项要求，应在订货时提出。

5. 标准还对冷弯型钢的表面质量，缺陷修后清理、焊缝质量的要求做了明确规定。

6.6.2 GB/T 6728—×××× 结构用冷弯空心型钢（审定稿），标准的内容包括冷弯空心型钢的范围、分类、代号、尺寸、外形、重量、允许偏差及标记，需要说明的有以下几条：

1. 外形：冷弯空心型钢外形增加圆形和异形保留方形矩形，考虑到圆形断面用于结构日益增多，国际标准ISO 4019中也将圆断面纳入标准，为了与国际标准接轨我国现行标准也纳入圆形。

2. 尺寸：方形从20mm×20mm×1.2mm到500mm×500mm×16mm，目前已可生产

300mm×300mm×12mm；矩形从 30mm×20mm×1.2mm 到 600mm×400mm×16mm，目前可生产 400mm×200mm×12mm；圆形从 ϕ21.3mm×1.2mm 到 ϕ610mm×16mm，目前可生产 ϕ508mm×10mm；异形具体尺寸根据用户要求可提供带钢展开宽度 1100mm 以内的异形管；

3. 长度：可提供 4～12m 的长度，如使用要求超出此范围也可生产。定尺精度有普通精度和精确定尺两种，定尺长度有按使用长度，精确定尺即可直接使用，无切头废料；

4. 尺寸允许偏差，已与国际先进标准接轨，欧洲共同体标准 EN10219-2 标准考核，如有特殊要求还可以与生产企业协商；

5. 另外对弯曲度，锯切口斜度、扭曲度均按国际标准做了明确规定。

6.6.3 GB/T 6723—86 通用冷弯开口型钢、尺寸、外形、重量及允许偏差的品种标准，从 1986 年到现在 10 余年，品种有较大发展，应该修订。但由于人力财力因素还没有修订，该标准纳入了 8 种形状：

冷弯等边角钢	∟20mm×20mm×1.2mm～∟100mm×100mm×6mm
冷弯不等边角钢	∟25mm×15mm×2mm～∟120mm×80mm×6mm
冷弯等边槽钢	20mm×10mm×1.2mm～200mm×80mm×6mm
冷弯不等边槽钢	30mm×20mm×10mm×3mm～150mm×60mm×50mm×3mm
冷弯内卷边槽钢	40mm×40mm×9mm×2.5mm～400mm×50mm×15mm×3mm
冷弯外卷边槽钢	30mm×30mm×16mm×2.5mm～100mm×30mm×15mm×3mm
冷弯 Z 形钢	Z 80mm×40mm×2.5mm～100mm×50mm×3mm
冷弯卷边 Z 形钢	Z 100mm×40mm×20mm×2mm～250mm×75mm×25mm×4mm

国外冷弯型钢品种很多，但标准中纳入品种规格并不多，但是它在标准中写明，生产企业应满足用户提出的要求，也就是说用户提出的要求只要在生产设备允许范围内，就可按此标准制造和提供冷弯型钢。从 1986 年到现在冷弯型钢的生产能力和装备水平都有很大的提高，品种也扩大了，不受上述规格的限制。

冷弯型钢的允许偏差和其他技术指标都有较大提高，用户如有要求均可与生产企业协商签订协议。

我国冷弯型钢生产企业据不完全统计有 100 余家，骨干企业大部分在东南沿海一带。

6.7 建筑行业使用冷弯型钢的实例

6.7.1 工业厂房、部分援外工程、湖北第二汽车制造厂建造 12m、15m、18m、21m、24m、30m 跨厂房，取得较好效果；

一榀 15m 无天窗屋架重 418kg，而一榀相同跨距的钢筋混凝土屋架重量为 3100kg；

一榀 24m 跨无天窗屋架重 874kg，而一榀相同跨距的普通型钢屋架重 2150kg；

冷弯型钢屋架用方形冷弯空心型钢为上下弦，檩条用 Z 形钢，屋面采用压型板，用矿棉保温，上海钢铁工艺技术研究所冷弯型钢厂的 23000m^2 新厂房均用该厂自产型钢，做柱、屋架、檩条。网架结构用于大跨距厂房。

武钢集团汉口轧钢厂的冷弯型钢车间也全部用该厂自产冷弯型钢建造；宝钢集团三期工程中使用冷弯型钢 5000 余 t，主要是辅助厂房的屋架和檩条。

6.7.2 大型标志性建筑

上海东方明珠电视塔的钢球（下球直径50m，上球45m）用钢结构分层，桁架上弦150×150×8方管，下弦150×150×6方管，支撑100×100×6方管；

上海体育馆、上海游泳馆均用内卷边槽钢组成的三角形檩条；

上海金贸大厦玻璃幕墙的内部支架均用冷弯方形钢管组成。浦东国际机场的候机大楼也大量采用进口的方管和圆管组成；

6.7.3 办公楼

上海锦江饭店对面的八层办公楼由美国进口各种开口型、镀锌内卷边槽钢组成，楼面板用发泡的混凝土内加加强纤维，电梯为顶升液压式减轻屋顶的重量；原上海的英国代办处用日本进口的方形冷弯型钢为柱，轻型H形型钢为梁，外包内卷边槽钢，墙面屋面均用轻质材料。

6.7.4 屋面墙面和楼承板

屋面采用彩钢板已相当普遍。一般可用单层，也可用夹有发泡塑料的夹芯板，或双层彩面夹矿棉，或单层彩板加矿棉。

下面用钢丝网托铝箔能取得较好的隔温效果，墙面也相同。目前国内正在研制一种带燕尾槽的楼承板，配以发泡轻质混凝土。

6.7.5 隔墙龙骨和吊顶龙骨

电镀锌的轻钢龙骨用于隔墙和吊顶已相当普遍。

6.7.6 用冷弯型钢制作钢门钢窗，已有相当长的历史，过去的空腹钢窗由于质量差现已被淘汰，所以被塑钢窗取代，塑钢窗内置的型钢也是冷弯型钢的一种，现在还有一种新型的推拉式钢窗，可用涂塑板或不锈钢制成。

北京和潍坊等厂引进意大利设备用彩色涂塑钢带生产涂塑冷弯钢窗料。目前国内已消化此项技术可制造这种专用冷弯型钢机组。专业生产彩板钢窗。

卷帘门在商店中已广泛应用。这一轻型卷帘门用0.5～1mm镀锌钢带或铝带制成，其实卷帘门应用面还很广。有防火卷帘门。大型的如飞机库、重型工厂均可使用卷帘门。日本就有一整套从小到大的各种尺寸的卷帘门冷弯型钢。

防盗门又是一种新的冷弯型钢品种，由两台并排的冷弯型钢专用机组，将宽带定尺切断后送入冷弯型钢机组，通过轧制后，如将冲孔点焊。设备配在机组内，将型钢点焊冲孔，就将一扇完整的防盗门制成。另一台机组可专门制造门框型钢。

6.7.7 装璜材料

用不锈钢制成的冷弯型钢用于装璜方面较多，如网架雨棚、扶手、栏杆等。

用不锈钢与碳钢制成复合管用于制造受力较大的旗杆网架等。

6.7.8 住宅建筑中冷弯型钢的应用是一个正在开发的大市场

国外将冷弯型钢用于建造民用住宅相当普遍。一种是独立别墅，总建筑面积200m^{2}左右，2～3层的住宅构件用冷弯方矩形空心管或开口冷弯型钢。屋面墙面和楼板也是用压型钢板或楼承板组成。还有一种2～3层汽车旅馆系建造在地震多发地带。

国内，上海现代房地产实业有限公司经过了10余年的研究试制，成功地开发了MB-1轻钢龙骨系列，低层住房建筑，制定了技术规程，被上海市工程建设标准化办公室列入建筑产品推荐性应用标准。对MB-2中高层轻钢结构体系的研制也做了大量工作，在结构体系上具有独特创意。经试验测试表明具有技术先进性。采用方矩形管作柱，内灌混凝土(简称钢包混凝土)，它不仅大大提高了抗压强度，节省用钢量，而且利用混凝土吸收热量，提高钢柱防火性能和抗蚀性能。采用外卷边槽钢（又称帽形钢）内灌混凝土，不仅提高了抗弯强度，又解决了防火问题，经过多种连接点方法研究试验。找到了一种最佳接点方法，得到了建筑权威机构的认可，为轻钢结构在中高层住房建筑上应用开创了道路。独创了方矩形管 + 帽形钢 + 混凝土的新建筑体系。

方矩形管的生产制作有如下几种方法：

(1) 采用大口径螺旋管辊轧成形方矩形管。这种方矩形管经抗压试验其失稳性略优于同类产品的直缝焊管。节点试验结果焊缝也未产生开裂。但在建筑上应用总有种担心，存在交叉焊缝的开裂倾向。

(2) 采用高频焊直接成形直缝方矩形管。目前国内已经具备生产 400×400×8～12 和 300×500×8～12 的方矩形管能力。经抗压试验，其失稳性也相当好。在梁、柱结点上完全可以避开交叉焊缝的问题。

(3) 采用大口径热轧无缝管辊轧成型方矩形管，这种管子由于没有焊缝可以避免焊接脆化的弱点。管壁厚度最大可达 22mm，品种规格上也能满足建筑需求。但这种管子价格相对较高。

外卷边槽钢（帽形钢）在冷弯型钢中已形成大小规格品种系列，梁、柱连接件均可工厂化生产，满足建筑市场的需求。

第2篇 外包钢混凝土组合结构体系

外包钢混凝土组合结构是钢结构和钢筋混凝土结构的组合；钢结构在钢筋混凝土结构的外部；钢结构和钢筋混凝土结构是通过钢与混凝土之间的粘结力和开口隔板等联结件来共同受力，协调变形；在外包钢组合结构内部配置温度补偿钢筋达到结构完全防火的目的。由于钢结构简称S结构，钢筋混凝土结构简称RC结构，钢与混凝土结构简称SRC。外包钢混凝土组合结构是钢在混凝土外部的组合结构，英文encase有包住之意，因此外包钢混凝土组合结构简称SERC结构（MB建筑体系的结构形式也可以称为SERC结构)。SERC的力学性能、耐火性能等优于S和RC。SERC的钢结构已起到了钢筋混凝土的受力纵筋，钢箍和模板的综合作用，克服了钢筋混凝土结构抗拉强度低的弱点。SERC的混凝土是钢结构稳定、刚度、强度的加强，因此SERC发挥了S和RC各自优点，克服了各自的弱点。SERC不仅能降低造价，而且能缩短工期。SERC有精致的表面，简明的节点，挺拔的断面很受建筑师和结构工程师们的青睐。由于当前新的材料不断涌现，使SERC应用得到了广泛的、前所未有的发展。本篇的目的是阐明SERC，探索其应用，引起交流讨论、合作开拓，以期中国在SERC领域居世界之先。

第1章 钢与混凝土组合结构

1.1 钢与混凝土组合结构的主要形式

钢与混凝土组合结构，国际上称为SRC，目前世界上大致有五种形式：

(1) 压型钢板和混凝土的组合，简称组合板。钢板轧制成为压型钢板，成为具有一定刚度和强度的板构件。一般在施工中，作为底模。在其上配置钢筋，进行现浇混凝土。如图1-1所示，在混凝土固结之前，由压型板承受施工荷载和钢筋混凝土板的自重。混凝土产生强度后，则由混凝土和压型钢板共同作用，承受施加在板面上的横向荷载。许多设计单位和施工单位，不考虑在使用阶段由压型钢板与混凝土共同承受外力的，应该不称为组合板，而只是模板。这种组合板与钢结构配合，施工速度快，但在减轻楼板自重上没有明显作用，而且价格由于压型钢板和剪切件栓钉等要比钢筋混凝土楼板的价格高。

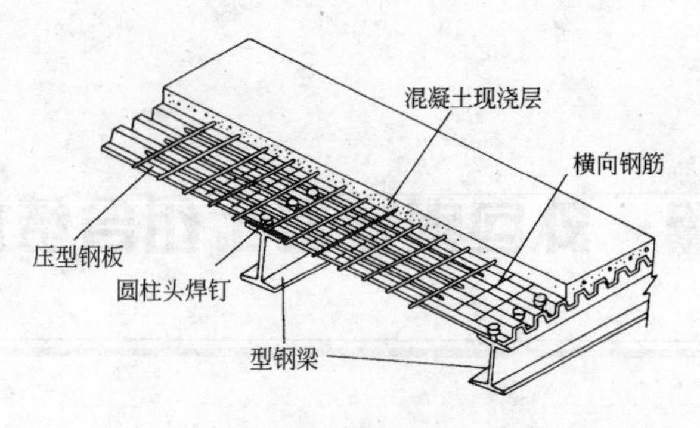

图 1-1　组合板

(2) 钢与混凝土组合梁，即混凝土组合在钢梁的上翼缘。如图 1-2 所示，为了使两者能很好地共同工作，必需设置抗剪力构件。欧洲、美国和日本一般称之为组合梁（steelconcrete composite）。在钢结构中普遍采用具有抗疲劳性能好，承载力可靠的构件，与纯钢梁相比，明显地降低梁高，但要有防火措施。中和轴可在混凝土内，也可在钢梁内，由设计决定。

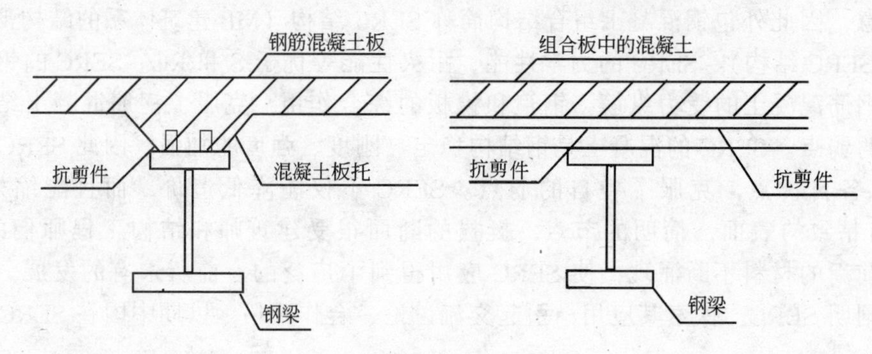

图 1-2　组合梁

(3) 劲性钢筋混凝土

用型钢结构埋入混凝土内的组合结构。在前苏联和中国称之为劲性钢筋混凝土结构、型钢混凝土结构，在英、美等国称作钢外包混凝土（steel-encased concrete），在日本称为钢骨钢筋混凝土，如图 1-3 所示，为了整体共同工作，构件截面一般需加箍筋和钢筋，其情况见图 1-4。劲性钢筋混凝土结构与钢筋混凝土结构相比有以下优点：

a. 型钢不受含钢率的限制，因而可减小构件截面，并增加房屋使用面积。

b. 型钢自成钢结构构件，可作模板的支撑，可缩短工期。

c. 延性提高，抗震性能好。

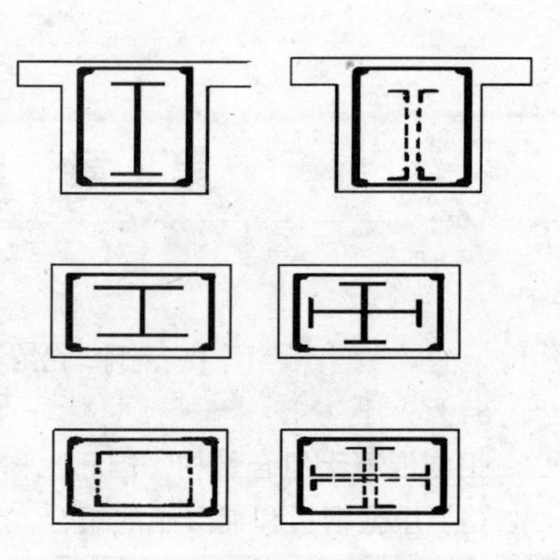

图 1-3　劲性钢筋混凝土

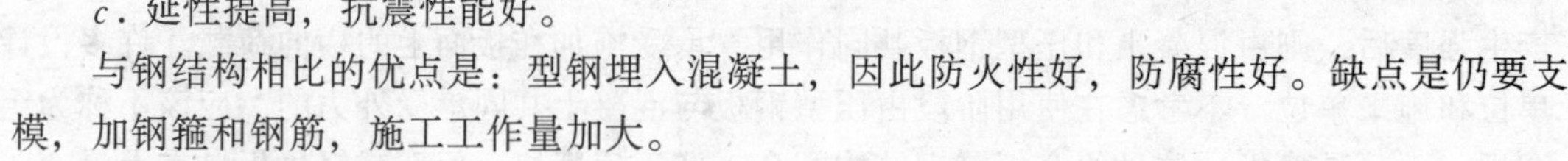

与钢结构相比的优点是：型钢埋入混凝土，因此防火性好，防腐性好。缺点是仍要支模，加钢箍和钢筋，施工工作量加大。

(4) 钢管混凝土

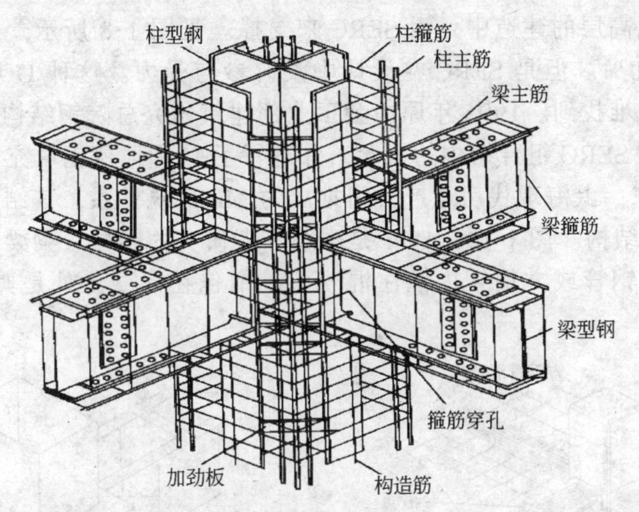

图 1-4　型钢混凝土梁柱节点透视

如图 1-5 所示，在钢管中填充混凝土、钢管可采用热轧无缝钢管、直缝焊接钢管、螺旋焊接钢管。钢管可以是圆管和方管。由于钢管对混凝土有效的约束力，因此明显地提高了混凝土的强度，而混凝土的黏结力和对钢管的支撑又增加了钢结构的刚度，改善了钢结构的稳定性。由于钢与混凝土两者在钢管混凝土条件下，充分地共同作用、共同协调。因此使钢管混凝土比钢结构和钢筋混凝土有许多优点。主要是：

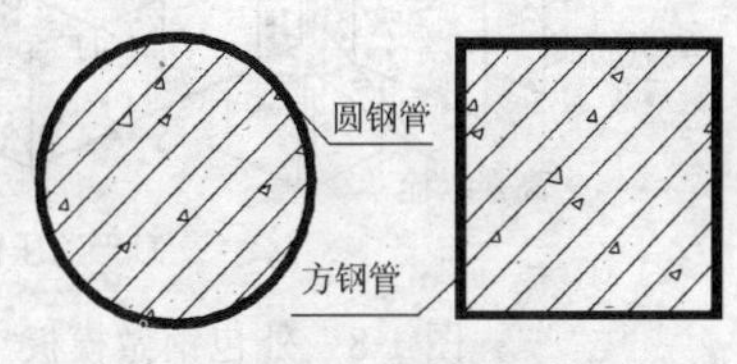

图 1-5　钢管混凝土

a. 组合体强度、刚度提高，比钢结构省钢。

b. 延性好，抗震性能好。

c. 防火、防腐优于钢结构，若钢管内加温度补偿钢筋，则防火性能更优于钢筋混凝土。主要缺点：目前的钢管混凝土设计和研究方向主要是以圆管为主，因此难以成为优良的受弯构件，也就难以成为真正的框架。只能在柱子上起主导地位。另外，目前的节点研究刚刚深入，节点与建筑工程的配合还有待于更好的解决。

(5) 外包钢混凝土结构

钢包在混凝土的外部成为外包钢混凝土，简称外包钢或 SERC。早期的外包钢形式如图 1-6 所示，我国电力、石油、化工等部门，在工业建筑中为解决大量预埋件而得到了应用。如图 1-7 所示，用薄钢板轧制成或焊接成 U 形钢梁。U 形钢梁自成结构体系，然后混凝土填充在 U 形梁中。

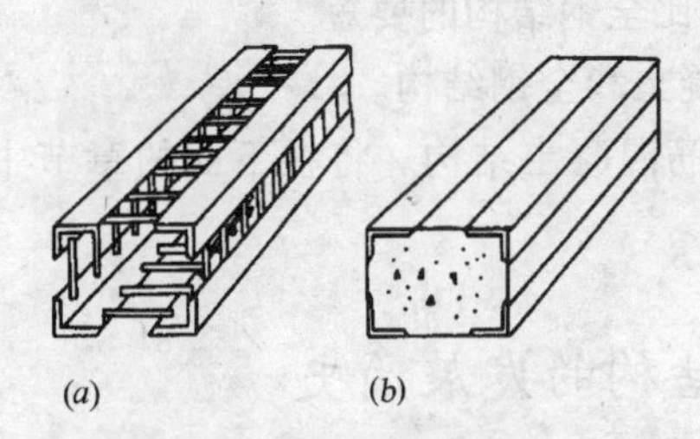

图 1-6　早期的外包钢
(*a*) 角钢骨架；(*b*) 外包钢构件

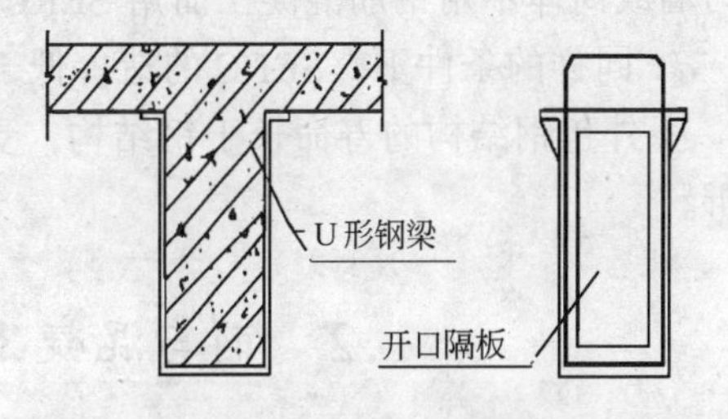

图 1-7　典型外包钢截面

日本在高层和超高层的建造中，用 SERC 来支撑。见图 1-8 所示，这种方法使施工工期缩短 10%～20%。但是 SERC 在设计中没有参与受力。这种 U 形钢梁参与受力的文献在国内外尚难找到。1995 年原冶金工业部建筑研究总院钢结构工程研究所在国内最早提出了这类 SERC 组合结构的概念，并进行了 U 形薄壁钢填充混凝土梁弯曲性能的研究。10 年来，上海现代房地产公司推出的 MB 建筑体系，其结构形式如图 1-9 所示，也是 SERC 结构。图 1-10、1-11 是本篇作者研究的梁柱、梁梁节点。事实上，钢管混凝土中的圆钢管或方钢管内灌注混凝土，钢包在混凝土外是典型的 SERC 结构。其优点：

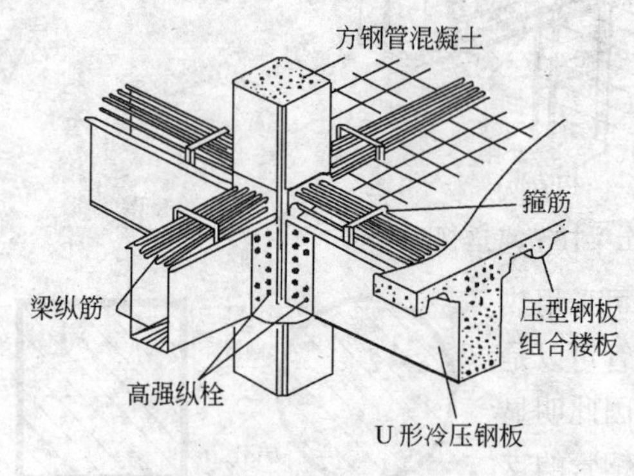

图 1-8　外包钢做模板

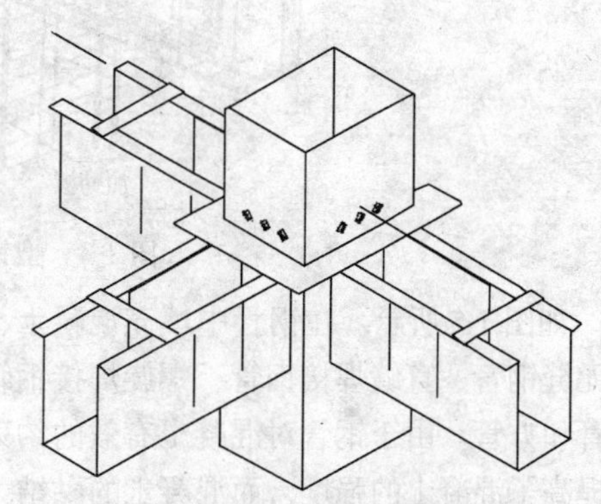

图 1-9　MB 建筑体系

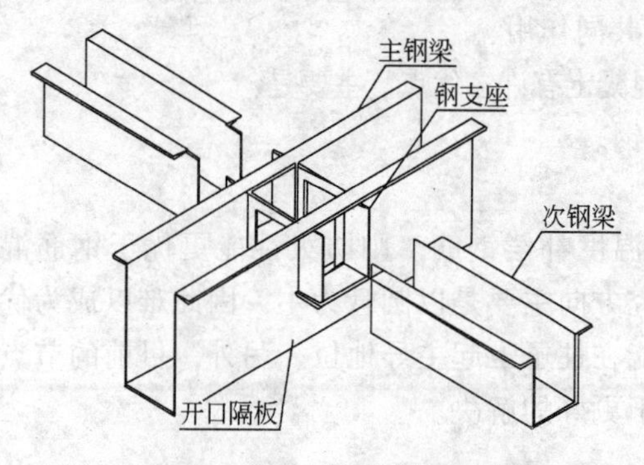

图 1-10　SERC 梁主梁与次梁连接透视图

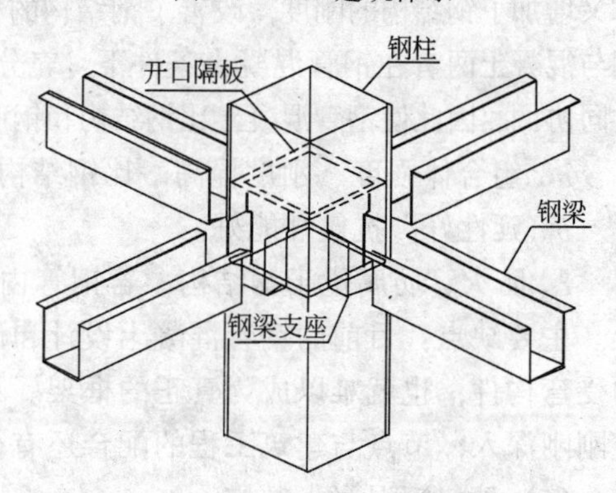

图 1-11　钢梁钢柱连接示意图

a. 力学性能各个方面优于钢筋混凝土结构，也优于全钢结构。

b. 防火性能优于全钢结构，如采用温度补偿钢筋的措施，则优于钢筋混凝土结构。

c. 由于模板与受力是一致的，因此工期比钢筋混凝土短。如果在高层和超高层中，剪力墙或筒体不用钢筋混凝土而用 SERC，则工期比全钢结构的要短。

d. 同样的条件下，SERC 的造价低于钢筋混凝土和全钢结构。

e. 外包钢结构的寿命长于钢结构，更长于钢筋混凝土结构。将在下面的章节中进行分析。

1.2　钢与混凝土组合结构的发展简史

17 世纪 70 年代开始使用生铁，19 世纪初开始使用熟铁来建造桥梁和房屋，于是开始了钢结构时代，人类土木工程的第二次飞跃：1826年英国用锻铁在麦萘海峡（Menai straits）建成177m长的托马斯·特尔福德大桥。1851年在伦敦建成水晶宫（crystal palace）用铸铁梁柱，玻璃覆盖。波特兰水泥问世后，1875年在美国纽约州由W.E.Ward建造了美国第一个钢筋混凝土工程，其中墙，楼板、梁和屋面用混凝土建造，并用金属加强，这个时期，人类进入了第三次土木工程的飞跃，钢筋混凝土结构时代。最有意义是在英国科耳布鲁代尔的塞佛恩河（Severn）上的铁路桥，在1879年在钢管桥墩中灌注了混凝土以防钢管内部锈蚀，这是钢管混凝土最早的不知所以然的应用。真正的研究是W.Hburr于1908年在纽约进行的。我国1959年开始研究钢管混凝土的基本性能和应用。这段历史充分地说明了钢管混凝土是钢结构和钢筋混凝土结构综合发展的产物，是结构上的进步。

1918年日本人内田祥三设计的东京海上大厦采用了型钢混凝土梁。这是钢与混凝土组合受弯构件的最早应用。引起了许多国家纷纷开展这方面的实验和研究：1922年，H.M.Marking对工字形钢梁与混凝土组合的研究，1926年J.Kahn获得这方面的专利，随后R.H.Kirkeim和M.Macking等人开展了钢与混凝土粘结强度的研究，并提出了采用抗剪连接件来保证两者共同作用的概念。更令人兴奋的是V.Lapsins等人又将钢梁上翼缘进行了变形处理，以增大钢梁与混凝土板之间的摩擦力和机械吻合力。这段历史又重新强调了结构的发展离不开实验和研究。现在，国人有一种错误的看法，认为土木工程是应用技术，已经到了尽头了，没有什么重大的研究了。事实上，在结构发展领域是天高任鸟飞的，还有许多重大的研究、突破性的成果，而且对国家和民族的发展具有很大的影响力。

第二次世界大战后，为了恢复战争创伤，发展经济，但又面临钢材短缺，因此工程师们采用了大量的组合结构，以达到节约钢材和取得经济效益。几乎所有当时技术先进的国家都纷纷制定了相应的设计规范或规程，使设计和施工有章可循，最早的组合梁规范大都是属于桥梁结构方面的，美国颁于1944年，德国颁于1945年。于是出现了1959年之后便有80%的公路桥采用了组合式的了。1960年日本经历了十胜冲地震，发现采用组合结构的房屋其抗震性能确实良好，于是组合结构在日本高层、超高层建筑中得到迅速发展。英国在1965年制定了建筑结构简支梁规程CP117的第一部分。1975年日本制定了《组合梁结构设计施工指南和说明》。1979年英国标准协会制定了《钢混凝土组合梁桥》（BS5400），其后又制定了BS5950。早在1960年，美国钢结构协会及钢筋混凝土协会联合组成了AISC—ACI组合梁委员会开展工作。这一段时期，钢与混凝土组合结构发展较快。国内对组合结构的研究和应用起步较晚，我国从1959年开始研究钢管混凝土的基本性能和应用，1963年成功地将钢管混凝土柱用于北京地铁工程。20世纪50年代建成的武汉长江大桥，其上层公路桥的纵梁采用了组合梁。铁道部编制了钢筋混凝土板与钢梁组合梁通用图集。1974年交通部颁布的公路桥涵设计规范中有组合梁的专门条款。在钢结构设计规范《GBJ 17—87》中吸取国外经验并总结我国工程实践和科研成果的基础上，专门设立了“钢与混凝土组合梁”一章，特别是钟善桐教授的钢管混凝土统一理论的建立，钢管混凝土高层结构规程的制定，以及之前的研究工作，推动了组合结构发展。深圳赛格广场大厦，高度291.6m是目前世界上最高的钢管混凝土高层建筑，20世纪末期我国还建造了一些跨度很大的用钢管混凝土作骨架而后浇筑混凝土箱形截面的拱桥和钢管混凝土拱桥。1998年建成的广西三岸邕江中承式桥，长 352m、宽 38.8m、主跨 270m，是世界上跨度最大的钢管混凝土中承式拱桥。虽然国内对组合结构的研究和应用起步较晚，然而追赶的速度是很快的。在中国经济持续健康高速发展的环境里，我国在钢与混凝土组合结构的发展，特别是 SERC 的发展会居世界之先的。

第 2 章　SERC 结构的机理

2.1　SERC 梁与钢筋混凝土梁在受弯时机理的对照

两个截面相同的 SERC 梁与钢筋混凝土梁，见图 2-1（*A*）所示。SERC 梁是方钢管对混凝土具有约束力。

当梁受弯矩作用时，钢筋混凝土梁出现：

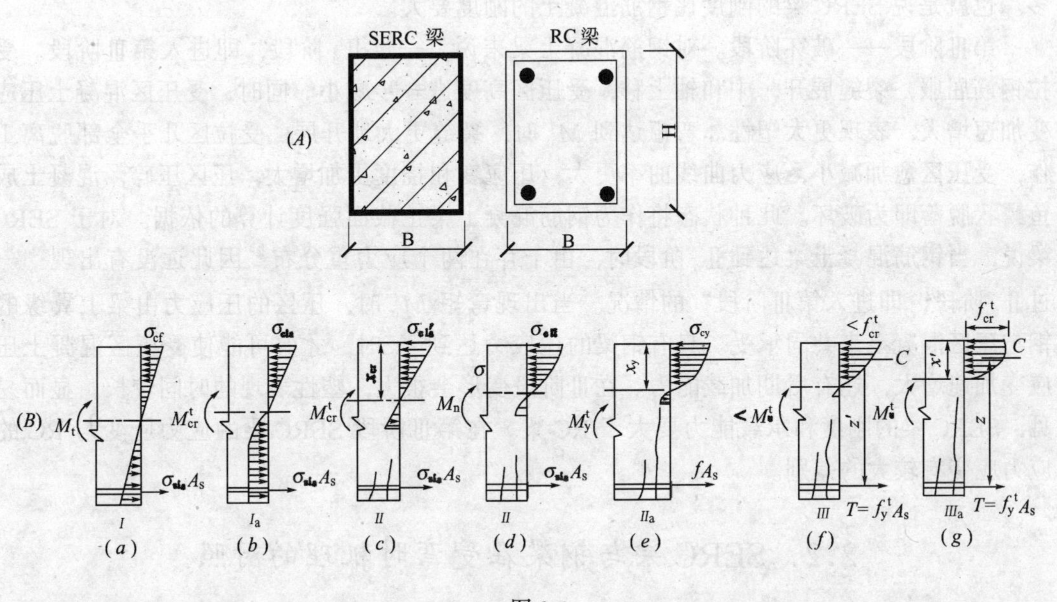

图 2-1

（*A*）SERC 梁、RC 梁；（*B*）RC 梁应力态势

第Ⅰ阶段——整体工作阶段。由于弯矩 M_{I} 不大，应变很小，梁的工作情况和匀质弹性体相似，符合平面假定；拉、压区混凝土应力分布接近直线。弯矩增加到 M^{t}_{cr}时（上角 t 表示试验值）由于受拉区边缘的混凝土抗拉强度低，故首先表现出塑性特征，裂缝出现，应变较应力增加快。拉应力呈曲线分布，并逐渐均匀。就是第Ⅰ阶段的极限 $\mathrm{I_a}$ 阶段，受拉区混凝土应力达到混凝土的实际抗拉强度 f^{t}_{cr}，拉应力达到实际抗拉极限应变 ε_{cr}，即处于将出现裂缝的瞬间；而在受压区，因混凝土抗压强度很高，受压区边缘纤维的应变还远小于受弯时的极限压应变 $\varepsilon^{t}_{c.max}$，故受压混凝土应力图呈三角形。对于 SERC 梁来说，由于受拉区的边缘是钢板，钢的抗拉强度很大，因此拉应力远小于钢的屈服强度 f^{t}_{y}，因此 SERC 梁此时不存在钢筋混凝土的 $\mathrm{I_a}$ 阶段，或者说 $\mathrm{I_a}$ 大大推后了。

第Ⅱ阶段——带裂缝工作阶段。当 $M = M_{\mathrm{II}}$ 时，对于钢筋混凝土梁来说，裂缝开展到大部分受拉面积上的混凝土开裂而退出工作。在开裂截面混凝土承受的拉应力一下子移交给受拉钢筋，此时受力钢筋应力突然增加，随着荷载的增加，裂缝沿梁高逐步向压区延伸，中和轴也随之上移。但中和轴以下裂缝尚未延伸到的部位仍可承受一小部分拉力，逐渐使受拉钢筋达到流限 f_y。受压区也出现一定的塑性特征，压应力呈平缓的曲线，当弯矩达到 M_y^t 时，Ⅱ_a 为Ⅱ阶段的极限阶段。一般钢筋混凝土梁的使用阶段就处于第Ⅱ阶段。由此可见，钢筋混凝土受弯构件在正常使用情况下是带裂缝工作的，把Ⅱ阶段作为构件变形与裂缝计算的依据。对于SERC梁来说，由于SERC的受拉区钢板受拉力阻止了或推迟了混凝土受拉区的裂缝出现和开展，因此中和轴上升很不明显，此时应力分布仍呈三角形。钢板中的拉应力增加，要钢板达到极限 f_y^t 必须要经过两个应力重分布：一个是钢梁全截面的应力重分布，另一个是钢梁与混凝土之间的黏结力的应力重分布。只有当钢梁的应变足够大时，才能使钢梁与混凝土边缘的混凝土出现裂缝。显而易见，SERC梁的第Ⅱ阶段混凝土只产生微小裂缝。在这个阶段SERC梁的变形比钢筋混凝土梁的变形要小得多。也就是说SERC梁的刚度比钢筋混凝土的刚度要大。

第Ⅲ阶段——破坏阶段。对钢筋混凝土梁来说，一过 Ⅱ_a 阶段，即进入第Ⅲ阶段。受拉钢筋屈服，裂缝展开，中和轴上移，受压区高度进一步减小。同时，受压区混凝土压应变加速增大，表现更大塑性。弯矩达到 M_u^t 时，裂缝更大地开展，受拉区几乎全部脱离工作，受压区愈加减小，应力曲线曲率更大，压应变和挠度更加增大，压区压碎，混凝土成鱼鳞状脱落即为破坏。此种状态将作为钢筋混凝土梁正截面强度计算的依据。对于SERC梁说，当钢筋混凝土梁达到 Ⅱ_a 阶段时，由于存在两个应力重分布，因此远没有出现“一过 Ⅱ_a 阶段，即进入第Ⅲ阶段”的情况。当出现弯矩 M_u^t 时，压区的压应力由梁上翼缘的钢与压区混凝土来共同承受。只有钢梁的压应力达到 f_y 时，才有可能使受压区混凝土压应变加速增大，还有后期加载能力。在Ⅲ阶段变形会很大，塑性表现的时间较长。显而易见，SERC梁的刚度和承载能力要大于RC梁。在第Ⅲ阶段SERC梁的应力应变与RC的应力应变有较大的差别。

2.2 SERC梁与钢梁在受弯时机理的对照

钢梁（a）（见图2-2）受 M 作用应力呈三角形如（b），这时钢梁处于弹性工作阶段，边缘纤维最大应力为：$\delta = MY_{max}/I_n$，其中 I_n 为净截面惯性矩。$W_n = I_n/Y_{max}$——净截面弹性抵抗矩，y_{max} 为边缘纤维离中和轴（形心轴）的距离。当弯矩增加到 $W_n f_y$ 时，应力达到钢材的屈服强度 f_y 时，应力图呈（c）所示这时是钢梁弹性工作阶段的极限状态。其弹性极限弯矩为 $M_y = W_n f_y$。继续增加应力图如（d）所示，截面边缘部分深度 d 范围呈现塑性受力状态。并逐渐向内扩展，弹性核心部分 c 逐渐减少。此时称为梁弹塑性工作阶段。梁弹塑性工作阶段的极限状态可认为是弹性核心完全消失。弯曲应力为两个矩形分布如（e）所示。此时截面全部进入塑性状态。塑性极限弯矩为：$M_p = W_{pn} f_y$。式中 W_{pn} 为净截面塑性抵抗矩。当工字形或箱形截面 $M_{pn}=（1.1\sim1.2）W_n$。但是，钢梁的设计中一般不利用完全的塑性极限弯矩 M_p，而只能考虑截面内部分发展塑性变形（图2-2.d），这是由于（1）如果考虑 M_p，梁的挠度显著增加。（2）钢梁腹板较薄，会有一定的剪应力。（3）过分发展塑性变形对钢梁的整体稳定和板件的局部稳定不利。

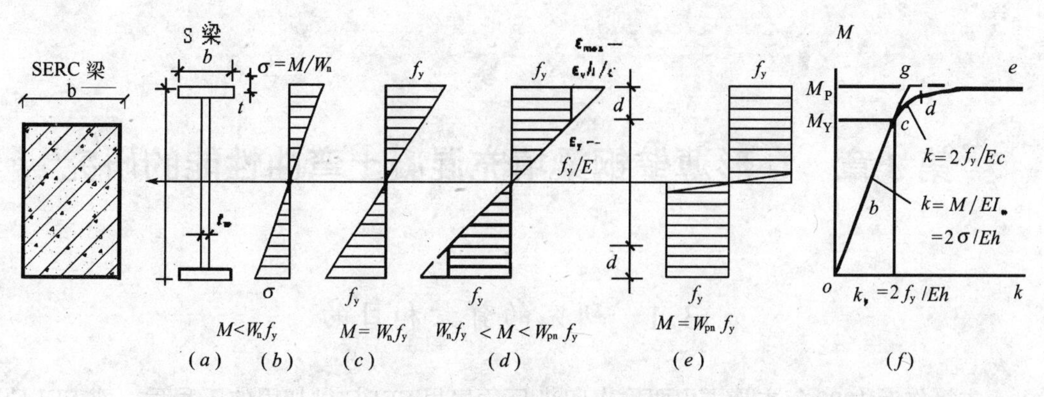

图 2-2 梁的弯曲应力

因此设计时不采用塑性 W_{pn}，而引入一个 γ-截面塑性发展系数，$1<\gamma<W_{pn}/W_n$。在 GBJ 17—88 规范 γ 值取值见表 2-1。当 SERC 梁承受 M 时，由于钢梁与混凝土之间的黏结力，钢梁与混凝土之间相互补充和支持，因此不出现上述所说的 3 点考虑，也就是说 SERC 梁没有纯钢梁的过大的挠度；有较大的剪力抵抗能力；SERC 梁中的钢梁能保证整体和局部稳定。因此此时的钢梁计算的截面系数为 γ 可取 1.1～1.2，不要折减。

截面塑性发展系数 $\gamma_x\gamma_y$ 表 2-1

截面形式	γ_x	γ_y	截面形式	γ_x	γ_y	截面形式	γ_x	γ_y
		1.2		$\gamma_{x1}=1.05$ $\gamma_{x2}=1.2$	1.2		1.15	1.15
	1.05				1.05		1.0	1.05
		1.05		1.2	1.2			1.0

注：1. 当受压翼缘自由外伸宽度与其厚度之比仅满足 $\leqslant 15\sqrt{235/f_y}$ 但 $>13\sqrt{235/f_y}$ 时，取相应的 $\gamma=1.0$；

2. 直接承受动力荷载时，取 $\gamma_x=\gamma_y=1.0$。

第3章　U形薄壁钢梁填充混凝土弯曲性能的研究

3.1　研究的背景和目的

本篇作者1980年主持了山西榆次印染厂危房用SERC梁加固的工程后，对SERC技术就深信不疑了。1989年主持140#长二捆导弹振动试验塔总承包工作。此振动塔地上12层地下2层，可以说是当时国内自行设计自行施工的高层钢结构最早的建筑之一。1993年主持新加坡PSA工程。工程设计和施工中有28根ϕ800高28m的钢柱的严格的防火要求，低造价迫使我们用劲性混凝土的技术，用栓钉作剪切件辅之钢筋，在钢柱外浇注了80mm厚的混凝土。因为本工程是大跨钢结构，采用整体吊装法，就利用包了混凝土的钢柱起吊，重量很大，振动很大，但没有一根柱的外包的混凝土出现裂缝。说明只要设计得当，钢与混凝土之间有很好的结合，成为整体工作。1994年本篇作者组织设计惠州的富坤大厦和嘉骏大厦，全部图纸完成并采用了钢管混凝土柱。要不是遇上1994年后全国房地产整顿而停建，26层的嘉骏大厦肯定是国内采用钢管混凝土作柱子的最早高层建筑了。在这当中得到钟善桐教授及其团队的强有力支持。与此同时本篇作者与清华大学合作，辅导4个毕业生作设计，提出了SERC的设计概念。利用现有的钢结构和钢筋混凝土设计规范，4位同学历时8个月，很出色地完成了6层楼宿舍SERC结构建筑的设计，并综合了设计预算。这是一次用设计方法来系统地揭示了SERC结构力学性能好，施工快捷、造价低的优点。在这4个同学中的马重辛同学，报考了本篇作者的硕士研究生，确定了U形薄壁钢梁填充混凝土弯曲性的研究。当时马重辛翻阅了很多资料，发现SERC的研究简直没有什么系统的资料。在理论分析中可以肯定SERC混凝土梁的承载力$K=K_{钢梁}+K_{混凝}+K_{增}$，但$K_{增}$没有试验依据，只能在设计中假设等于零，因此马重辛硕士的课题就是要揭示这个$K_{增}$及其影响它的因素。我们设计了12个试件，其中7根缩尺梁，1根足尺梁，

图3-1

2根方钢管梁，一个圆柱节点，一个方管柱梁节点。在清华大学土木工程系工程结构试验室进行，见图3-1。本文着重介绍SERC梁的弯曲试验结果。

SERC的基本参数 **表3-1**

序号	试件编号	梁长（m）	钢板厚度（mm）	截面尺寸（mm）				重量（kg）	备注	图例
				b	h_v	b_r	b_f			
1	L-2-1	3.3	2	150	250	30	210	36.38		
2	L-2-2	3.3	2	150	250	30	210	36.38		
3	L-2-3	3.3	2	150	250	30	210	36.38		
4	L-2-4	3.3	2	150	250	30	210	36.38		
5	L-2-5	3.3	2	150	250	30	210	36.38	底板焊栓钉	
6	L-3-1	3.3	3	150	250	30	210	54.25		
7	L-3-2	3.3	3	150	250	30	210	54.25		

梁编号说明：L-X-X（梁 厚度 序号）

试件钢材力学性能指标 **表3-2**

序号	试样编号	钢板厚度（mm）	屈服强度（MPa）	抗拉强度（MPa）	断后伸长率（%）	弹性模量（GPa）	屈服应变（%）
1	001	2.0	230.0	375.0	—	212.1	0.108
2	002	2.0	265.0	375.0	—	186.5	0.142
3	003	2.0	235.0	380.0	—	202.3	0.116
4	001	3.0	265.0	350.0	31.0	165.4	0.160
5	002	2.9	260.0	370.0	32.0	210.1	0.124
6	003	3.0	255.0	345.0	35.0	204.2	0.125

3.2 试件与试验

钢梁采用Q235，壁厚为2mm和3mm两种，做成U形截面。混凝土为C20，C30，C40 3种，梁制作长度为3300mm。在钢梁内设间距为500mm隔板，隔板厚2mm或3mm。与钢梁内侧相焊。SERC试件及其尺寸见图3-2。SERC梁试件基本参数见表3-1

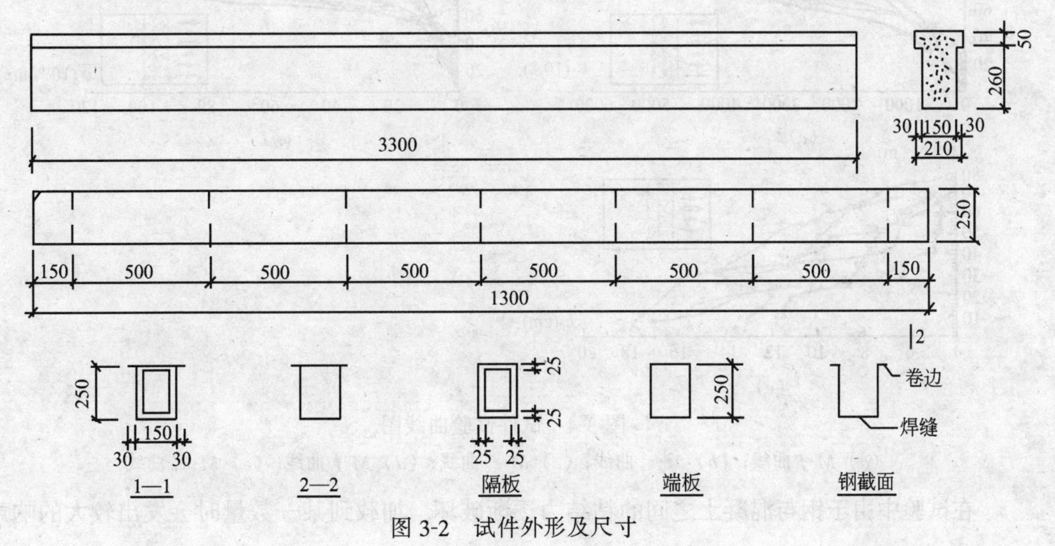

图3-2 试件外形及尺寸

(由鞍山钢结构公司制作)。钢材的材性试验委托冶金工业部建筑研究总院建筑材料试验室测定，见表3-2。试验方法见图3-3。

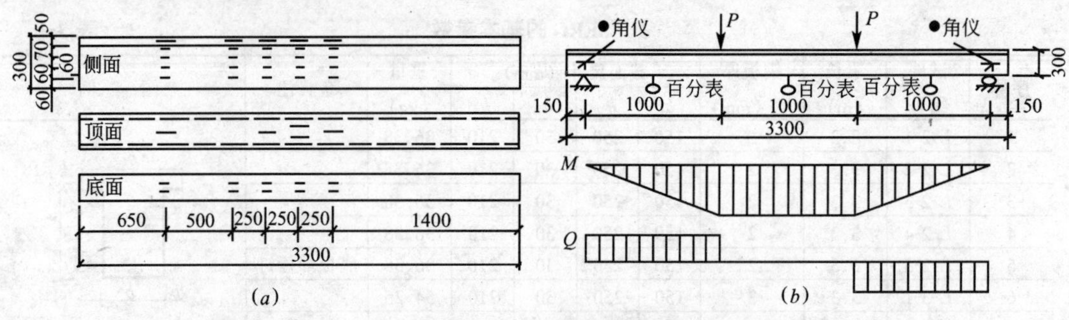

图3-3 试验方法

(a) 外测点及应变片布置；(b) 为试件受力及内力图

3.3 试验结构分析

(1) 除构件L-2-2的数据有些离散外，其余各构件的受力过程相似。实验曲线也大体相同，表现出与钢筋混凝土适筋梁相似的受力特点和破坏形态，在图3-4中比较全面地反映了试件的宏观整体变形情况，表现了良好的整体性能。

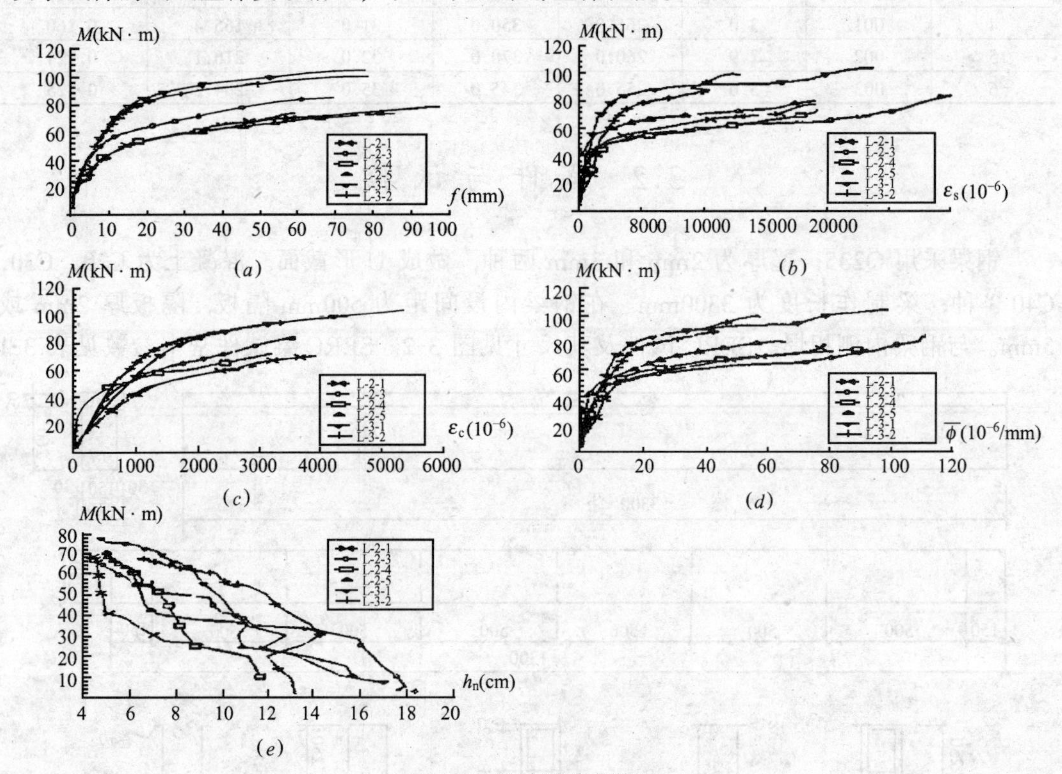

图3-4 试件试验曲线图

(a) M-f曲线；(b) M-ε_s曲线；(c) M-ε_c曲线；(d) M-$\bar{\phi}$曲线；(e) M-h_n曲线

在试验中由于钢与混凝土之间的粘结力逐渐破坏，加载到某一数量时会发出较大的响声，称之为第一次响声，表3-3记录了各试件在第一次响声时的弯矩值。钢与混凝土共同工作，粘结力起了较大的作用，当表3-3反映了钢与混凝土共同工作构造措施比提高材料强度或增加材料用量来达到提高承载力来使更合算。也对SERC的设计是有很大的发展空间的。

试件第一次响声时的弯矩值 **表3-3**

事件编号	L-2-1	L-2-3	L-2-4	L-2-5	L-3-1	L-3-2
M（kN·m）	38.56	45.25	38.23	36.21	52.95	53.01

试件 L-2-3 的试验曲线较好地代表了各试件的试验结果。为便于分析选取试件 L-2-3 的典型曲线，见图3-5。

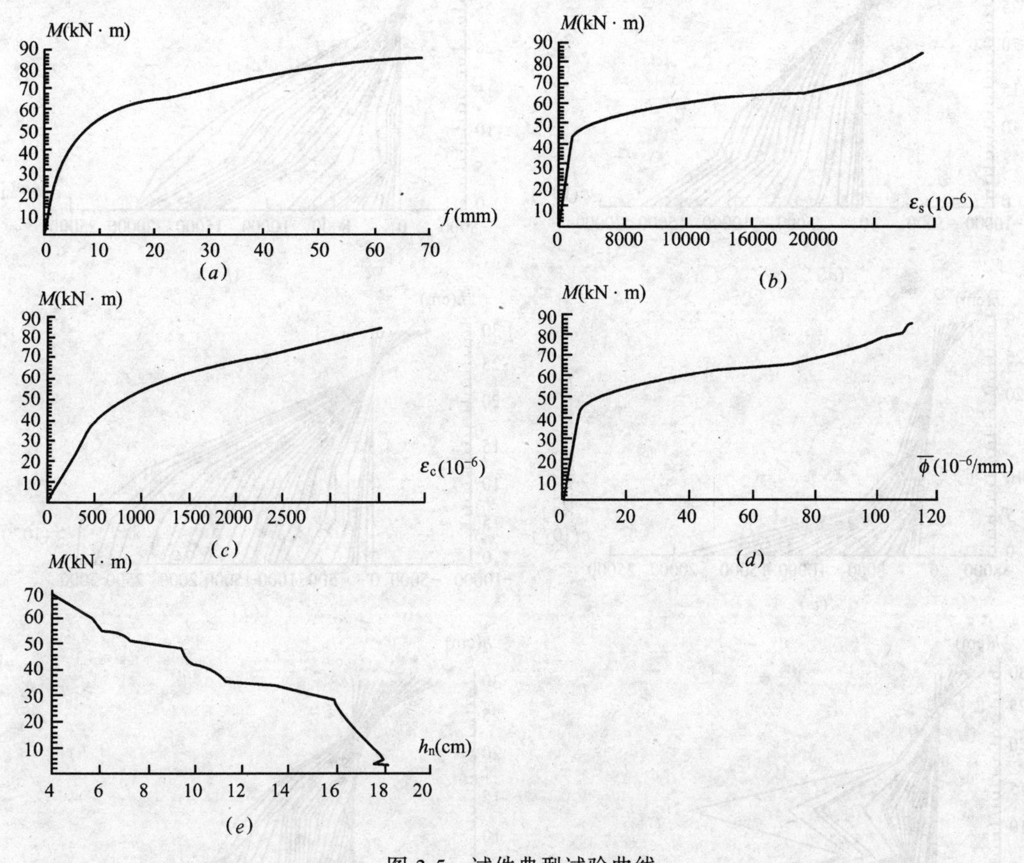

图3-5 试件典型试验曲线

（a）M-f 曲线；（b）M-ε_s 曲线；（c）M-ε_c 曲线；（d）M-$\overline{\phi}$ 曲线；（e）M-h_n 曲线

（a）M-f 曲线，为弯矩 M 与SERC梁的挠度 f。

（b）M-ε_s 曲线，为弯矩 M 与钢梁最大应变 ε_s 的关系曲线。

（c）M-ε_c 曲线，为弯矩 M 与混凝土最大应变 ε_c 的关系曲线。

（d）M-$\overline{\phi}$ 曲线，为弯矩 M 与截面平均曲率 ϕ 的关系曲线。

（e）M-h_n 曲线，为弯矩 M 与截面平均曲率 ϕ 的关系曲线。

得出几点引人启发的分析：

第1：M-f 曲线及 M-$\overline{\phi}$ 曲线的趋势相似。在受荷后期曲线具有上升段，表明加载后期SERC梁仍具有整体性。

第 2：在 $M\text{-}\varepsilon_c$ 曲线上，在梁破坏前一直没有明显的下降段，仍缓慢增加，极限应变 $\varepsilon_c=0.0035$，最大值超过 0.005。表明钢梁钢板之厚度对于 SERC 梁的承载力的影响是相当大的。

第 3：平均曲率 $\bar{\phi}=(\varepsilon_c+\varepsilon_s)/h$。其中 ε_s，ε_c 为钢梁和混凝土的最大拉、压应变，h 为试件截面高度。$M\text{-}\bar{\phi}$ 曲线和 $M\text{-}\varepsilon$ 曲线基本相似，$M\text{-}\bar{\phi}$ 曲线看成是（b）曲线和（c）曲线的叠加。考虑 l/h 的系数的结果，因而负荷后期曲线也呈现上升段。

图 3-6 是试件截面应力分布，试件 L-25 由于钢梁的底板设置了栓钉，由此偏离较小。

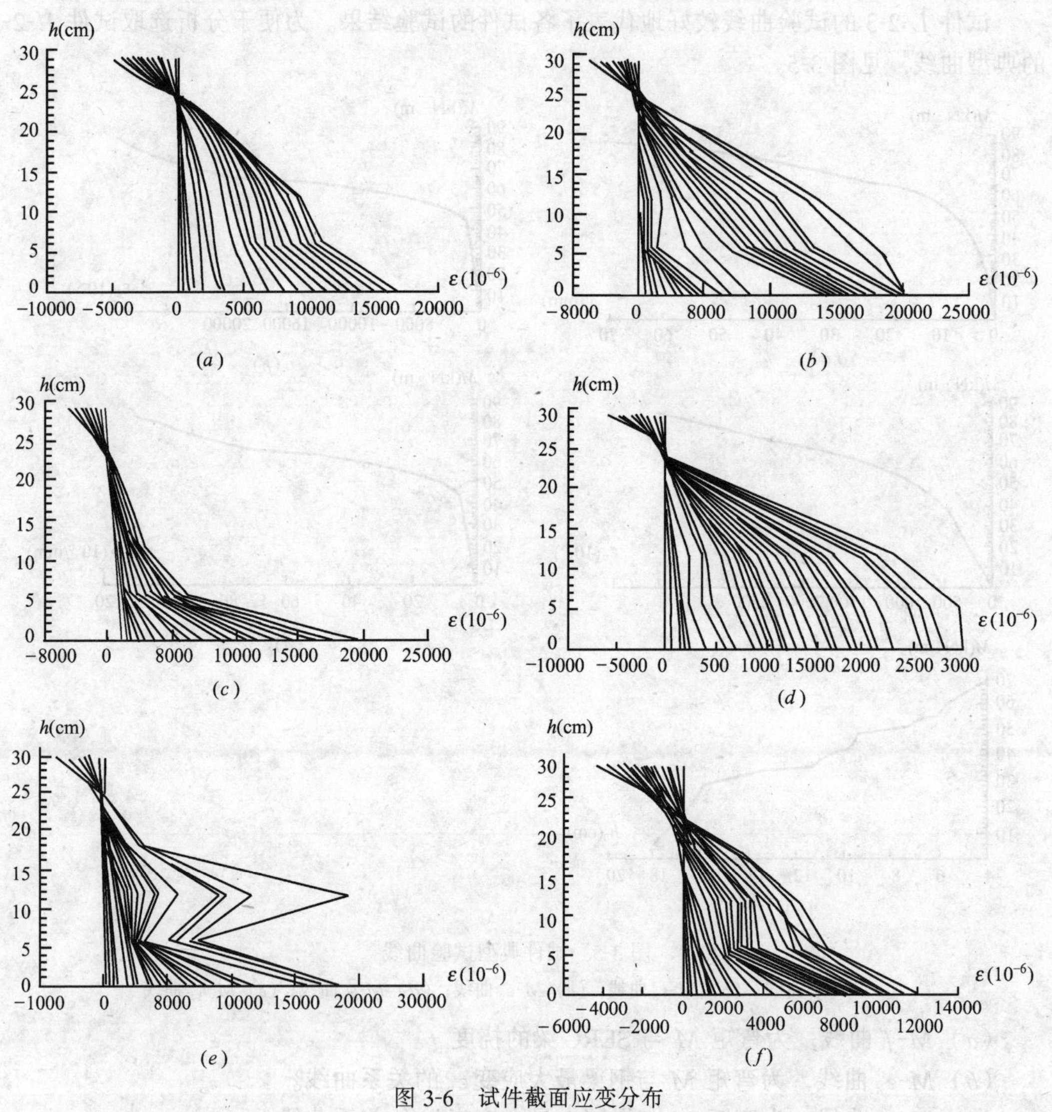

图 3-6　试件截面应变分布

（a）L-2-1；（b）L-2-3；（c）L-2-4；（d）L-2-5；（e）L-3-1；（f）L-3-2

3.4　受力阶段的划分及极限图状态的确定

试件破坏时弯矩和挠度记录在表 3-4 中，试件 $L_0=3\text{m}$。表中 f_u/L_0 显然大大超过变形

试件破坏时的弯矩和挠度　　表 3-4

事件编号	L-2-1	L-2-3	L-2-4	L-2-5	L-3-1	L-3-2
M_u（kN·m）	78.21	84.31	74.09	74.18	103.63	99.53
f_u（mm）	95.10	69.34	58.34	86.09	73.54	73.02
f_u/I_o	1/32	1/43	1/51	1/35	1/41	1/41

控制值，表明其挠度大，强度与刚度比大，受力过程的塑性变形阶段长，延性好。但变形要满足正常使用状态的要求，因而有必要确定试件各极限状态。图 3-7 是试件受力阶段划分的曲线。

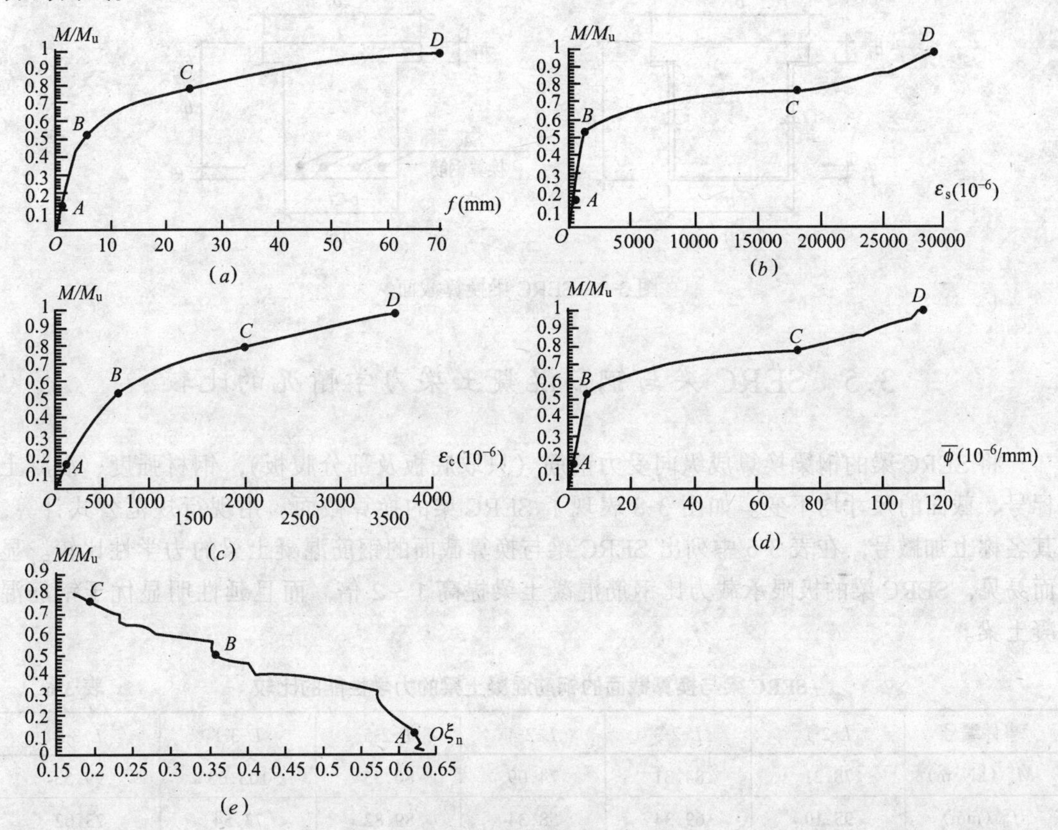

图 3-7　试件受力阶段的划分

(a) M/M_u-f 曲线；(b) M/M_u-ε_s 曲线；(c) M/M_u-ε_c 曲线；(d) M/M_u-$\overline{\phi}$ 曲线；(e) M/M_u-ξ_n 曲线

(1) 弹性阶段为 OB 段。(2) 弹塑性阶段为 BC 段。(3) 塑性阶段为 CD 段。

以上受力阶段可知，试件的受力特征和钢梁相似，在塑性阶段前的受力特征与钢筋混凝土相似，在塑性阶段差别很大。

根据图 3-8 的曲线，确定 4 种极限弯矩；

M_{cr}-开裂弯矩对应各曲线上 A 点。

M_e-弹性极限弯矩，对应各曲线上 B 点。

M_p-弹塑性极限弯矩，对应各曲线上 C 点。

M_u-塑性极限弯矩，对应各曲线上 D 点。

表 3-5 为各试件相应的极限状态弯矩实验实测值。

试件各极限实测值 **表 3-5**

事件编号	L-2-1	L-2-3	L-2-4	L-2-5	L-3-1	L-3-2
M_{cr}（kN·m）	10.33	11.25	18.09	11.80	22.44	12.64
M_e（kN·m）	27.08	42.76	30.75	52.88	56.97	42.89
M_p（kN·m）	55.84	66.93	61.30	55.92	83.01	84.97
M_u（kN·m）	78.21	84.31	74.09	80.55	103.63	99.53

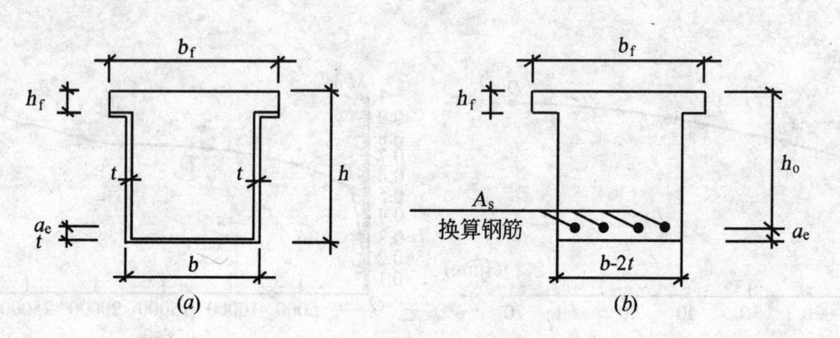

图 3-8 SERC 梁换算截面

3.5 SERC 梁与钢筋混凝土梁力学情况的比较

将 SERC 梁的钢梁换算成纵向受力钢筋（只取底板及部分腹板），钢材强度、混凝土标号、截面的尺寸均不变。如图 3-8 表现了 SERC 梁的换算截面。用现行规范公式计算，其名称上加撇号，在表 3-6 中列出 SERC 梁与换算截面的钢筋混凝土梁的力学性比较。显而易见，SERC 梁的极限承载力比钢筋混凝土梁提高 1～2 倍，而且延性明显优于钢筋混凝土梁。

SERC 梁与换算截面的钢筋混凝土梁的力学性能的比较 **表 3-6**

事件编号	L-2-1	L-2-3	L-2-4	L-2-5	L-3-1	L-3-2
M_u（kN·m）	78.21	84.31	74.09	80.55	103.63	99.53
f_u（mm）	95.10	69.34	58.34	89.82	73.54	73.02
M'_u（kN·m）	26.93	27.13	27.11	27.10	43.92	43.86
f'（mm）	4.89	4.30	4.38	4.42	6.65	6.71
f（mm）	3.46	2.47	3.72	4.04	5.10	5.24
u_Φ	14.05	19.27	24.16	7.36	11.42	9.40
u'_Φ	7.44	7.44	7.44	7.44	6.47	6.47
M_u/M'_u	2.91	3.11	2.73	2.97	2.36	2.27
f/f'	0.71	0.58	0.85	0.91	0.77	0.78
u_Φ/u'_Φ	1.89	2.59	3.25	0.99	1.77	1.45

3.6 SERC 梁的钢与混凝土共同作用分析

U 形薄壁钢梁内浇注了混凝土，硬固后钢与混凝土之间有粘结力。这是共同工作的一部分因素。其机理分析见图 3-9。由于钢梁的存在，通过粘结力避免了或延迟了混凝土在受拉区出现裂缝。通常总认为粘结力主要是通过提高混凝土材料的强度和性能而提高的，本试验首先揭示了隔板对于提高粘结力具有显著的作用。图 3-10 是开口隔板的受力情况。试件中沿纵向设置的开口隔板，不仅加强了钢梁的局部稳定和整体稳定，而且限制了钢与混凝土之间的相对滑移量。在一定程度上阻止了裂缝开展，减轻了试件截面刚度降低，从而有利于钢梁与混凝土实现共同工作的性能。

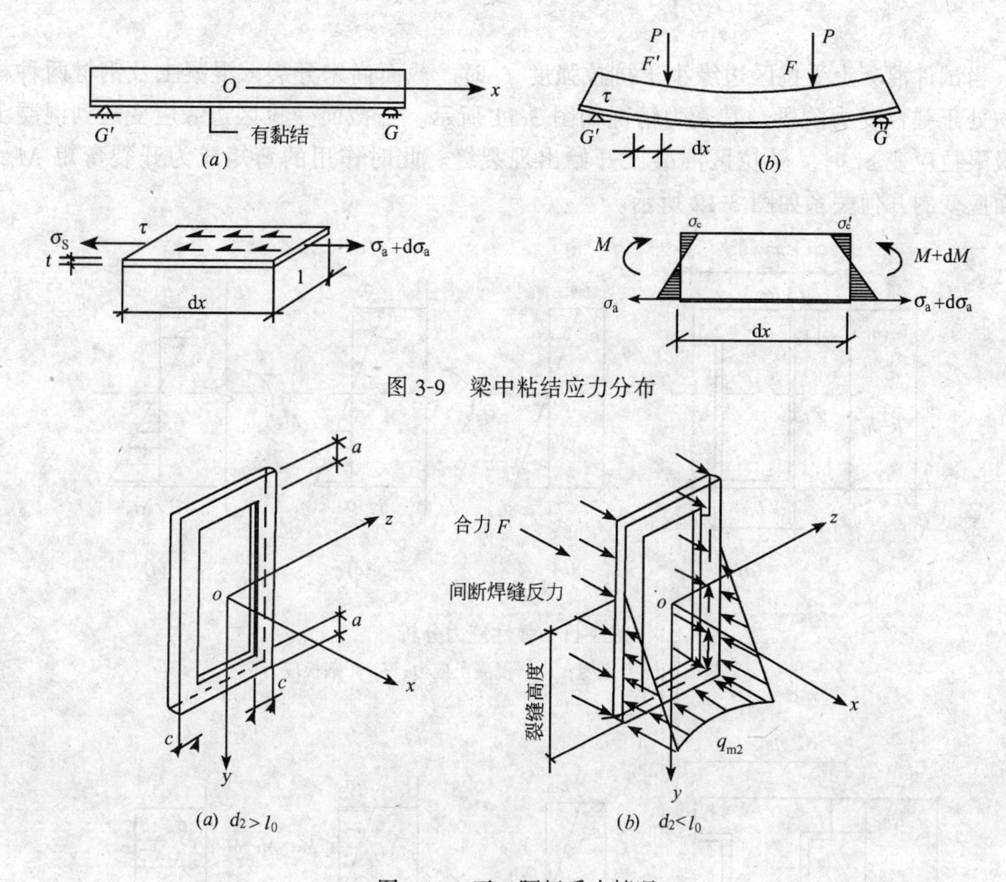

图 3-9 梁中粘结应力分布

图 3-10 开口隔板受力情况

3.7 SERC 梁的延性

延性通常是指构件或截面在承载力没有显著下降的情况下承受变形的能力，或者说破坏以前截面或构件能承受很大的后期变形，从图 3-5（*d*）的 M-ϕ 曲线来看，试件的后期变形性能非常好。构件和截面的塑性变形能力常用延性比来衡量。其中，截面曲率延性比定义为 $\mu_\phi = \phi_u/\phi_y$ 其中 ϕ_u 为构件破坏或达到极限强度时的曲率，ϕ_y 为构件受屈服荷载时对应的曲率。加以整理得出试件截面极限曲率及延性比，见表 3-7。

试件截面极限曲率及延性比 **表 3-7**

试件编号	L-2-1	L-2-3	L-2-4	L-2-5	L-3-1	L-3-2
ϕ_y	5.59	5.81	3.58	8.68	8.57	6.09
ϕ_u	78.56	111.95	86.49	63.84	97.90	57.24
μ_ϕ	14.1	19.3	24.2	7.4	11.4	9.4

很明显，μ_ϕ 在 7.4-24.2 之间。说明构件延性非常好。

3.8 试件受力分析

当试件混凝土受拉区边缘小于抗拉强度 f_t 时，截面尚未开裂，混凝土及钢材两种材料均处于弹性受力阶段，其受力情况如图 3-11 所示。当截面受拉区边缘应变达到混凝土的极限拉应变 ε_{ta}时，受拉区混凝土开始出现裂缝。此时作用的弯矩成为开裂弯矩 M_{cr}，截面应变的几何关系如图 3-12 所示。

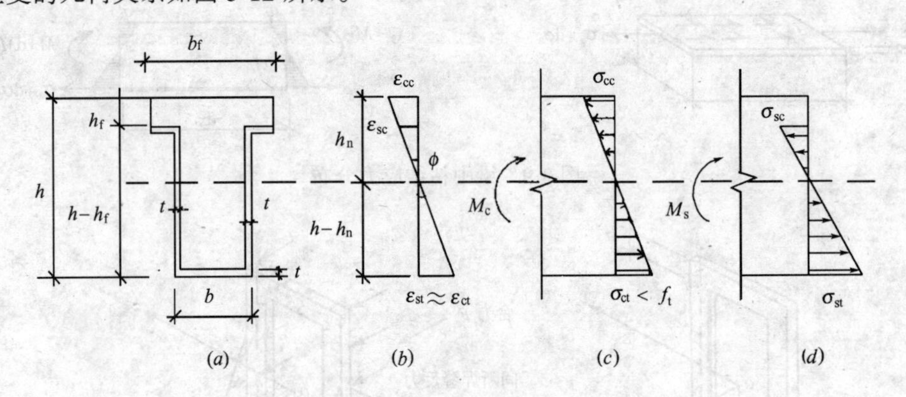

图 3-11 弹性应力分析

（a）截面；（b）应变；（c）混凝土应力；（d）钢板应力

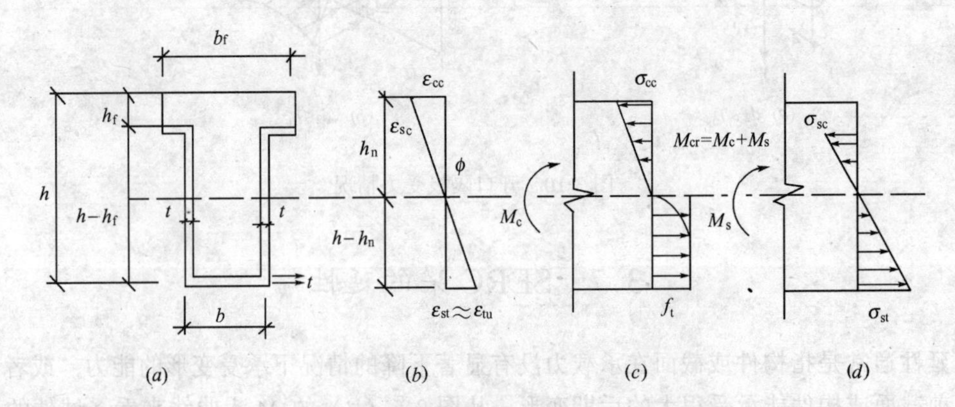

图 3-12 裂缝出现时的截面应变图

（a）截面；（b）应变；（c）混凝土应力；（d）钢板应力

推导出开裂弯矩 M_{cr}的计算公式：

$$M_{cr}=f_t/12(h-h_n-t)\cdot[4b_f h_n^3-(4(h_n-h_f)^3\times(b_f-b+2t-2a_E t)+(h-h_n-t)^3\times(3b-6t+8a_E t)+12a_E t(b_f-b)\times(h_n h_f-t/2)^2+12b(h-h_n-t/2)2a-a_E t)]$$

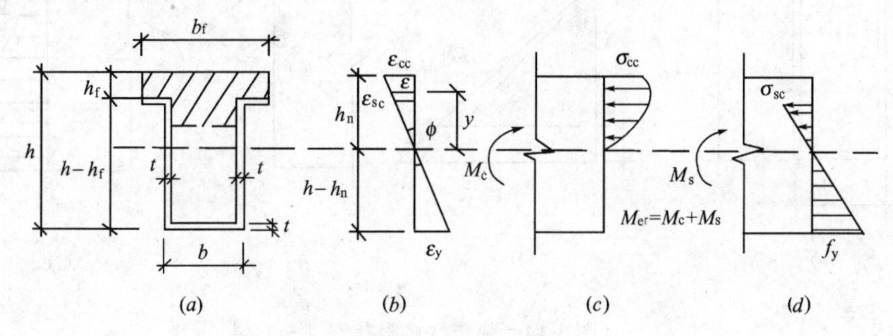

图 3-13　弹性极限状态

（a）截面；（b）应变；（c）混凝土应力；（d）钢板应力

开裂弯矩计算值与试验实测值比较列出表 3-8。荷载不断增加，受拉区混凝土将部分或全部退出工作，即弹性极限状态。如图 3-13 所示。表 3-9 列出了弹性极限弯矩计算值与实测的结果。

试验实测开裂弯矩与公式计算值的比较　　**表 3-8**

试件编号	L-2-1	L-2-3	L-2-4	L-2-5	L-3-1	L-3-2
试验实测值（kN·m）	10.33	11.25	18.09	11.80	22.44	12.64
开裂弯矩计算值（kN·m）	9.87	12.11	11.80	11.64	13.19	12.85
差值（%）	4.45	7.64	34.77	1.36	41.22	1.66

测弹性极限弯矩和公式计算值的比较　　**表 3-9**

试件编号	L-2-1	L-2-3	L-2-4	L-2-5	L-3-1	L-3-2
试验实测值（kN·m）	27.08	42.78	30.75	52.38	56.97	42.89
弹性极限弯矩计算值（kN·m）	36.94	38.14	38.00	37.92	60.24	60
差值（%）	36.41	10.85	23.68	27.61	5.74	39.89

当继续加载，试件进入弹性极限状态，有两种情况：一种是中和轴在翼缘内的弹塑性极限状态（一）见图 3-14 所示。另一种中和轴在肋部的位置，称之为弹塑性极限状态；（二）如图 3-15 所示。表 3-10 列出了中和轴在翼缘和肋部两种位置的弹塑性极限的弯矩的计算值和实测值。显而易见，中和轴在翼缘内的计算值和实测值是相当接近的。

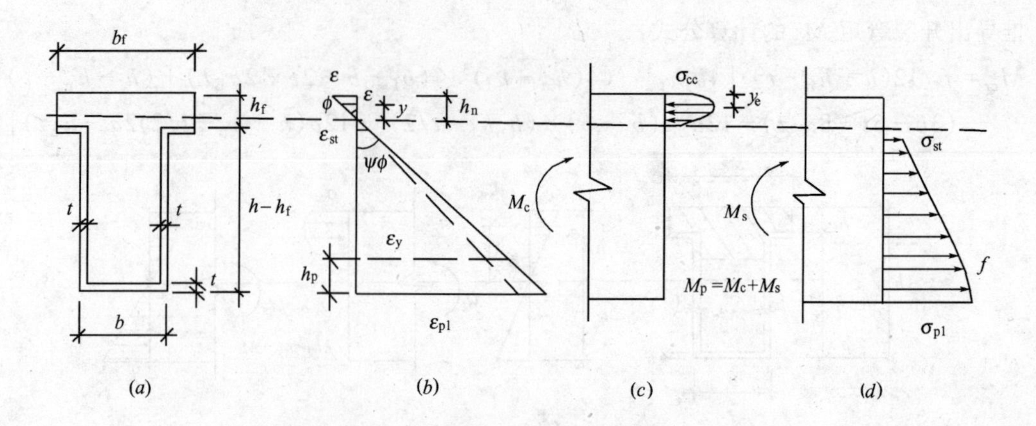

图 3-14 弹塑性极限状态（一）

（a）截面；（b）应变；（c）混凝土应力；（d）钢板应力

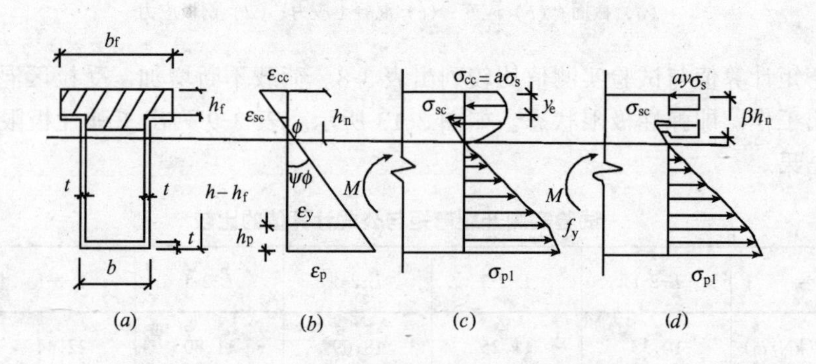

图 3-15 弹塑性极限状态（二）

（a）截面；（b）应变；（c）实际应力分布；（d）等效应力

实测弹塑性极限弯矩和公式计算值比较 **表 3-10**

试件编号	L-2-1	L-2-3	L-2-4	L-2-5	L-3-1	L-3-2
中和轴位置	肋部	翼缘	翼缘	翼缘	肋部	肋部
试验实测值（kN·m）	55.84	66.93	61.3	55.92	83.01	84.97
中和轴在翼缘时的弹塑性极限弯矩计算值（kN·m）	—	59.76	60.57	60.67	—	—
中和轴在肋部时的弹塑性极限弯矩计算值（kN·m）	60.93	—	—	—	176.23	194.26
差值（%）	—	10.71	1.19	8.49	—	—

最后是塑性极限状态，如图 3-16 所示。表 3-11 表明公式计算的结果都小于实测的结果。说明用上述计算的破坏荷载是可靠且偏于安全的。

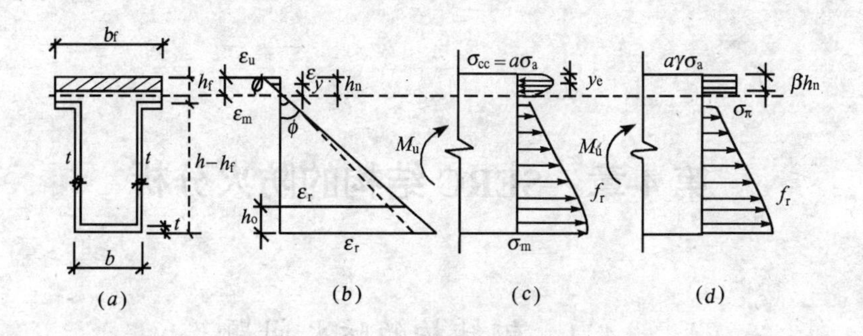

图 3-16 塑性极限状态

（*a*）截面；（*b*）应变；（*c*）实际应力分布；（*d*）等效应力

实测塑性极限弯矩与公式计算值的比较 **表 3-11**

试件编号	*L*-2-1	*L*-2-3	*L*-2-4	*L*-2-5	*L*-3-1	*L*-3-2
试验实测值（kN·m）	78.21	84.31	74.09	80.55	103.63	99.53
塑性极限弯矩计算值（kN·m）	64.11	62.44	54.03	64.29	89.3	88.78
差值（%）	18.03	25.94	13.58	20.19	13.63	10.8

3.9 结 论

SERC 梁，根据试验的 U 形薄壁钢填充混凝土梁的试验结果。弯曲性能具有类似于钢筋混凝土。同时又兼有钢结构受弯构件的特点，如塑性发展。U 形钢梁阻止了和延迟了混凝土受拉后裂缝开展；受拉区混凝土开裂之后，截面刚度并无明显降低的趋势。直至钢梁受拉区边缘到达屈服强度时，梁的变形也不大。即使在混凝土裂缝展开后仍具有良好的整体工作性能。U 形钢梁全截面参与受力，因此承载力和刚度有很大的提高。

第 4 章　SERC 结构的防火分析

4.1　钢结构的防火问题

1870 年在芝加哥，加之又在波士顿发生的大火破灭了铁结构（钢结构的前期）不可毁坏的错觉。不燃材料并不一定就能防火，这一发现使人头脑清醒过来。结果欧美制定了更为严格的防火条例。

组成钢结构的钢材，当温度低于 300℃时，强度略有增加而塑性降低；当温度高于 300℃时，弹性模量会随温度升高而降低。在 550℃左右时，降低幅度更为明显。图 4-1（*a*）为钢材高温时 σ-ε 曲线，（*b*）为钢材高温时强度变化，其中 σ_{y20}为钢材在 20 摄氏度时的屈服强度，σ_{yt}为钢筋在 T 摄氏度时的屈服强度。温度继续升高，强度继续下降，对于受弯构件偏心受力构件最终结果是全截面屈服，形成塑性铰而宣告破坏。对于轴心受力构件，当钢材有效屈服强度下降到和截面应力相等时，构件达到承载力极限状态而破坏。虽然钢结构耐火性能差，但钢结构具有许多其他结构所没有的优点。因此世界各国对钢结构耐火保护作了大量的研究和应用。主要有两大类：第一大类截流法，原理是截断火和阻滞火灾所产生的热流向构件的传输，从而使构件在规定的时间内温度不超过临界温度。截流法分为喷涂法、包封法、屏蔽法和水喷淋法 4 种。第二大类疏导法，与截流法完全不同。疏导法允许热流量传输到构件上，然后设法把热量导走或消耗掉。同样可使构件温度不致升高到临界温度，从而起到保护作用。疏导法目前只有充水冷却保护法一种。

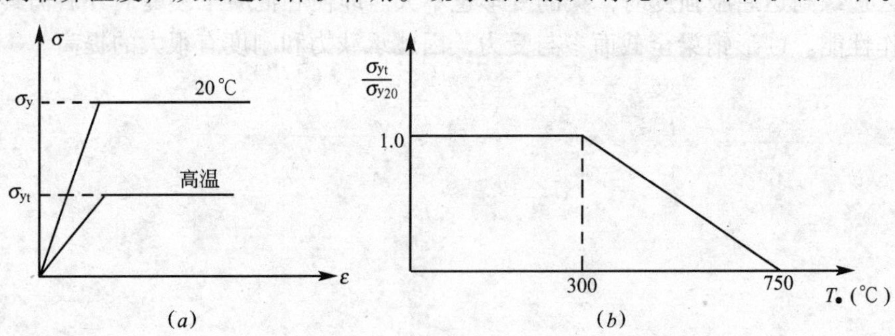

图 4-1　钢材温度曲线

（*a*）钢材高温时 σ-ε 曲线；（*b*）钢材高温时强度变化

4.2　钢筋混凝土结构的防火问题

钢筋混凝土结构的耐火性能远优于钢结构。但是钢筋混凝土仍需要进行防火设计。国内外有关资料根据钢筋混凝土结构受火时温度情况、裂缝分布及开展程度等将钢筋混凝土结构受火损伤程度分为4个等级：

一级——轻度损伤。混凝土构件表面受热温度低于400℃，受力主筋温度低于100℃。钢筋保护层基本完好、无露筋、空鼓现象。这里很容易理解为：由于钢筋保护层基本完好、无露筋、空鼓现象才使受力主筋低于100℃的。如果说钢筋混凝土结构是带裂缝工作的，在使用一段时间后，在维持保养不善情况下，结构出现较多的裂缝是可能的。当构件表面受热时混凝土的水分蒸发出现更多更宽的裂缝的可能情况也是存在的。

二级——中度损伤。混凝土构件表面受热温度约400～500℃。受力主筋温度低于300℃，有空鼓现象，有局部爆裂，其深度不超过20mm，露筋面积小于25%。混凝土表面有裂缝，纵向裂缝少，混凝土与钢筋之间的粘结力损伤轻微。

三级损伤——严重损伤。混凝土表面约600～700℃。主筋温度为350～400℃，钢筋保护层剥落，混凝土爆裂严重，深度可达30mm，露筋面积超过规范规定值1～3倍。受压构件约有30%的钢筋鼓出，混凝土局部烧坏。

四级损伤——危险结构。混凝土构件表面温度达700℃以上，受力主筋温度达400～500℃，构件受到实质性的破坏。

钢筋混凝土在使用了一段时间后，若遇地震、台风、超载等裂缝会发展，加上维修不善，在火灾时钢筋混凝土结构的隐患很大。出现三级——严重损伤，四级——危险结构的可能性存在。所以，决不能认为钢筋混凝土结构的防火是绝对可靠的。

4.3 SERC结构的防火问题的探讨

根据前面的定义，SERC结构是钢结构内浇灌混凝土，钢与混凝土共同受力，协调变形。因此（1）钢结构受火时达到某一温度所需要的时间与构件截面形状有关。用截面系数 F/V 来表示，F 为构件受火时表面面积，V 为构件的体积。所以截面系数 F/V 越大，达到某一指定温度所需时间就越短，防火度就越少。图4-2为工字截面达到550℃时在标准升温条件下耐火时间 t 和 F/V 的关系。不言而喻在钢结构内灌注混凝土，使 V 大大地提高，而 F 不变，则截面系数 F/V 变小而构件耐火度增大。究竟这个 V 能提高多少是今后要深入研究的。

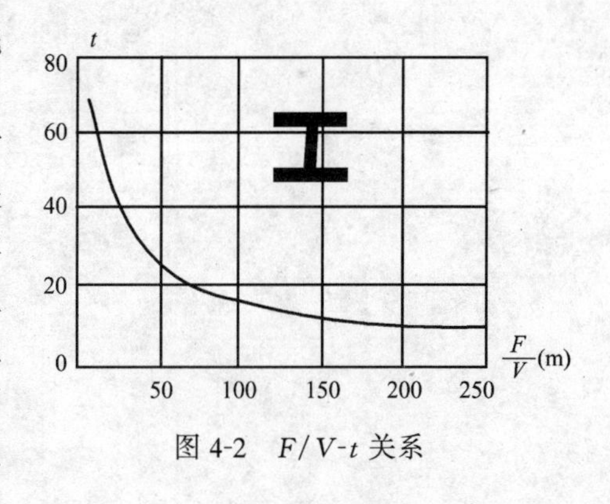

图4-2 F/V-t 关系

（2）钢材的导热系数约为58.2W/（m·K），混凝土的导热系数约为1.74W/（m·K），钢材的导热系数是混凝土的33倍。钢材蓄热系数为126.1W/（m^2·K），混凝土的蓄热系数为17.20W/（m^2·K），也就是说混凝土的蓄热能力是钢材的7.3倍。当SERC结构受火时，钢的表面温度提高，因钢材的导热系数高，迅速把热量传至结构件远端，钢与混凝土界面就成了热桥的界面，把热量传给了混凝土。这个过程使钢结构表面达到某一指定的温度的时间加大，就提高了构件的耐火度。由于混凝土导热较慢，在混凝土截面、表面至核心有一个温度梯度。因此总存在这样一个SERC截面，当火灾发生时，SERC受火维持

3.5 小时的防火度，而结构不会被破坏，这样的截面肯定存在，并且可以用公式来表现。因此作者建议进一步加强这方面的研究。

(3) SERC 构件阻止了或延迟了混凝土的裂缝出现和开展的功能对于结构件的防火肯定是有利的。最近武钢、宝钢及其他钢厂研制出耐火新钢种，在 600℃时钢材屈服强度降低不超过常温下屈服强度的 1/3。因此，用耐火钢的 SERC 防火性能可能优于同截面的 RC。

(4) SERC 结构设置温度补偿钢筋就成了完全防火的结构。如图 4-3 所示，在 SERC 内增加温度补偿钢筋，需要足够的混凝土保护层，一般为 5cm，则 SERC 达到绝对抗火的地步。综合上述，在防火方面，SERC 结构是安全可靠的。我们要加大研究的力度，挖掘出 SERC 结构的防火性能的优势。各种结构防火性能的排行榜应该是：SERC>RC>S。

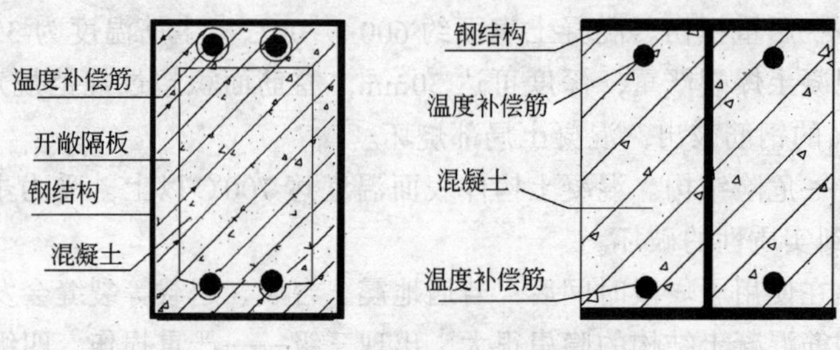

图 4-3　增设温度补偿钢筋

第 5 章　SERC 结构的应用

综上所述，SERC 结构在力学上优于 S 和 RC。在防火上，采用温度补偿钢筋耐火性优于 RC 结构，便于组成框架、桁架、网架、壳体、拱、空间等结构形式，具有广泛的用途。特别是近来新材料的涌现，使 SERC 结构如虎添翼、锦上添花。拓展了一个前所未有的应用空间。

5.1　新材料的涌现为 SERC 的广泛应用奠定了基础

当前国际上高强混凝土的研究和应用得到了各国政府的高度重视。美国高强混凝土研究和应用领先其他工业发达国家。1989 年在西雅图建成的 Pacific First Center 大厦，采用的钢管混凝土柱，平均强度达到 140MPa，美国将生产出强度为 200MPa 的高强混凝土。显而易见，在 SERC 结构中浇注高强混凝土就能得到类似钢的实腹构件。最近国际混凝土学会预言：21 世纪初可望建造 600～900m 高度的建筑，跨度为 500～600m 的桥梁、海上浮动城市及地下城市。

流态混凝土是 1971 年首先由前联邦德国研制出来的。所谓流态混凝土，坍落度为 20～22cm，能像水一样流动，而其强度等特性不变。这就给 SERC 结构浇注混凝土十分便利。而且使物件小型化。

膨胀混凝土的发展，表明对混凝土的膨胀率和气密性已得到绝对控制。给 SERC 结构浇注，高强度（似钢），高流动（似水），微膨胀（密实）的混凝土在技术上已完全具备了条件。轻质混凝土发展史到现在已经有 80 年的历史了。目前，正向质量轻，强度又高及多功能方向发展。我国在轻质混凝土方面也有可喜的发展。如岩土陶粒混凝土，其比重为 800～1400kg/m^3，比重为普通混凝土的 1/3～1/2，而抗压强度可达 30～50MPa。作者认为，如果轻质混凝土专家能了解 SERC 结构，建筑、结构专家能学习应用轻质混凝土，就会使某些领域出现意想不到的发展。为了加深对这句话的理解，举汽车工业来说（如图 5-1），好的汽车是一个空间结构。如果设计使这个结构越空间，结构空间刚度越大，结构件的自重越轻，那么这种汽车的性能越好。在保证控制成本的前提下，作者认为“SERC 加轻质混凝土加其他措施能实现。”

1975 年 5 月在伦敦召开的第一届国际聚合物混凝土会议上，才第一次使用这一专业用语。它主要分为 3 类；聚合物浸渍混凝土，聚合物水泥混凝土和聚合物混凝土。特别是聚合物混凝土，它是以聚合物（树脂或单体）代替水泥作为胶结材料与骨料结合（如图 5-2）。它的第 1 个特点是各种强度都比较高，抗压强度一般可达 80MPa 以上，而且早期强度高，3d 的强度可达 28d 强度的 70%以上；第 2 个特点是粘结性很好，粘结强度高；第 3 个特点是耐腐蚀性、耐热性、抗冻性都很好。这些特性都能激发 SERC 结构的发展。高层、超高层、大跨度都会有革命性的发展，这是在意料之中的。我们是否大胆想象舰艇、航空母舰（见图 5-3，图 5-4）其甲板做成如图 5-2 所示。与普通的做法比较：第一，抗冲击、抗穿透、抗爆炸的能力更强。第二，抗火、抗冻、耐热、耐久性方面更好。第三，自重减轻很多。第四，较明显地缩短建造周期。第五，总的含钢量降低。第六，造价显著地降低。这是我国制造航空母舰的好路子，如果我们联合起来攻关，这个目标是会达到的，而且能比较快达到。

图 5-1

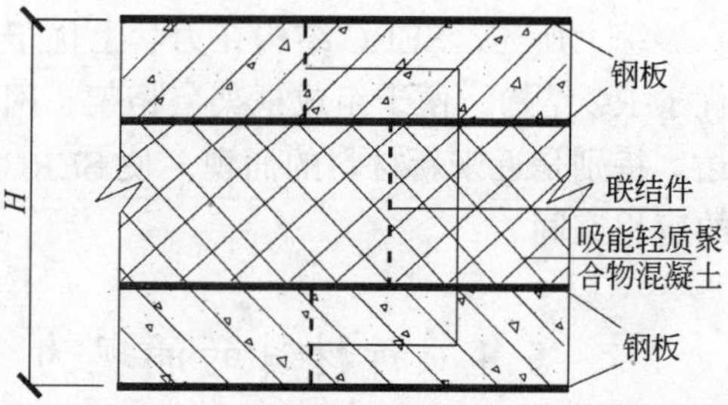

图 5-2

图 5-3

图 5-4

5.2 相同的承载力 SERC 的自重轻于钢结构

前一节提出了 SERC 自重减轻的问题的定性认识，这里作一个定量认识。有一根钢管压杆，长为 L，截面外径为 457mm，壁厚为 31.8mm。用 SERC 管，也就是用外径为 457mm，壁厚为 14.3mm 的钢管内部浇注轻质混凝土，其比重为 800kg/m^3，抗压强度为 40MPa 来代替外径为 457mm，壁厚 31.8mm 的钢管，见图 5-5。其结果见表 5-1。

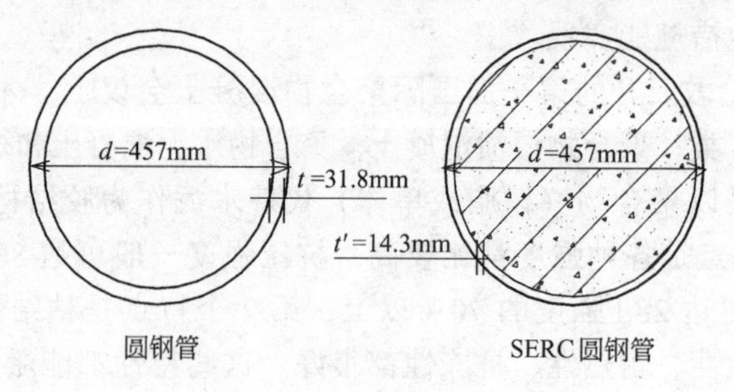

图 5-5

表 5-1

序号	截面	外径 (mm)	壁厚 (mm)	截面面积 (m^2)	单位重量 (kg/m)	抗压承载力	抗压强度 (MPa)	比重 (kg/m^3)
1	○	457	31.8	0.04272	333.44	884.42	207	7850
2	○	457	14.3	0.02015	156.11	417.25	207	7850
3	●	428	—	0.14387	115.10	575.48	40	800

注：钢管数据由辽阳钢管股份有限责任公司提供。

很显然，575.48＋417.25＝992.73T＞884.42T

115.10＋156.11＝271.21 kg/m＜333.44 kg/m。这样承载力提高了 12%，自重减轻了 20%。

结论是很清楚的，SERC 的自重只要设计得好，比钢结构还轻。

5.3 SERC 能较好地组成框架

SERC 便于形成框架，本节介绍一个框架节点的作法。在图 5-6 中（*a*）框架梁柱节点，柱上有钢支座、U 形梁安装时，搁置在支座上，然后与钢支座焊牢。U 形的卷边是放置模板的，负钢筋通过柱至另一端的梁中。为绝对防火放置温度补偿钢筋，然后柱、梁、板一起现浇。在图 5-6 中的（*b*）表现了方钢管柱开洞作支座的过程。这里要记着，支座的 K_2 是慢慢地弯折过来的，它没有脱离母体。K_1 是柱上的切割下来的板作为钢支座的底板。当然在柱开洞后要在洞附近焊上开口隔板以达到加强目的。在图 5-6 中的（*c*）是 U 形梁，成型的焊缝可用纵向焊缝，避免用横向焊缝，敞口隔板高出 U 形梁的高度是视模板厚度而定，架筋的是一个设计技巧。在图 5-6 中的（*d*）表现了主梁和次梁节点，在主梁上开洞设钢支座，和图 5-6 中的（*b*）有类似的过程，但底板另取。显而易见，主梁的负筋与次梁的负筋在混凝土板的高度相会，不仅受力可靠，而且板与 SERC 梁是整体抗震性能极佳。在图 5-6 中的（*f*）为梁柱节点和主梁与次梁节点的透视图。剪力墙可做成 SERC 剪力墙。如图 5-7 所示，从实录照片上可看出 SERC 剪力墙对建筑起到了良好的效果。

本篇作者认为 H 形钢已建和正在建的及拟建的钢厂已经足够多了，不要一轰而上，形成供大于求的局面。在这里只提及这样的事实：1854 年法国第一个生产出工字钢。工字梁是现代钢结构的基本元件。这种产品被视为工业勃兴时代的标志，那个时期所有的推动力，如商业、交通机械工程、重工业、冶金工业和应用科学等等，可以说都集中在工字梁上了。可谓当时的工字钢已成了钢材的明星。然而到 20 世纪 90 年代，当时 30 多岁的设计人员、施工人员，只认 H 形钢，不认工字钢了。到现在大多数年轻的设计人员已经很不熟悉工字钢了。H 形钢在日本经济快速发展的 20 世纪 70、80 年代用得很多。从资料看，日本同行在当时很注意节约人工，要求可靠快速，因此把一个工程用多少H形钢的

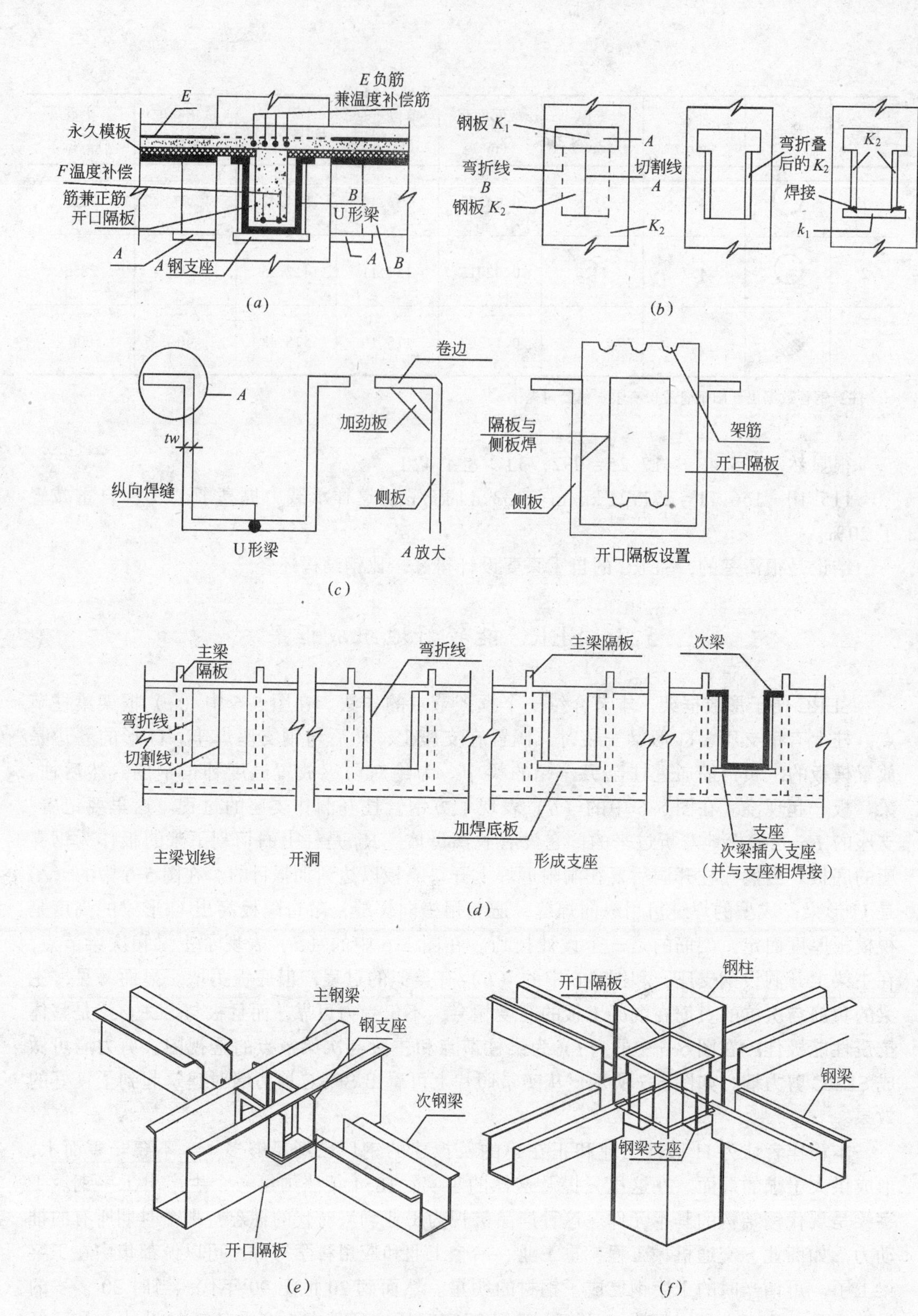

图 5-6　典型 SERC 框架

(a) 框架柱节点；(b) 方管柱开洞作支座；(c) U形外包钢梁；(d) 主梁与次梁节点；(e) SERC 主次梁连接透视图；(f) 钢梁钢柱连接示意图

比例作为用钢量，这和我们用钢量有较大的区别。也就是说用 H 形钢有不少优点，但是不等于用了 H 形钢，则工程的耗钢会降低，倒是有不少的经验表明用 H 形钢的耗钢量比方钢管、圆钢管、冷弯型钢等要高。

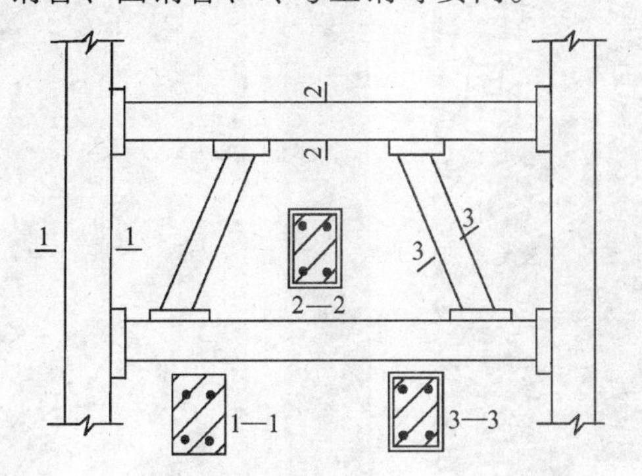

图 5-7　SERC 剪力墙

中国连续 5 年是世界上钢产量最大的国家，而且中国经济持续高速发展。钢结构已被国人接受的同时涌现出许多优良的建筑材料。迫切需要新型的建筑、新型的结构，只有符合这个规律的产品才会兴旺发达。

本篇作者在此告诫对于 H 形钢生产线不要一轰而上，但是作者又认为扩大已有 H 形钢的应用并提高 H 形钢的附加值的开拓工作是十分必要的。在此举几个例子。一个是用 H 形钢内包混凝土，设置温度补偿筋，作 SERC 框架和剪力墙，如图 5-8 所示。第二个是预弯梁，见图 5-9 所示，制作时在工厂给梁加上弯曲荷载，然后在下翼缘周围灌注混凝土，用栓钉或焊接钢筋来提高粘结力。混凝土硬化后，除去弯曲荷载，混凝土受到预压。这样就得到一种预应力混凝土组合梁，通常它与混凝土结合使用。虽然梁的承载能力提高不大，但它的优点在于大大提高梁的刚度，减少挠度，因而特别适用于受大荷载的大跨度的结构。在国外，有专门的公司出售这种梁。还可用 SERC H 形钢组成 H 形钢桁架和网架，当然节点要重新设计。

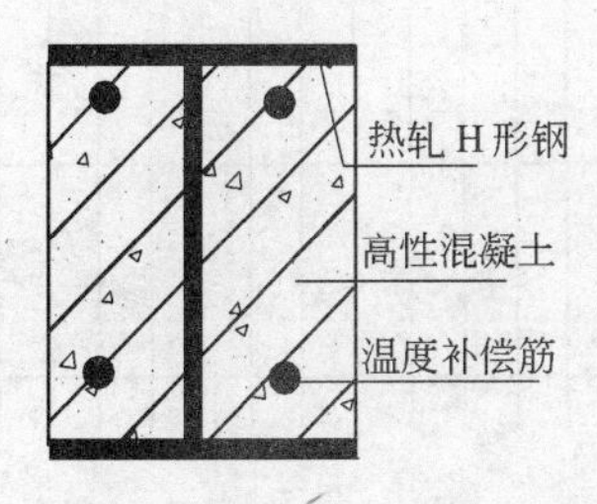

图 5-8　SERC H 形钢

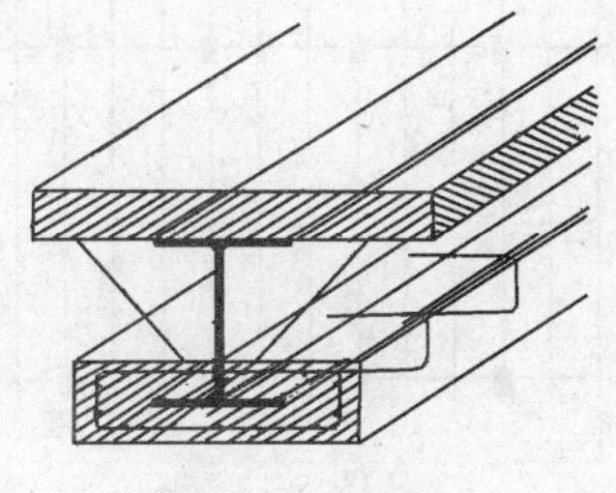

图 5-9　预弯梁

5.4　SERC 特别适合建造高层和超高层

SERC 框架特别适合建造高层和超高层，见图 5-10，图 5-11，图 5-12。方钢管的外形便于和建筑的外墙板、幕墙、点式玻璃等装饰结合，很受建筑师们的欢迎。

SERC 框架结构的明露布置便于垂直和水平的设备和管线的安装及维修，因而对集中采暖及空调设备的建筑物特别方便。

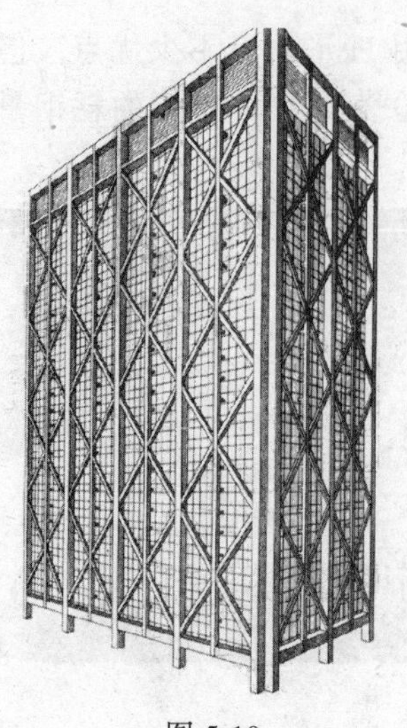

图 5-10

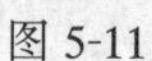

图 5-11

图 5-12

对以下 3 个平面的分析，可得出几个启发：

（1）柱子由 SERC 方（矩）管组成（见图 5-13），可由 SERC H 形钢组成（见图 5-14），可由圆钢管组成（见图 5-15）。这 3 种形式的柱子力学性能好，防火好，并且经济。

（2）如果组成大跨的高层，如多层超市、展厅、停车场等，可采用图 5-13 的柱网，最经济跨度主梁为 6～12m，次梁为 7～20m。采用 SERC 方（矩）管柱、U 形梁、现浇楼板、梁，形成 T 形截面梁。这种形式力学性能最好，楼板做得最轻，降低造价。

（3）采用图 5-14 的柱网使主梁跨约为次梁跨的一半，对于有更大荷载的高层比较适合。如室内要种植大树等。

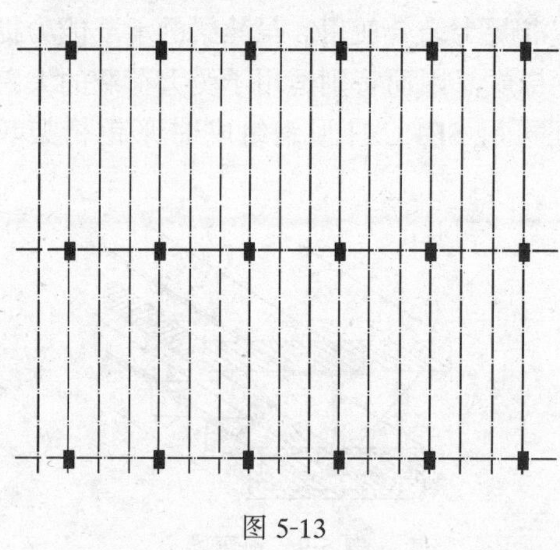

图 5-13

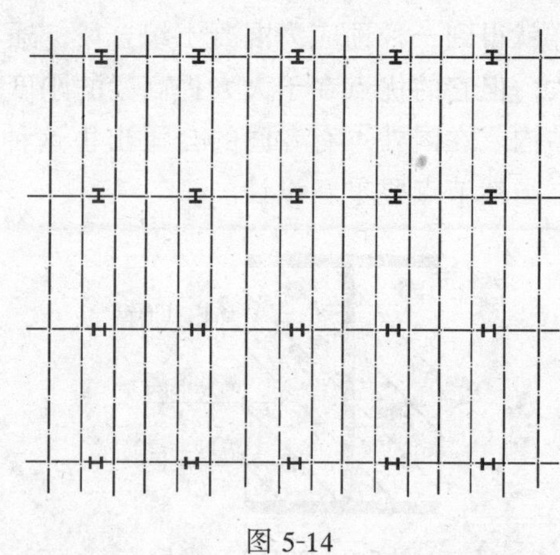

图 5-14

（4）柱网不一定是方形或矩形的，可以是三角形的，如图 5-15 所示，视建筑效果而定。

（5）在图 5-14，图 5-15 中看到次梁可错开柱，留出走管道的位置。

（6）在图 5-14 中，H 形钢的方向也可改变。

（7）用 SERC 方（矩）管作的柱子节点，要开辟梁柱节点的多样化，趋于现代化，如图 5-16，图 5-17 所示。

现再引入窄柱距的立柱、钢框架支撑的设计原理。

如图 5-18 所示，(1) 是方形网格为设计基础，钢框架立柱置于网络线的交点上，形成了方形楼盖跨间。(2) 是把 (1) 的方网格再分为长条形单元，将楼板置于次梁上。(3) 是柱子此时受荷面积较大，如阴影所示。(4) 把宽柱距改为窄柱距，很显然柱子的受荷面积大大减少。一般来说，窄柱距柱的总截面不会大于宽柱距的柱总截面。除非柱子小到由细长比来控制。柱距窄时，由于可将外墙结构简化，而达

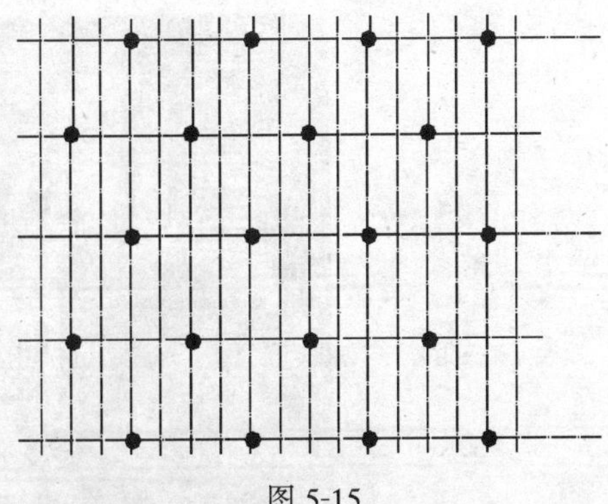
图 5-15

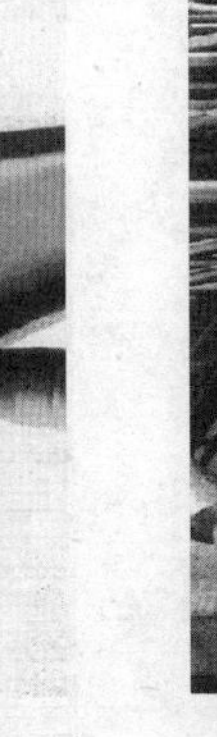
图 5-16

图 5-17

到节省的目的。另外可做成钢筒，提高整个建筑物抗风、抗地震、抗水平力的能力。再有一点，对于高层建筑的设计特别重要的，是否会引起面积的损失。在 (5) 中阴影部分的损失是较多的，而 (6) 中主张放在外墙内使损失的面积达到最少。一般认为设计高层特别是超高层钢结构建筑，是必须要设置钢筋混凝土剪力墙的。这个观点至少不是一个很好的办法。当需要混凝土墙作防火区段隔墙、楼梯井、电梯井火管线竖井时，利用它来加劲建筑物，这是一个很好的办法。如果不是这样，由于钢框架用钢支撑来加劲，建筑物是十分简单的。所以单独为了加劲而建造钢筋混凝土剪力墙，可能是不经济的。加劲建筑物的办法有很多，现举一个工程例子来说明，美国旧金山铝业公司办公楼（如图 5-19 和图 5-20），上部 24 层，有办公室面积 37000m^2。第 26 层为技术设备层，入口处在街面以上，有 2 层楼高，可由绿化广场和低层饭店进入。广场下为 3 层地下室。在街道地面与广场

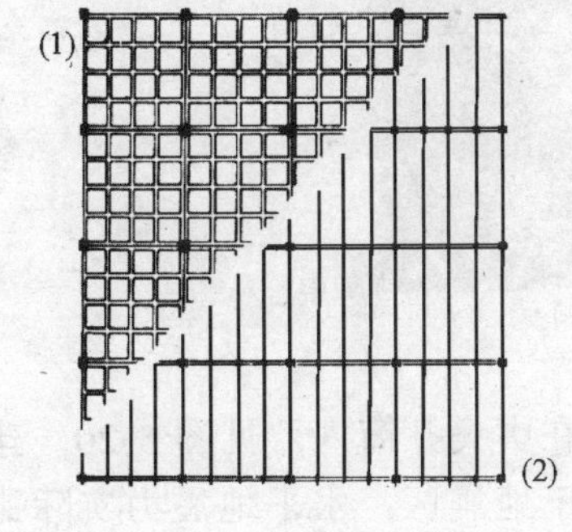

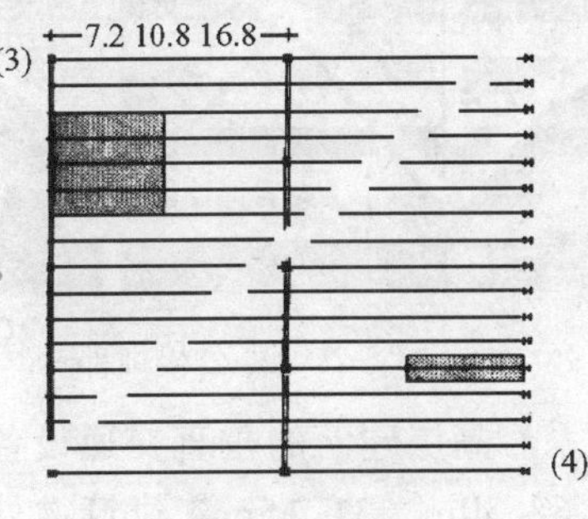

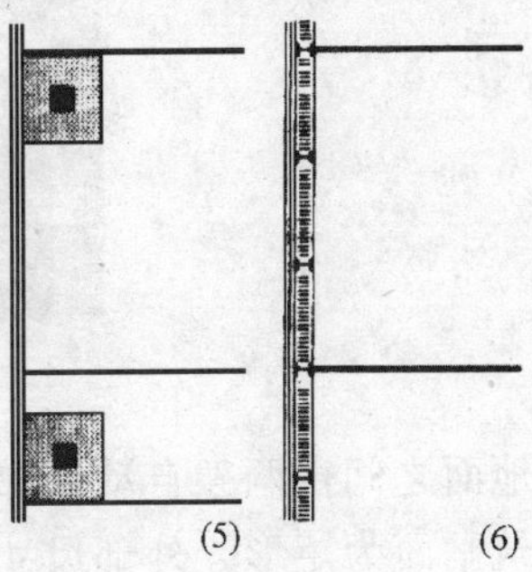

图 5-18

图 5-19　办公楼外景

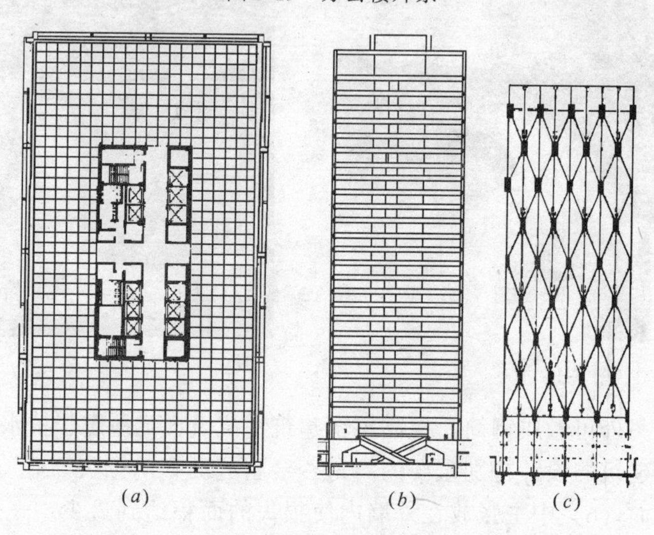

图 5-20　美国旧金山铝业公司

（a）标准层，开敞平面办公室在垂直运输井筒周围；（b）建筑剖面图；（c）外部承重结构体系

图 5-21　办公楼细部

地面之间由两架自动扶梯联系。高层建筑的垂直交通设备在中央井筒内，见图 5-20。建筑平面为矩形，外部尺寸为 62.30m×31.15m。建筑物处于地震区，水平地震力实际比

风力大。因此，采用了外露的斜撑，其细部见图 5-21，中央井筒是外包钢结构。能抵抗 25%的地震力，因而进一步加强了建筑。斜撑用 100mm 厚钢板焊成箱形为 10mm×410mm。如果用 25mm 厚 410mm×410mm 的方管，在方管内填充高强轻质的混凝土组成 SERC 结构，不言而喻，整个建筑的用钢量要降低许多。而且力学性能改善，延性好，抗震好。

5.5 SERC 结构是解决好钢结构住宅的有效办法

别墅、多层住宅、高层住宅等见图 5-22，他们关系到城市的发展，小城镇建设的重要元素。住宅建筑要求：居住舒适、安全可靠、耐久性高、施工简便、造价低、装修能与经济相适应、立面现代化与时俱进、有利于环境保护和建设。这是一门很复杂的系统工程。SERC 结构具有解决这个问题的基础功能：结构体系安全可靠，施工快速，楼板设计可以轻化，墙板便于 SERC 结构联结，开间大能满足住户个性化，可和暖房有机地联系在一起，有利于居住条件的改善，朝健康住宅长寿房方向发展。抗火性能好，抗震性能好等优点。

(*a*)

(*b*)

(*c*)

图 5-22
(*a*) 高层住宅；(*b*) 别墅；(*c*) 别墅

5.6 SERC结构拓展了大跨度屋盖的应用

一个经济高速发展的国家，对于大跨度屋盖的需要就大增了。超大型的展览厅、飞机库、购物超市、体育场馆、公路铁路客运站、飞机航空站、物流中心等不断涌现。图5-23是日本对于环境建设的设想设计。图5-24表现的是反季节的游乐园，比如在温带设立热带游乐园，在热带设立滑雪场等。图5-25表现的是一个热带植物园，城市、城镇、旅游区、开发区越来越需要她。同时她已向环境建设方面发展。更有甚者国外已有人把整个山林、瀑布、农庄等都置于大跨结构中，见图5-26。因此SERC结构在大跨度方面大有用武之地，简述如下：

图5-23　环境建设的设想设计

图5-24　反季节的游乐园

(1) 发展壳体。壳体是很美很好的大跨度屋盖结构（见图5-27），然而这20多年来越来越少见了。主要原因是壳体的模板工程太复杂。现用的SERC结构模板工程就是钢结构本身，当然就迎刃而解了。

(2) 大跨度的桁架是发展大跨度的生力军。较大的含钢量使设计者徘徊不前。然而SERC结构在方钢管和圆钢管内浇灌80MPa以上的轻质混凝土就很好地解决了压杆问题。拉杆浇灌FRP（Fiber Reinforced Plastics或Fiber Reinforced Polymer）纤维混凝土，FRP

图 5-25　热带植物园

图 5-26　农庄、山陵、瀑布置于大跨结构中

是纤维增加复合材料。这中纤维保证构件的受拉强度是极高的，碳纤维混凝土（CFRP）有 780～1800N/mm^2，芳纶 FRP1300～1830N/mm^2，玻璃 FRP 有 590～1130N/mm^2。FRP 混凝土有很多优点，但其弹性模量低，力学性能离散，独立用于结构还需要经过许多的研究。但是用于 SERC 结构，其安全性、可靠性有了保证，特别是在用于拉杆就更为安全了。这样由于 SERC 就出现了高强度而轻质的压杆和拉杆，这样就拓开了桁架和空间桁架的应用。

（3）网架是多次超静的杆系空间结构，很受人们的欢迎，但是 20 年来网架没有及时地开拓改进，已逐渐被人们淡化了。如果网架设计的网格可做到 10m×10m，15m×15m，20m×20m，而且是经济含钢量的话，那么它的变化就会多端。SERC 的压杆、拉杆已给网架的开拓改进提供了强有力的支持。剩下来就是节点问题了，首先肯定的说节点也可做成 SERC 的，作者在 1993 年主持承包新加坡 PSA 工程中，创造出五球结构，见图 5-27。在 1997 年主持承包新加坡海关工程中螺栓球组成空间网架，如图 5-28 所示。这些工程实践已告诉作者 SERC 的节点肯定可以，同样的（2）中桁架的节点 SERC 化也肯定是成功的。

（4）SERC 结构为预应力结构的开拓应用提供了理想的基本单元。

图 5-27　PSA 工程中的五球结构

图 5-28　螺栓球组成的空间网架

5.7　SERC 丰富了桥梁的设计和施工

桥梁已成了一个国家经济发展发达与否的标志，见图 5-29 所示。在水上架桥，在道路之间架桥，在山与山之间架桥，它不仅使交通发达，而且装点祖国的山河。SERC 的桥梁用方管和圆管，不仅施工方便、力学性能良好，而且更为美观。特别是在城区，建高架桥、立交桥，不用阻断交通。因为 SERC 本身就是结构，就是模板。

(*a*)　(*b*)　(*c*)　(*d*)

图 5-29　桥梁

5.8 SERC在输油管线、输气管线中的应用

输油管线、输气管线的用钢实在是很惊人的。图5-30是美国的天然气输送管线。油管的爆炸也屡见不鲜，用SERC输油输气管（以至输水管）把管改为如图5-31所示的断面。这样不仅节省了大量的钢材、施工速度快，而且在防爆、防漏、气密性方面大有改善。如果在SERC管外面粘贴FRP布。也就是连续的长纤维编制而成的FRP布，施工时用树脂浸渍粘贴。这样不仅SERC管得到了进一步加强，而且更加耐久。作者呼吁石油化工部门阅读一下本篇，因为图5-30和图5-33中埋藏了一个巨大的科技发明。

图5-30　美国天然气输送管线

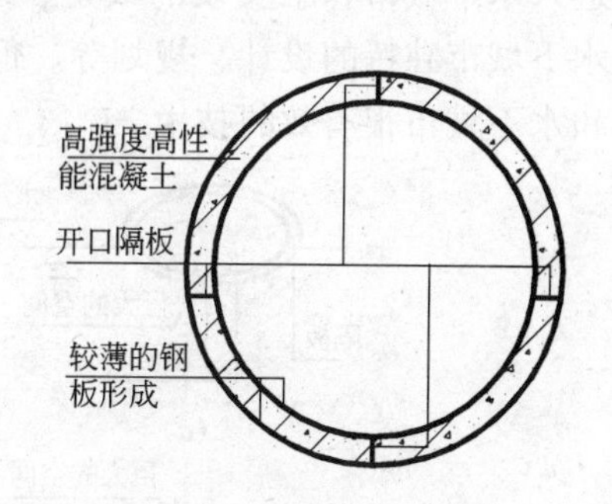

图5-31　SERC管断面

5.9 SERC在地下工程中有奇特的应用

在新加坡的地铁工程中了解到一种掘进装置，如图5-32所示。内径有6m，掘进速度较快。如果在内径6m内作SERC的钢结构内衬，然后在内衬与泥土之间浇注高性能混凝土，就形成了坚实的隧道。这是地下工程的基本单元。如果查明了地质和水文地质的情况，就可建石油储存基地，地下河，地下城市，地下交通枢纽等，SERC在这些地下工程中将发挥奇特的作用。

图5-32　新加坡地铁工程中应用的掘进装置

5.10 水下油库和水下城市新技术的开发

中国的海岸线有16000多km，在海岸线附近的水下建设国家战略物资石油的储藏库

和水下城市具有很好的经济效益和社会效益。SERC 的设计和施工技术具有开发的价值，其开发思路简述如下：以图 5-33 表示。流线型的密封容器由 2 层 20mm 厚的钢板制成，2 层钢板之间有开口的隔板分割，钢板之间净距离为 250mm，内外涂料工作已完成。其形状如（*a*）所示。由拖船在海上移动到达预定地点，用牵引法进行就位，如（*b*）所示。然后固定在浅海桩基上，如（*c*）所示。然后浇注高性能高强度混凝土就成了典型的 SERC，如（*d*）所示。这些单体可组成群体，相互之间有防漏防渗的联结通道相连，最后进行设备、管道、阀门的安装工作，这样就成了一个储藏石油的巨大的基地。显而易见，这个思路也适用于水下城市的开发，只不过要解决更多的课题，如引入阳光、新鲜空气、进入水下城市和上安装的设备、水下城市的高级绿化技术、各种突发事件的处理装置、水下城市独特的设计、规划等。但是，可以很清楚地看到，SERC 的技术是开发水下油库和水下城市很有效的技术。

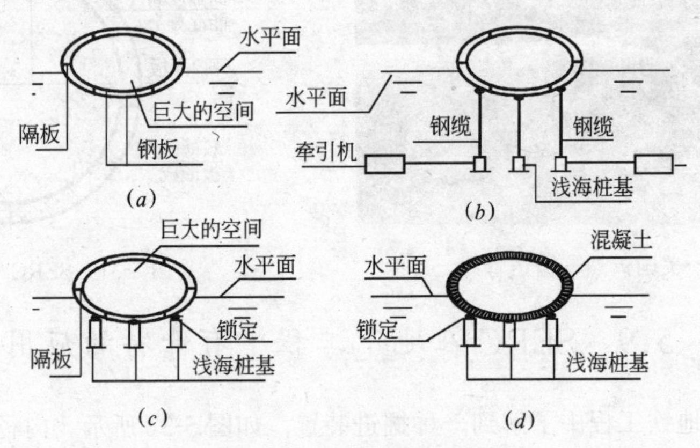

图 5-33　石油储藏库的作法

结 束 语

外包钢组合结构 SERC 是钢结构（S）与钢筋混凝土（RC）结构的组合，钢结构包在钢筋混凝土的外面，也就是钢结构内设置抗剪件和钢筋（有些不设）然后浇注混凝土，特别是高性能、高强度、轻质的混凝土，使其共同作用、协调变形，形成一个力学性能优于钢结构和钢筋混凝土的外包钢结构。SERC 结构在抗震、耐久性、施工简捷、降低成本等方面有较多的优点而受到工程界的注目。但是，由于对 SERC 的研究缺乏系统性，因此在设计时构件的承载能力只考虑钢结构的承载能力加上钢筋混凝土结构承载能力，不去考虑 S 和 RC 结合后的巨大的增量。更有甚者把 SERC 中的钢结构只考虑模板的作用来加快施工速度、缩短工期。因此开发 SERC 结构的潜力是巨大的。

另外，SERC 把钢结构作为钢筋混凝土结构的主筋、钢箍和模板的综合体来考虑的，设计和施工更加紧密了。SERC 是新材料、新工艺的最好的载体，因为组成 SERC 的钢结构和钢筋混凝土结构已是被人们普遍接受的传统结构。其设计、施工、检验的规范和规程已日趋成熟。在此基础上发展能很快被人们所接受，新型的混凝土技术与施工工艺在 SERC 结构上能得到充分地发挥。结构的防火已经成为经济发展重要的方面，各种结构有不同的耐火度，然而 SERC 用了温度补偿钢筋后能得到完善的耐火性能，这对于建筑结构是十分重要的。

SERC 的用途是十分广泛的，而且许多是牵头性的作用和用途，本篇作者衷心希望能对设计、施工、科研、大学中的年青的同行们有所启发；本篇作者也希望通过本书和大专院校、科研机关、设计单位、协会扩大合作；也希望与社会上对此有兴趣的集团共同开发有较高的经济效益和社会效益的拳头产品。以期中国在 SERC 领域居世界之先。

参考文献

1. 陆兆琦（译）. 英国钢管混凝土柱设计手册 .
2. 李以炘（译）. 无防火被覆的合成构造钢管混凝土柱 . 建筑技术（日本）1995.6
3. 李以炘（译）. 无耐火被覆的楼面组合结构合成板（压型钢板）. 建筑技术（日文）1995.10
4. 李以炘（译）. 钢管混凝土结构的混凝土压入施工 . 建筑技术（日本）1995.10
5. Wei-Wen Yu, Ph.D., P.E. "cold-formed steel design" 3rd ed.2000.JOHN WILEY & SONS, INC.New York
6. 王国周、瞿履谦主编 . 钢结构——原理与设计，北京：清华大学出版社，1993
7. 马重辛硕士学位论文.（指导老师陈云波）. U形薄壁钢填充混凝土梁弯曲性的研究 . 原冶金工业部建筑研究总院，1995.3
8. 滕智明，罗福午，施岚青 . 钢筋混凝土基本构件 . 北京：清华大学出版社，1987
9. 丁大钧编著 . 现代混凝土结构学 . 北京：中国建筑工业出版社，2000
10. 王传志，滕智明主编 . 钢筋混凝土结构理论 . 北京：中国建筑工业出版社，1985
11. 钟善桐，张素梅 . 从本构关系研究钢管混凝土工作性能的成果 . 钢结构 .1992.3，第 12～14 页
12. 陈云波 . 论钢结构的发展、1996～2010 中国建筑技术政策 . 建设部编，1998.4，第 321～331 页
13. 钟善桐著 . 钢管混凝土结构 . 哈尔滨：黑龙江科学技术出版社 1994
14. 沈祖炎、陈扬骥、陈以一编著 . 钢结构基本原理 . 北京：中国建筑工业出版社，2000
15. 陈绍蕃著 . 钢结构设计原理 . 北京：科学出版社，2000
16. F. 哈特、W. 海恩、H. 桑塔隔著，夏英超、李大夏、赵同明等译 . 钢结构建筑资料集 . 北京：中国建筑工业出版社，1983
17. Britsh Standards Institution，BS5400 Part 5 Steel, Concrete and Composite Bridges Code of Practice for the Design of Composite Bridges, 1981
18. R. P. Johnson, Composite Structures of Steel and Concrete，Granada Publishing，1982
19. 王学谦、屈竣、张学魁等编著 . 建筑防火 . 北京：中国建筑工业出版社，2000
20. 曹文达、曹栋编著 . 新型混凝土极其应用 . 北京：金盾出版社 2001
21. 李继业编著 . 新型混凝土技术与施工工艺 . 北京：中国建材工业出版社 2002
22. 周起敬，姜维山，潘泰华主编 . 钢与混凝土组合结构设计施工手册 . 北京：中国建筑工业出版社，1991
23. 中华人民共和国国家标准 . 混凝土结构设计规范（GBJ 10—89）. 北京：中国建筑工业出版社，1989
24. 包世华，方鄂华 . 高层建筑结构设计 . 北京：清华大学出版社，1990
25. 严正庭、严立编著 . 钢与混凝土组合结构计算构造手册 . 北京：中国建筑工业出版社，1996
26. Hyder.Consulting, Railways and Systems Capability Statement
27. 中华人民共和国国家标准 . 优质碳素结构钢薄钢板技术条件（GB 710—65）. 冶金工业标准汇编第 7 册 . 钢板及钢带 . 冶金工业部情报标准研究总所编，北京：中国标准出版社，1986
28. 朱伯龙主编 . 混凝土结构设计原理 . 上册，上海：同济大学出版社，1992
29. 王连广，刘之洋 . 钢板火山渣混凝土组合两的理论分析和试验研究 . 工业建筑，1994.5
30. 中华人民共和国国家标准 . 金属拉力试验法（GB 228—76）. 冶金工业标准汇编第 12 册 . 力学性能和工艺性能试验方法 . 冶金工业部情报标准研究总所编，北京：中国标准出版社，1986